道路橋の
補修・補強計算例 II

一般財団法人 橋梁調査会 [編著]

鹿島出版会

発刊に当たって

　2007年度に開始された道路橋の長寿命化修繕計画の策定も終盤にさしかかった2012年12月、中央道笹子トンネルにおいて天井版の落下事故が発生しました。テレビニュース等で広く知られることになったこの事故をきっかけに、インフラ施設の点検の重要性がにわかにクローズアップされたのはご承知のとおりです。

　これを受けて翌2008年には道路法が改正され、支間2m以上の70万橋に及ぶすべての道路橋を対象に、道路管理者の責任で定期点検を行うことが法令で義務化されました。さらに点検、診断、措置、記録というメンテナンスサイクルが定義されて、適時適切な措置、すなわち補修・補強を実施することが、ますます重要になりました。

　すでに大きな課題となっていた道路橋の老朽化を背景として、橋梁上下部工の補修・補強を対象とした設計計算例をまとめた前著『道路橋の補修・補強計算例』を6年前に発刊したところですが、幸い多くの橋梁技術者に活用されています。このたび続編への期待を受け、数多くの新たな工法に対する設計計算例を加え、『道路橋の補修・補強計算例Ⅱ』として出版することになりました。前著に加えて活用され、重要な社会資本施設である橋の長寿命化に資することを期待します。

　橋の損傷メカニズムは、その原因を含め多様であり、似たような症状であっても有効な補修・補強工法を選択することが極めて大切であることは、長年維持管理を経験した技術者にはよく知られています。本計算例を参照する前段として、補修・補強工法が本書に記載の豊富な工法の中から適切に選定されることで、補修・補強効果が存分に発揮されることを願っています。

2014年10月

一般財団法人 橋梁調査会
専務理事　西川和廣

はじめに

　この度、『道路橋の補修・補強計算例』(2008年刊)に引き続き、『道路橋の補修・補強計算例Ⅱ』を発刊する運びとなりました。前著「計算例」の内容は、上下部工から支承・付属物等に及び、21事例を紹介することができました。発刊後は、お陰様でご好評をいただき、何とか増刷に至りましたことを執筆者ともども皆様に感謝申し上げる次第です。

　今回の「計算例Ⅱ」においては、前著のイメージを保ちつつ、前著に盛り込めなかった新しい事例を中心にご紹介することと致しました。そのため、必然的に新しい材料である炭素繊維シートやFRPを用いた事例が多くなっています。各章の内容は以下のとおりです。

　　第1章　鋼橋上部工：炭素繊維シートを用いた桁の補修例および床版の補修例が1例ずつ、炭素繊維プレートを用いた桁の補強例1例、床版の下面増厚1例。

　　第2章　コンクリート橋上部工：炭素繊維シートとコンクリート充填方式が1例ずつ。

　　第3章　下部工：巻立てによる耐震補強2例、鋼パイルベント部の腐食部分の補修1例、アルカリシリカ反応に対する補修1例。

　　第4章　支承・検査路：支承の取替えに伴う支承部の補修設計2例、FRPを用いた検査路の設計1例。

　ここで第4章のFRP検査路の設計は、補修設計ではなく、既存の検査路を撤去した後の新設の検査路の設計施工例を取り上げています。橋梁の維持管理の現場においては、検査路の追加設置が必要となることがあります。FRPは軽量であり、クレーンを用いずに人力施工が可能となるため、維持管理上たいへん有効な手段であることから掲載致しました。

　本書は事例集と銘打っていますが、実際の例そのものではなく、執筆者による補足修正、あるいは実際の例に基づいた創作などを含めています。本書に示された事例は、それぞれの損傷ケースにおいて必ずしも最善の方策を示しているものではありません。橋梁の補修補強のケースには様々な選択肢があり、何が最善かという課題に対しては、単にコストのみならず、工期、材料、耐久性、維持管理性、その他社会的な影響度など、考慮すべき要因が多岐にわたります。本書の事例は単に一つの計算例であることをご理解の上、本書をご利用いただきますようお願い致します。

　本文の記述につきましては、執筆者はもとより私自身も繰り返し照査を行い、「わかりやすいこと」「計算過程に飛躍がないこと」に努めました。本書が橋梁の維持管理に携わる橋梁技術者の皆様に永くご活用いただけますことを願っております。

2014年10月

『道路橋の補修・補強計算例Ⅱ』編集委員長
一般財団法人　橋梁調査会　吉田好孝

※ 2022年10月 第二刷に際し本文の第1章及び第4章を一部修正しました。
　正誤表は鹿島出版会ホームページに掲載しています。

目　次

発刊にあたって
はじめに

第1章　鋼橋上部工

1.1 炭素繊維シート接着工法による鋼桁端部の補修 … 2
　1.1.1 構造諸元 … 2
　1.1.2 補修理由 … 3
　1.1.3 工法の特徴 … 3
　1.1.4 設計手順 … 3
　1.1.5 曲げによる垂直応力を受ける部材の補修設計例 … 4
　1.1.6 支点反力を受ける部材の補修設計例 … 9
　1.1.7 せん断力を受ける部材の補修設計例 … 14

1.2 炭素繊維プレートによる鋼桁の補強 … 17
　1.2.1 構造概要と設計条件 … 17
　1.2.2 一般図 … 19
　1.2.3 主桁部材寸法 … 20
　1.2.4 B活荷重作用時の主桁応力度照査 … 21
　1.2.5 CFRPプレートによる補強検討 … 24
　1.2.6 主桁応力度集計表 … 30

1.3 炭素繊維シート接着によるRC床版の補強 … 32
　1.3.1 構造諸元 … 32
　1.3.2 補強理由 … 33
　1.3.3 補強方法 … 33
　1.3.4 設計方法 … 33
　1.3.5 設計計算 … 34

1.4 下面増厚によるRC床版の補強 … 44
　1.4.1 橋梁諸元 … 44
　1.4.2 補強理由 … 44
　1.4.3 補強方法 … 45
　1.4.4 補強設計 … 45

第2章　コンクリート橋上部工

2.1　RC桁の炭素繊維シート接着による主桁のせん断補強 ……… *58*
    2.1.1　構造諸元 ……… *58*
    2.1.2　補強理由 ……… *59*
    2.1.3　補強方法 ……… *59*
    2.1.4　補強設計 ……… *60*

2.2　コンクリート充填によるRCT桁の構造改良 ……… *66*
    2.2.1　構造諸元 ……… *66*
    2.2.2　補強理由 ……… *67*
    2.2.3　補強方法 ……… *67*
    2.2.4　補強設計 ……… *68*

第3章　下部工

3.1　コンクリート巻立て工法による橋脚の耐震補強 ……… *78*
    3.1.1　橋梁諸元 ……… *78*
    3.1.2　補強方法 ……… *81*
    3.1.3　設計手順 ……… *81*
    3.1.4　既存橋脚の耐震照査 ……… *85*
    3.1.5　補強後の耐震照査 ……… *98*

3.2　PC巻立て工法による橋脚の耐震補強 ……… *111*
    3.2.1　構造諸元 ……… *111*
    3.2.2　設計方針 ……… *111*
    3.2.3　補強理由 ……… *111*
    3.2.4　補強方法 ……… *113*
    3.2.5　設計手順 ……… *114*
    3.2.6　既存橋脚の耐震照査 ……… *117*
    3.2.7　補強後の橋脚の耐震照査（橋軸方向）……… *118*

3.3　鋼パイルベント腐食の鋼板溶接工法による補修 ……… *129*
    3.3.1　橋梁諸元 ……… *129*
    3.3.2　補修理由 ……… *130*
    3.3.3　補修方法 ……… *130*
    3.3.4　補修設計 ……… *131*

3.4　亜硝酸リチウム内部圧入による橋台のASR補修 ……… *146*
    3.4.1　橋梁諸元 ……… *146*

3.4.2	劣化状況	*146*
3.4.3	補修方法	*147*
3.4.4	補修設計手順	*151*
3.4.5	補修効果の確認	*155*

第4章　支承・検査路

4.1　鋼桁の支承取替えに伴う下部工付きブラケットの設計 ……… *160*
 4.1.1　構造諸元 …… *160*
 4.1.2　損傷状況 …… *161*
 4.1.3　補強方法 …… *161*
 4.1.4　補強設計 …… *162*

4.2　PC 桁の支承取替えに伴う縁端拡幅部の設計 ……… *171*
 4.2.1　構造諸元 …… *171*
 4.2.2　損傷状況 …… *172*
 4.2.3　補強方法 …… *172*
 4.2.4　補強設計 …… *172*

4.3　FRP を用いた検査路の設計 ……… *179*
 4.3.1　構造諸元 …… *179*
 4.3.2　補修理由 …… *179*
 4.3.3　補修方法 …… *179*
 4.3.4　FRP 検査路の設計 …… *179*

索　　引 …… *195*
執　筆　者 …… *198*

第1章

鋼橋上部工

1.1 炭素繊維シート接着工法による鋼桁端部の補修
1.2 炭素繊維プレートによる鋼桁の補強
1.3 炭素繊維シート接着によるRC床版の補強
1.4 下面増厚によるRC床版の補強

1.1 炭素繊維シート接着工法による鋼桁端部の補修

1.1.1 構造諸元
(1) 橋梁形式：鋼単純合成 I 桁橋
(2) 支間長：46.000 m（橋長：47.000 m）
(3) 幅員：10.25 m
(4) 斜角：90°
(5) 橋格：一等橋（活荷重 TL-20）
(6) 建設年：昭和 50 年代

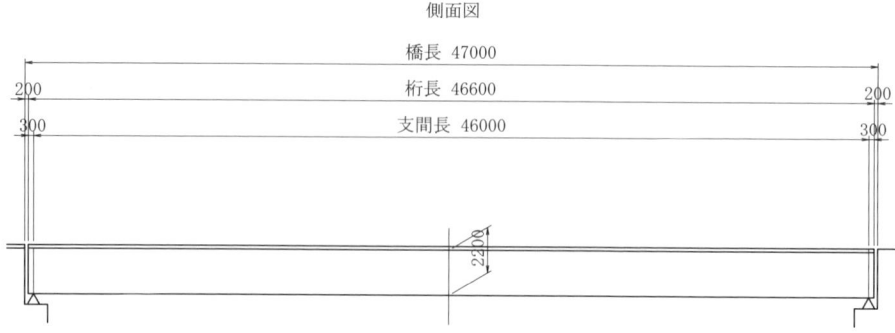

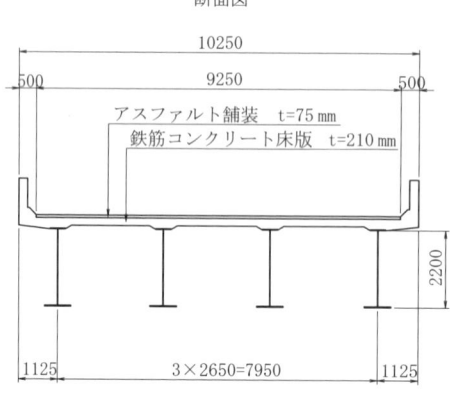

図 1.1.1 橋梁一般図

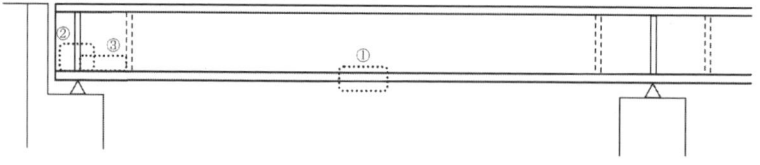

①：下フランジ（1.1.5 曲げによる垂直応力を受ける部材の補修設計例）
②：支点上の補剛材および腹板（1.1.6 支点反力を受ける部材の補修設計例）
③：桁端部腹板（1.1.7 せん断力を受ける部材の補修設計例）

図 1.1.2 計算例対応部位

1.1.2 補修理由

本橋は、定期点検により、桁端部の垂直補剛材と腹板および支間中央付近の下フランジの一部に、漏水が原因と思われる腐食による断面欠損が発見された。したがって、断面欠損による支点反力に対する耐荷力の低下、第一補剛材までのせん断パネルのせん断耐荷力の低下、また、下フランジの応力度超過に対して、炭素繊維シートによる補修を行うこととした。なお、本計算事例は「炭素繊維シートによる鋼構造物の補修・補強工法 設計・施工マニュアル」[1]（以下「設計・施工マニュアル」と称す）に準じた計算事例を示すものである。

1.1.3 工法の特徴

炭素繊維シート接着工法は、炭素繊維シートを接着して、既設鋼構造物の補修・補強を行う工法であり、対象とする鋼部材は、鋼桁橋の主桁・横桁・縦桁のフランジ等の曲げによる垂直応力を受ける部材、鋼桁橋の対傾構・横構・補剛材、トラス橋の弦材、アーチリブ等の軸方向力を受ける部材、鋼桁橋の支点上補剛材等の支点反力を受ける部材、桁端部腹板等のせん断力を受ける部材である。『設計・施工マニュアル』では、鋼材降伏点付近の高応力や座屈変形時の剥離防止対策として、「高伸度弾性パテ材」を接着層に挿入することを標準としており、これにより、剥離防止機能が発揮される一方で、炭素繊維シートの鋼材への荷重伝達に遅れが生じ、鋼材応力の低減効果が低下する。補修により鋼材応力の低減効果を期待する場合には、荷重伝達の遅れの影響について、応力低減係数を用いて設計する。桁端部などで支点強度回復やせん断強度回復を意図する場合は、鋼板の曲げ剛性を回復させて部材の座屈強度を改善させることに主眼においているため、荷重伝達の遅れの影響は考慮しない。

1.1.4 設計手順

各適用部位の設計フローを図1.1.3に示す。

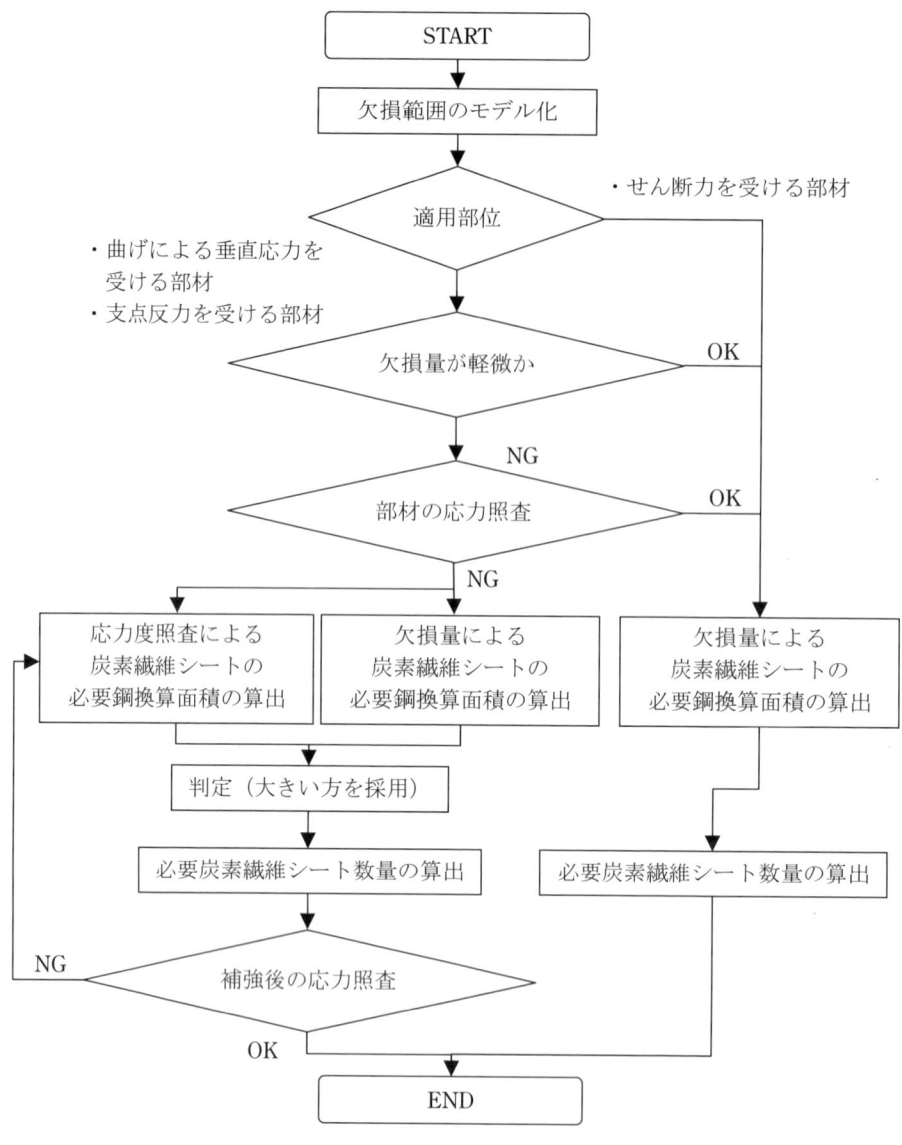

図 1.1.3　設計フロー

1.1.5　曲げによる垂直応力を受ける部材の補修設計例
（1）　対象とする腐食状況と設計条件
　主桁下フランジには、図 1.1.4 に示すように下フランジ上面の上側が腐食していたことから、腐食部に炭素繊維シートを接着する。

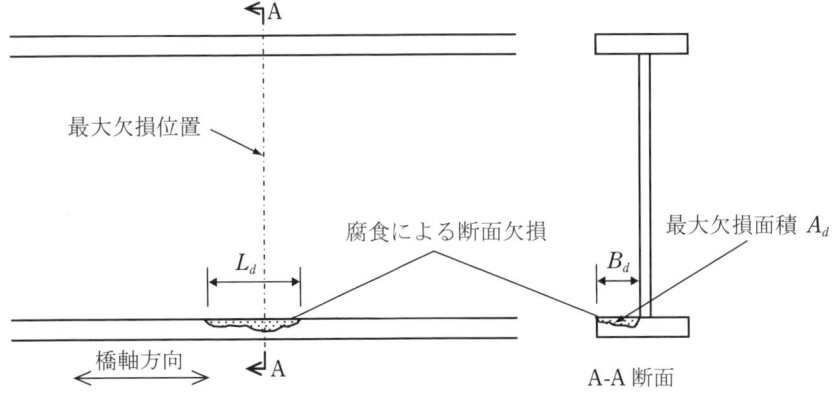

図 1.1.4 腐食による断面欠損

① 欠損深さ

断面欠損は、現地計測で最大欠損断面積を求め、図 1.1.5 に示すような等価な長方形断面に変換する。

現地計測より、
- 欠損断面積　　$A_d = 640.0 \text{ mm}^2$
- 欠損幅　　　　$B_d = 160.0 \text{ mm}$
- 欠損長　　　　$L_d = 120 \text{ mm}$

よって、欠損深さは、
- 平均欠損深さ　$t_d = A_d/B_d = 4 \text{ mm}$

② 寸法
- フランジ幅　　$B_{fu} = B_{f\ell} = 350 \text{ mm}$
- フランジ厚　　$t_{fu} = t_{f\ell} = 16 \text{ mm}$
- 腹板厚　　　　$t_{web} = 11 \text{ mm}$
- 腹板高　　　　$h_{web} = 2100 \text{ mm}$
- 桁高　　　　　$h = 2132 \text{ mm}$
- 断面積　　　　$A_s = 34300 \text{ mm}^2$

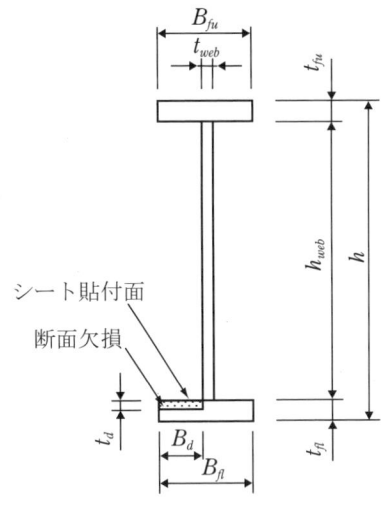

図 1.1.5 主桁概要図

(2) 材質と許容応力度
- 鋼種　　　　　SM400
- 許容応力度　　$\sigma_a = 140 \text{ N/mm}^2$

(3) 断面力

当初設計計算書より
- 死荷重モーメント　$M_d = 1.183 \times 10^9 \text{ N·mm}$
- 活荷重モーメント　$M_\ell = 1.446 \times 10^9 \text{ N·mm}$

（4） 補修前の応力度照査

① 中立軸 y_1 と断面2次モーメント I_1 の計算

腹板の中心（O点）を原点として、各距離を計算する（図1.1.6 参照）。

断面欠損後の中立軸の偏心量 e_s

$$e_s = \Sigma(A \cdot y) / \Sigma A = 20.0 \text{ mm}$$

断面欠損を考慮した下フランジ下端からの中立軸 y_1

$$y_1 = h/2 + e_s = 1086 \text{ mm}$$

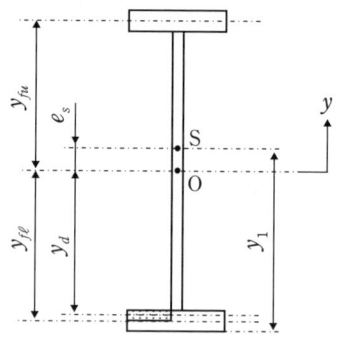

図1.1.6 原点から各図心までの距離

欠損を考慮したS点回りの断面2次モーメント I_1

$$I_1 = \Sigma(A \cdot y^2) + \Sigma I - \Sigma A \cdot e_s^2 = 2.030 \times 10^{10} \text{ mm}^4$$

表1.1.1 補修前断面性能

	断面積 A (mm)	原点から図心までの距離 y (mm)	$A \cdot y$ (mm^3)	$A \cdot y^2$ (mm^4)	各図心回りの I I (mm^4)
U-Flg	$A_{fu} = B_{fu} \cdot t_{fu}$ 5600	$y_{fu} = (t_{fu} + h_{web})/2$ 1058	$A_{fu} \cdot y_{fu}$ 5.925×10^6	$A_{fu} \cdot y_{fu}^2$ 6.268×10^9	$B_{fu} \cdot t_{fu}^3/12$ 1.195×10^5
Web	$A_{web} = t_{web} \cdot h_{web}$ 23100	0	0	0	$t_{web} \cdot h_{web}^3/12$ 8.489×10^9
L-Flg	$A_{f\ell} = B_{f\ell} \cdot t_{f\ell}$ 5600	$y_{f\ell} = -(t_{f\ell} + h_{web})/2$ -1058	$A_{f\ell} \cdot y_{f\ell}$ -5.925×10^6	$A_{f\ell} \cdot y_{f\ell}^2$ 6.268×10^9	$B_{f\ell} \cdot t_{f\ell}^3/12$ 1.195×10^5
欠損	$A_d = -B_d \cdot t_d$ -640	$y_d = -(t_d + h_{web})/2$ -1052	$A_d \cdot y_d$ 6.733×10^5	$A_d \cdot y_d^2$ -7.083×10^8	$-B_d \cdot t_d^3/12$ -8.533×10^2
Σ（合計）	ΣA 33660	—	$\Sigma(A \cdot y)$ 6.733×10^5	$\Sigma(A \cdot y^2)$ 1.183×10^{10}	ΣI 8.489×10^9

② 下フランジ下端からの断面係数 Z_1 の計算

$$Z_1 = I_1 / y_1 = 1.870 \times 10^7 \text{ mm}^3$$

③ 下フランジ下面に作用する応力度 σ_1 の計算

$$\sigma_1 = (M_d + M_\ell) / Z_1$$
$$= 140.6 \text{ N/mm}^2 > \sigma_a = 140 \text{ N/mm}^2 \quad \text{NG}$$

許容応力度を超過している。

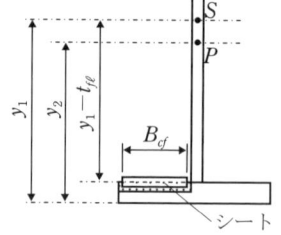

図1.1.7 計算上のシート位置

（5） 炭素繊維シートの必要層数

（a） 補修必要断面積 $A_{s\ell}$ の計算

① 許容応力度を満足するための補修必要断面係数 Z_r の計算

死荷重は補修前断面、活荷重は補修後の合成断面で抵抗するため、

$$\sigma_a = M_d / Z_1 + M_\ell / Z_r$$

となる。よって、

$$Z_r = M_\ell / (\sigma_a - M_d / Z_1) = 1.885 \times 10^7 \text{ mm}^3 \tag{1.1.1}$$

となる。これを満足するための必要断面積 A_{sr} を求める。

② 補修後の下フランジ下端からの中立軸 y_2 の計算

炭素繊維シートの図心は、シートの厚さを考慮せずに貼付面とし、下フランジ下端軸回りのモーメントのつり合いを考える。ここでシート貼付面とは、健全時の下フランジの上面である。

$$y_2 = \{(A_s - A_d)y_1 + A_{sr} \cdot t_{f\ell}\}/(A_s - A_d + A_{sr}) \tag{1.1.2}$$

③ 補修後の断面2次モーメント I_2 の計算

補修前の中立軸（S点）回りで計算し、平行軸の定理で補修後の中立軸（P点）回りに変換。

$$I_2 = I_1 + B_{cf}(A_{sr}/B_{cf})^3/12 + A_{sr}(y_1 - t_{f\ell})^2 - (A_s - A_d + A_{sr})(y_1 - y_2)^2 \tag{1.1.3}$$

ここで、シート貼付幅 B_{cf} は、フランジ縁端から5 mm 以上控え、シートが溶接のビードにかからないようにしなければならないため、

$B_{cf} = 155$ mm

とする。

④ A_{sr} の計算

補修後の断面係数は、

$$Z_r = I_2/y_2 \tag{1.1.4}$$

ここに、式（1.1.1）、(1.1.2)、(1.1.3) を代入、

$A_{sr} = 95.5$ mm^2

ここで、式（1.1.4）に式（1.1.1）、式（1.1.2）、式（1.1.3）を代入すると、A_{sr} に関する3次式となることから、それを解いて A_{sr} を求める。

⑤ $A_{s\ell}$ 決定

A_d と A_{sr} を比較し、大きい方を $A_{s\ell}$ とする。

$A_{s\ell} = A_d = 640.0$ mm^2

応力度を満足する必要面積より、欠損断面積の方が大きいため、欠損断面積以上の鋼換算面積のシートにより補修する。

(b) シートの必要積層数 n の計算

① 炭素繊維シートの諸元

「設計・施工マニュアル」の「2.1 炭素繊維シート」より、繊維目付量 $w = 300$ g/m^2 の高弾性型炭素繊維シートを使用する。

シート貼付幅　　　$B_{cf} = 155$ mm
シート設計厚　　　$t_{cf} = 0.143$ mm
シートヤング係数　$E_{cf} = 640$ kN/mm^2
鋼材ヤング係数　　$E_s = 200$ kN/mm^2

② 必要最低鋼換算面積 $A_{cf,s}'$ を計算

$A_{s\ell}$ を満たす積層数 n' を求める。設計・施工マニュアルの式（4.4.1）より、

$n' = A_{s\ell}/\{(B_{cf} \cdot t_{cf} \cdot (E_{cf}/E_s)\} = 9.023 = 10$ 層

n' により応力低減係数 C_n' を仮決定し、必要最低鋼換算面積 $A_{cf,s}'$ を求める。「設計・施工マニュアル」の表 4.4.1（表 1.1.2）より10層の場合の応力低減係数 $C_n' = 0.74$

$$A_{cf,s}' = A_{s\ell}/C_n' = 864.9 \text{ mm}^2$$

③　シートの必要積層数 n の決定

$$n = A_{cf,s}'/\{t_{cf} \cdot B_{cf} \cdot (E_{cf}/E_s)\} = 12.19 ≒ 13 層$$

ここで、n 層での応力低減係数 C_n を決定し、$C_n = C_n'$ であれば終了。$C_n \ne C_n'$ であれば、C_n' に C_n を代入して、②から $A_{cf,s}'$ を再計算する。これを $C_n = C_n'$ となるまで繰り返す。表 1.1.2 より 10 層の場合の応力低減係数は $C_n = 0.74$ となり、$C_n = C_n'$ なので、シートの必要積層数は 13 層となる。

表 1.1.2　応力低減係数

n	C_n
1	0.93
2	0.86
3	0.82
4	0.79
5	0.77
6〜20	0.74

　ここで、応力度を満足する必要面積より、欠損断面積の方が大きく、欠損断面積によりシート必要積層数を決定しているため、補強後の応力照査を省略する。

（6）貼付図とシート数量

　炭素繊維シートの貼付参考図を図 1.1.8 に示す。

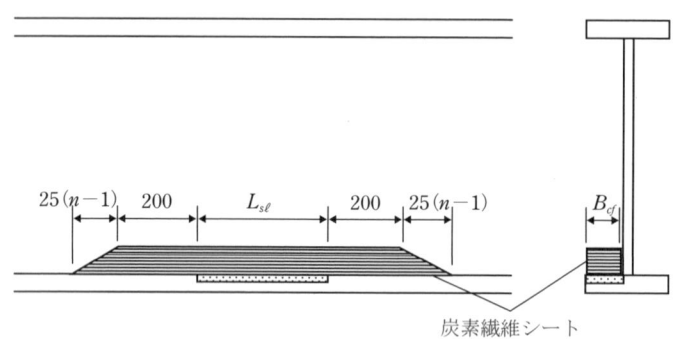

図 1.1.8　炭素繊維シート貼付参考図

　最外層のシート長は、欠損長さ $L_{s\ell}$ から両端に 200 mm とし、各層を 25 mm ずらして接着するため、n 層目のシートの接着長は、最外層を 1 層目とした場合、

$$n 層目のシートの接着長 L_{cf} = 2\{25(n-1) + 200\} + L_{s\ell}$$

となる。よって、n 層目のシート面積は、

$$n 層目のシート面積 = B_{cf}[2\{25(n-1) + 200\} + L_{s\ell}]$$

となる。よって、

$$総シート施工面積 = \Sigma_{(n=13)}(B_{cf}[2\{25(n-1) + 200\} + L_{s\ell}])$$
$$= 1.652 \times 10^6 \text{ mm}^2 = 1.652 \text{ m}^2$$

また、下地面積は 13 層目のシート面積に等しいため、

$$下地面積 = B_{cf}[2\{25(13-1) + 200\} + L_{s\ell}] = 1.736 \times 10^5 \text{ mm}^2 = 0.1736 \text{ m}^2$$

となる。

1.1.6 支点反力を受ける部材の補修設計例
（1） 対象とする腐食状況と設計条件

支点上補剛材および腹板の下端は、図1.1.9に示すように腐食しており、腐食部に炭素繊維シート接着する。

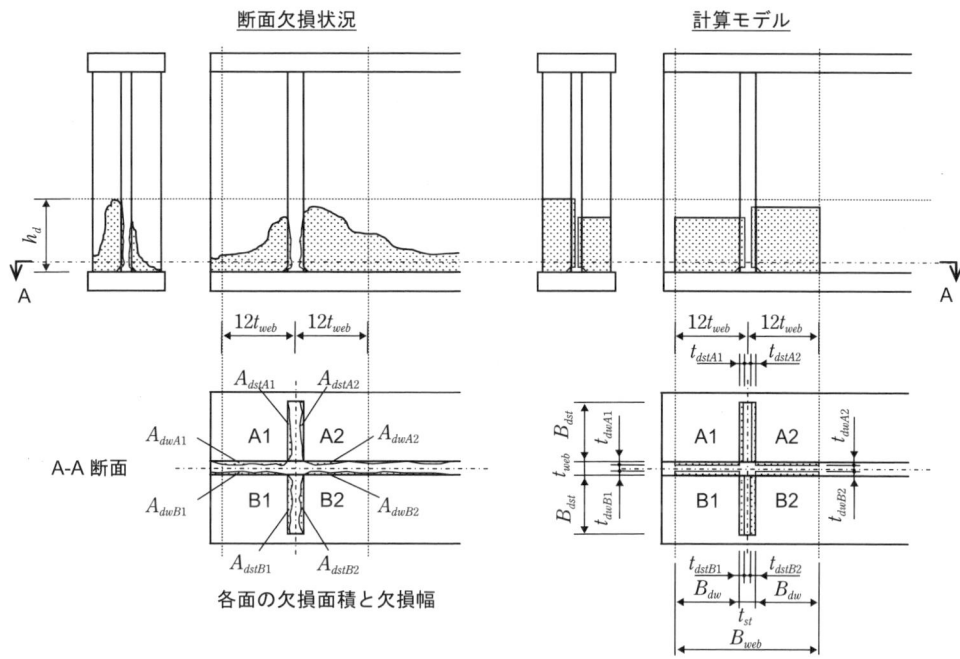

図1.1.9 断面欠損の計算モデルと寸法

① 欠損深さ

断面欠損は、現地計測で最大欠損断面積を求め、図1.1.9に示すように等価な長方形断面に変換する。最大欠損位置は合計欠損量が一番多い断面とする。腹板の欠損断面積は有効幅（$12t_{web}$）の範囲で計測する。

現地計測より、

各面の断面欠損面積　　$A_{dwA1} = 682$ mm^2
　　　　　　　　　　　$A_{dwA2} = 372$ mm^2
　　　　　　　　　　　$A_{dwB1} = 682$ mm^2
　　　　　　　　　　　$A_{dwB2} = 0$ mm^2
　　　　　　　　　　　$A_{dstA1} = 960$ mm^2
　　　　　　　　　　　$A_{dstA2} = 640$ mm^2
　　　　　　　　　　　$A_{dstB1} = 640$ mm^2
　　　　　　　　　　　$A_{dstB2} = 0$ mm^2
総断面欠損面積　　　　$A_d = 3976$ mm^2
腹板の欠損幅　　　　　$B_{dw} = 124$ mm
補剛材の欠損幅　　　　$B_{dst} = 160$ mm

各面の欠損高　　　　　$h_{dwA1} = 80$ mm

$h_{dwA2} = 50$ mm

$h_{dwB1} = 80$ mm

$h_{dwB2} = 0$ mm

$h_{dstA1} = 200$ mm

$h_{dstA2} = 100$ mm

$h_{dstB1} = 150$ mm

$h_{dstB2} = 0$ mm

よって、各面の平均欠損深さは、

$t_{dwA1} = A_{dwA1}/B_{dw} = 5.5$ mm

$t_{dwA2} = A_{dwA2}/B_{dw} = 3.0$ mm

$t_{dwB1} = A_{dwB1}/B_{dw} = 5.5$ mm

$t_{dwB2} = A_{dwB2}/B_{dw} = 0$ mm

$t_{dstA1} = A_{dstA1}/B_{dst} = 6.0$ mm

$t_{dstA2} = A_{dstA2}/B_{dst} = 4.0$ mm

$t_{dstB1} = A_{dstB1}/B_{dst} = 4.0$ mm

$t_{dstB2} = A_{dstB2}/B_{dst} = 0$ mm

② 寸法

腹板厚　　　　　$t_{web} = 11$ mm

腹板有効幅　　　$B_{web} = 2 \cdot 12 t_{web} = 264$ mm

垂直補剛材厚　　$t_{st} = 16$ mm

垂直補剛材幅　　$B_{st} = 160$ mm

健全有効断面積　$A_s = t_{web} \cdot B_{web} + 2 t_{st} \cdot B_{st} = 8024$ mm^2

腹板高　　　　　$h_{web} = 2100$ mm

（2）材質と許容応力度

① 材質

鋼種：SM400

② 有効座屈長 ℓ

「設計・施工マニュアル」の図解 4.5.1 より、支点上十字柱の有効座屈長は $0.7 h_{web}$ としてよいので、

$\ell = 0.7 h_{web} = 1470$ mm

③ 断面 2 次半径 r

健全時の腹板の中心軸（O 軸）回りの断面 2 次モーメントを計算する（図 1.1.10 参照）。

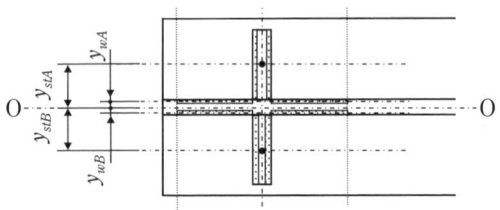

y_{wA}, y_{wB}：腐食したウェブの中心軸から図心までの距離
y_{stA}, y_{stB}：腐食した垂直補剛材の中心軸から図心までの距離

図 1.1.10　中心軸（O-O）からのウェブ、垂直補鋼材までの距離

表1.1.3　欠損を考慮した断面性能

	断面積 A (mm)	原点から図心までの距離 y (mm)	$A \cdot y$ (mm^3)	$A \cdot y^2$ (mm^4)	各図心回りのI I (mm^4)
A-Stf	$A_{stA}=B_{st} \cdot t_{st}$ 2560	$y_{stA}=(t_{web}+B_{st})/2$ 85.5	$A_{stA} \cdot y_{stA}$ 2.189E+05	$A_{stA} \cdot y_{stA}^2$ 1.871E+07	$t_{st} \cdot B_{st}^3/12$ 5.461E+06
Web	$A_{web}=B_{web} \cdot t_{web}$ 2904	0	0	0	$B_{web} \cdot t_{web}^3/12$ 2.928E+04
B-Stf	$A_{stB}=B_{st} \cdot t_{st}$ 2560	$y_{stB}=-(t_{web}+B_{st})/2$ −85.5	$A_{stB} \cdot y_{stB}$ −2.189E+05	$A_{stB} \cdot y_{stB}^2$ 1.871E+07	$t_{st} \cdot B_{st}^3/12$ 5.461E+06
欠損 A1-Web	$-A_{wdA1}$ −682	$y_{wA1}=(t_{web}-t_{wdA1})/2$ 2.8	$A_{wdA1} \cdot y_{wA1}$ −1.876E+03	$A_{wdA1} \cdot y_{wA1}^2$ −5.158E+03	$-B_{wdA1} \cdot t_{wdA1}^3/12$ −1.719E+03
欠損 A2-Web	$-A_{wdA2}$ −372	$y_{wA2}=(t_{web}-t_{wdA2})/2$ 4.0	$A_{wdA2} \cdot y_{wA2}$ −1.488E+03	$A_{wdA2} \cdot y_{wA2}^2$ −5.952E+03	$-B_{wdA2} \cdot t_{wdA2}^3/12$ −2.790E+02
欠損 B1-Web	$-A_{wdB1}$ −682	$y_{wB1}=-(t_{web}-t_{wdB1})/2$ −2.8	$A_{wdB1} \cdot y_{wB1}$ 1.876E+03	$A_{wdB1} \cdot y_{wB1}^2$ −5.158E+03	$-B_{wdB1} \cdot t_{wdB1}^3/12$ −1.719E+03
欠損 B2-Web	$-A_{wdB2}$ 0	$y_{wB2}=-(t_{web}-t_{wdB2})/2$ −5.5	$A_{wdB2} \cdot y_{wB2}$ 0.000E+00	$A_{wdB2} \cdot y_{wB2}^2$ 0.000E+00	$-B_{wdB2} \cdot t_{wdB2}^3/12$ 0.000E+00
欠損 A1-Stf	$-A_{StfA1}$ −960	$y_{stA1}=(t_{web}+B_{stA1})/2$ 85.5	$A_{stdA1} \cdot y_{stA1}$ −8.208E+04	$A_{stdA1} \cdot y_{stA1}^2$ −7.018E+06	$-t_{stdA1} \cdot B_{stdA1}^3/12$ −2.048E+06
欠損 A2-Stf	$-A_{stdA2}$ −640	$y_{stA2}=(t_{web}+B_{stA2})/2$ 85.5	$A_{stdA2} \cdot y_{stA2}$ −5.472E+04	$A_{stdA2} \cdot y_{stA2}^2$ −4.679E+06	$-t_{stdA2} \cdot B_{stdA2}^3/12$ −1.365E+06
欠損 B1-Stf	$-A_{stdB1}$ −640	$y_{stB1}=-(t_{web}+B_{stB1})/2$ −85.5	$A_{stdB1} \cdot y_{stB1}$ 5.472E+04	$A_{stdB1} \cdot y_{stB1}^2$ −4.679E+06	$-t_{stdB1} \cdot B_{stdB1}^3/12$ −1.365E+06
欠損 B2-Stf	$-A_{stdB2}$ 0	$y_{stB2}=-(t_{web}+B_{stB2})/2$ −5.5	$A_{stdB2} \cdot y_{stB2}$ 0.000E+00	$A_{stdB2} \cdot y_{stB2}^2$ 0.000E+00	$-t_{stdB2} \cdot B_{stdB2}^3/12$ 0.000E+00
Σ （合計）	ΣA 7012	−	Σ($A \cdot y$) −8.357E+04	Σ($A \cdot y^2$) 2.104E+07	ΣI 6.170E+06

O軸回りの断面2次モーメント I_O は、

$I_O = \Sigma(A \cdot y^2) + \Sigma I = 2.721 \times 10^7 \text{ mm}^4$

断面2次半径 r は、

$r = \sqrt{I_O/(A_s - A_d)} \times 0.5 = 81.98 \text{ mm}$

④　許容応力度 σ_a

$\ell/r = 17.9 \quad \leqq 18$

平成24年度　道示Ⅱ　3.2.1 より、

$\sigma_a = 140 \text{ N/mm}^2$

（3）　**断面力**

当初設計計算書より、

死荷重　　$P_d = 3.791 \times 10^5 \text{ N}$

活荷重　　$P_\ell = 4.634 \times 10^5 \text{ N}$

(4) 補修前の応力度照査

補修前の最大欠損断面に作用する応力度 σ_1

$$\sigma_1 = (P_d + P_\ell)/(A_s - A_d) = 208.1 \text{ N/mm}^2 \quad > \sigma_a = 140 \text{ N/mm}^2 \quad \text{NG}$$

許容応力度を超過している。

(5) 炭素繊維シートの必要層数

(a) 補修必要断面積 $A_{s\ell}$

死荷重は補修前断面、活荷重は補修後の合成断面で抵抗する。

許容応力度を満足するための必要最低断面積を A_{sr} とすると、

$$\sigma_a = P_d/(A_s - A_d) + P_\ell/(A_s - A_d + A_{sr})$$

よって、

$$A_{sr} = P_\ell/\{\sigma_a - P_d/(A_s - A_d)\} - (A_s - A_d) = 5952 \text{ mm}^2$$

A_d と A_{sr} を比較し、大きい方を $A_{s\ell}$ とする。$A_{sr} > A_d$ なので、

$$A_{s\ell} = A_{sr} = 5952 \text{ mm}^2$$

(b) 各面の補修必要断面積の計算

欠損断面積の割合に応じて、各面に補修必要断面積を振り分ける。

$$A_{s\ell wA1} = A_{s\ell} \cdot A_{dwA1}/A_d = 1021 \text{ mm}^2$$
$$A_{s\ell wA2} = A_{s\ell} \cdot A_{dwA2}/A_d = 556.8 \text{ mm}^2$$
$$A_{s\ell wB1} = A_{s\ell} \cdot A_{dwB1}/A_d = 1021 \text{ mm}^2$$
$$A_{s\ell wB2} = A_{s\ell} \cdot A_{dwB2}/A_d = 0 \text{ mm}^2$$
$$A_{s\ell stA1} = A_{s\ell} \cdot A_{dstA1}/A_d = 1437 \text{ mm}^2$$
$$A_{s\ell stA2} = A_{s\ell} \cdot A_{dstA2}/A_d = 958.0 \text{ mm}^2$$
$$A_{s\ell stB1} = A_{s\ell} \cdot A_{dstB1}/A_d = 958.0 \text{ mm}^2$$
$$A_{s\ell stB2} = A_{s\ell} \cdot A_{dstB2}/A_d = 0 \text{ mm}^2$$

(c) シートの必要積層数 n

① 炭素繊維シートの諸元

「設計・施工マニュアル」の「2.1 炭素繊維シート」より、繊維目付量 $w = 300 \text{ g/m}^2$ の高弾性型炭素繊維シートを使用

- シート設計厚 　　　$t_{cf} = 0.143 \text{ mm}$
- シートヤング係数 　$E_{cf} = 640 \text{ kN/mm}^2$
- 鋼材ヤング係数 　　$E_s = 200 \text{ kN/mm}^2$

② 炭素繊維シートの幅

シート貼付幅は、フランジ縁端から 5 mm 以上控え、シートが溶接のビードにかからないことを考慮して、

- 腹板シート幅 　　　$B_{wcf} = 120 \text{ mm}$
- 補剛材シート幅 　　$B_{stcf} = 150 \text{ mm}$

③ シートの割付け

各面の必要積層数 n は、設計・施工マニュアルの式 (4.5.1) および式 (4.4.1) より、

$$n_{wA1} = A_{s\ell wA1}/(t_{cf} \cdot B_{wcf} \cdot E_{cf}/E_s) = 18.59 ≒ 19 層$$

$n_{wA2} = A_{s\ell wA2}/(t_{cf} \cdot B_{wcf} \cdot E_{cf}/E_s) = 10.14 = 11$層

$n_{wB1} = A_{s\ell wB1}/(t_{cf} \cdot B_{wcf} \cdot E_{cf}/E_s) = 18.59 = 19$層

$n_{wB2} = A_{s\ell wB2}/(t_{cf} \cdot B_{wcf} \cdot E_{cf}/E_s) = 0 = 0$層

$n_{stA1} = A_{s\ell stA1}/(t_{cf} \cdot B_{stcf} \cdot E_{cf}/E_s) = 20.94 = 21$層

$n_{stA2} = A_{s\ell stA2}/(t_{cf} \cdot B_{stcf} \cdot E_{cf}/E_s) = 13.96 = 14$層

$n_{stB1} = A_{s\ell stB1}/(t_{cf} \cdot B_{stcf} \cdot E_{cf}/E_s) = 13.96 = 14$層

$n_{stB2} = A_{s\ell stB2}/(t_{cf} \cdot B_{stcf} \cdot E_{cf}/E_s) = 0 = 0$層

上記必要積層数は、各面で断面欠損分を補う必要積層数である。

本設計では、有効断面全体で必要量を確保すればよいので、上記のように積層数をすべて切り上げでは過大となる場合がある。このため、本計算例では少数点以下を他面へ振り直す。また、最大積層数20層を超える分についても他面に振り直す。

$n_{wA1} = 18.59 = 19$層

$n_{wA2} = 10.14 - 0.14 = 10.0 = 10$層

$n_{wB1} = 18.59 + 0.14 = 18.73 = 19$層

$n_{wB2} = 0 = 0$層

$n_{stA1} = 20.94 - 0.94 = 20.0 = 20$層

$n_{stA2} = 13.96 + 0.94 = 14.90 = 15$層

$n_{stB1} = 13.96 = 14$層

$n_{stB2} = 0 = 0$層

（6） 補修後の応力度照査

炭素繊維シートの鋼換算面積 $A_{cf,s}$ は、

$$A_{cf,s} = \{(n_{wA1} + n_{wA2} + n_{wB1} + n_{wB2})B_{wcf} + (n_{stA1} + n_{stA2} + n_{stB1} + n_{stB2})B_{stcf}\}t_{cf} \cdot E_{cf}/E_s$$
$$= 5999 \text{ mm}^2$$

補修後の応力度 σ_2 は、

$$\sigma_2 = P_d/(A_s - A_d) + P_\ell/(A_s - A_d + A_{cf,s})$$
$$= 139.8 \text{ N/mm}^2 < \sigma_a = 140 \text{ N/mm}^2 \quad \text{OK}$$

許容応力度を満足する。

（7） 貼付図とシート数量

炭素繊維シートの貼付参考図を図1.1.11に示す。

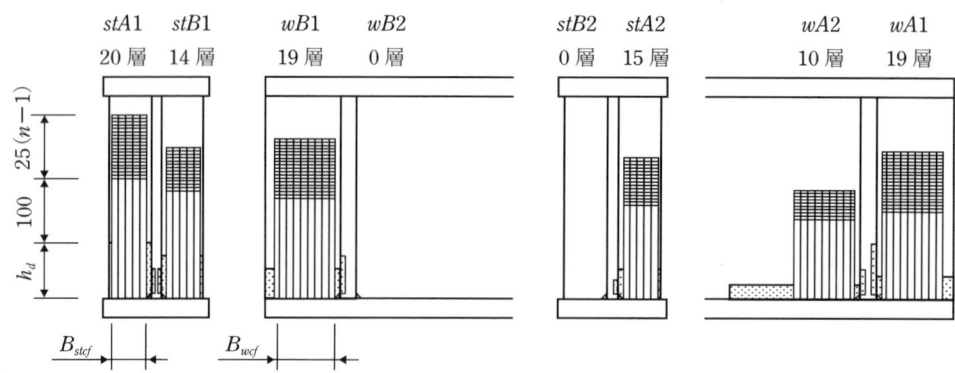

図 1.1.11 炭素繊維シート貼付参考図

最外層（1 層目）のシート長は欠損から 100 mm とし、各層を 25 mm ずらすため、
$$n 層目のシート面積 = B_{cf}\{25(n-1) + 100 + h_d\}$$
となる。よって、

総シート施工面積 $= \Sigma_{(n=1-19)} B_{wcf}\{25(n-1) + 100 + h_{dwA1}\}$
$+ \Sigma_{(n=1-10)} B_{wcf}\{25(n-1) + 100 + h_{dwA2}\} + \Sigma_{(n=1-19)} B_{wcf}\{25(n-1) + 100 + h_{dwB1}\}$
$+ \Sigma_{(n=1-20)} B_{stcf}\{25(n-1) + 100 + h_{dstA1}\} + \Sigma_{(n=1-15)} B_{stcf}\{25(n-1) + 100 + h_{dstA2}\}$
$+ \Sigma_{(n=1-14)} B_{wcf}\{25(n-1) + 100 + h_{dstB1}\} = 2.163 \times 10^6 \text{ mm}^2 = 2.163 \text{ m}^2$

また、下地面積は最も内側の層のシート面積と等しいため、

下地面積 $= B_{wcf}\{25(19-1) + 100 + h_{dwA1}\} + B_{wcf}\{25(10-1) + 100 + h_{dwA2}\}$
$+ B_{wcf}\{25(19-1) + 100 + h_{dwB1}\} + B_{stcf}\{25(20-1) + 100 + h_{dstA1}\}$
$+ B_{stcf}\{25(15-1) + 100 + h_{dstA2}\} + B_{stcf}\{25(14-1) + 100 + h_{dstB1}\}$
$= 4.812 \times 10^5 \text{ mm}^2 = 0.4812 \text{ m}^2$

1.1.7 せん断力を受ける部材の補修設計例
（1） 対象とする腐食状況と設計条件の設定

桁端部腹板の下端は、図 1.1.12 に示すように腐食しており、腐食部に炭素繊維シートを接着する。

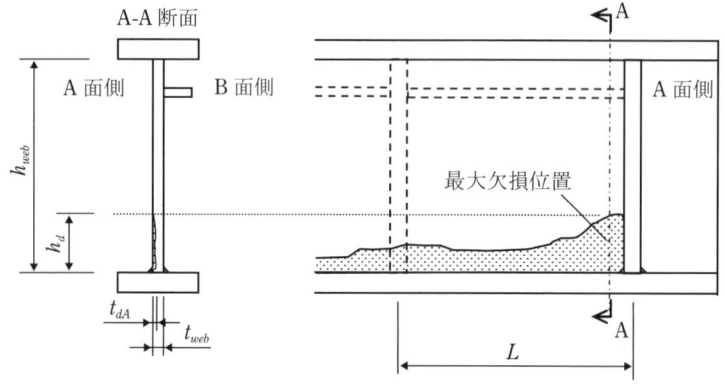

図 1.1.12 断面欠損状況と寸法

① 寸法
　　腹板厚　　　　　　　　$t_{web} = 11$ mm
　　腹板高　　　　　　　　$h_{web} = 2100$ mm
　　腹板幅　　　　　　　　$L = 2100$ mm
　　腹板のアスペクト比　　$L/h_{web} = 1.0$

② 欠損板厚
腹板下端の全腐食領域における最大欠損板厚で炭素繊維シートの補修量を決定する。
A面側の腐食領域内の最大欠損板厚は、現地計測より、
　　最大欠損板厚　　　　　$t_{dA} = 3.0$ mm
　　欠損高　　　　　　　　$h_d = 50$ mm

（2）炭素繊維シートの必要層数
① 必要層数の決定方法
炭素繊維シートの鋼換算板厚が腹板の最大欠損板厚以上となるようにシートの必要層数を決定し、+45度方向、-45方向それぞれに必要層数を貼付する。

② 炭素繊維シートの諸元
「設計・施工マニュアル」の「2.1　炭素繊維シート」より、繊維目付量 $w = 300$ g/m² の高弾性型炭素繊維シートを使用。
　　シート設計厚　　　　　$t_{cf} = 0.143$ mm
　　シートヤング係数　　　$E_{cf} = 640$ kN/mm²
　　鋼材ヤング係数　　　　$E_s = 200$ kN/mm²

③ シートの必要積層数 n の決定
各面の必要積層数 n は、「設計・施工マニュアル」の式（4.6.1）および式（4.4.1）より、
$$n = t_{dA} / (t_{cf} \cdot E_{cf} / E_s) = 6.56 ≒ 7 層$$
よって、A面側には、+45度方向、-45度方向に各7層を交互に貼付する．

（3）貼付図とシート数量
炭素繊維シートの貼付参考図を図 1.1.13 に示す。

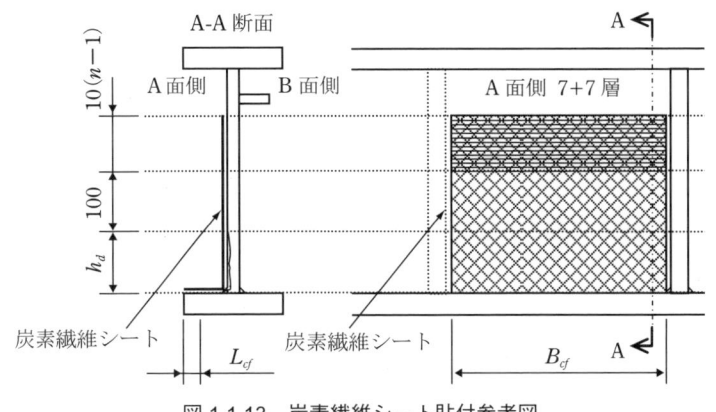

図 1.1.13　炭素繊維シート貼付参考図

シート貼付幅は、支点上補剛材から垂直補剛材までの溶接ビード手前間とするため、シート幅 B_{wcf} は、

$$B_{wcf} = 2080 \text{ mm}$$

炭素繊維シートは R50 mm で、下フランジに縁端より 5 mm 以上控えて定着する。本設計例では 8 mm 控えることとする。よって、シートの下フランジへの定着長 L_{cf} は、

$$L_{cf} = \{(B_{f\ell} - t_{web})/2 - 50 - 8\} = 111.5 \text{ mm}$$

また、最外層（1 層目）のシート長は欠損から 100 mm とし、各層を 10 mm ずらすため、

$$n \text{ 層目の面積} = B_{cf}\{(h_d - 50) + 100 + 10(n-1) + 100\pi/4 + L_{cf}\}$$

となる。よって、

$$\text{総シート施工面積} = \Sigma_{(n=1\text{-}14)} B_{cf}\{(h_d - 50) + 100 + 10(n-1) + 100\pi/4 + L_{cf}\}$$
$$= 1.179 \times 10^7 \text{ mm}^2 = 11.79 \text{ m}^2$$

また、下地面積は最内層のシート面積と等しいため、

$$\text{下地面積} = B_{cf}\{(h_d - 50) + 100 + 10(14-1) + 100\pi/4 + L_{cf}\}$$
$$= 9.777 \times 10^5 \text{ mm}^2 = 0.9777 \text{ m}^2$$

参考文献
1) 高速道路総合技術研究所：炭素繊維シートによる鋼構造物の補修・補強工法 設計・施工マニュアル、平成 25 年 10 月

1.2 炭素繊維プレートによる鋼桁の補強

本設計事例で対象とする鋼橋は、昭和 50 年代に建設された橋梁で、鋼桁自重および鉄筋コンクリート床版（RC 床版）を鋼 I 桁で支持し、鋼 I 桁と RC 床版との合成が完了して合成 I 桁となった後に、舗装、高欄および添架物等の後死荷重を施工し、その後活荷重（TL-20）を載荷する、いわゆる活荷重合成 I 桁橋として設計されている。

本補強設計事例は、道路橋示方書に定める L 荷重のうち B 活荷重からなる活荷重の作用下において鋼 I 桁部下フランジに発生する引張応力度が許容引張応力度を超えることから、当該部分を炭素繊維プレート（CFRP プレート）で補強する案の設計事例である。

本設計事例の補強概要および補強前後の下フランジの応力分布を図 1.2.1 に示す。

下図の補強範囲に加え左右の定着長範囲を CFRP プレートで補強した事例である。

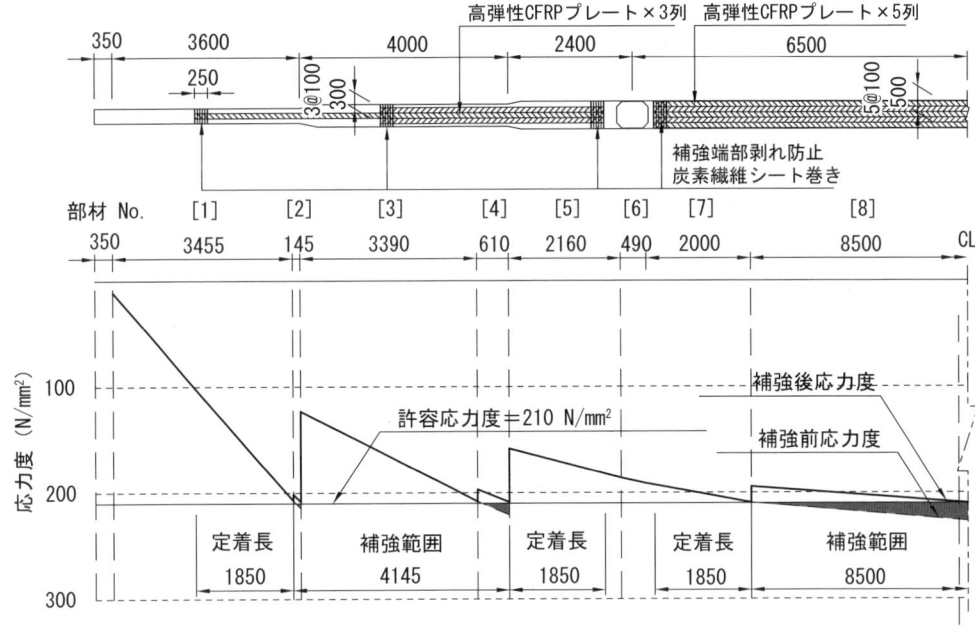

図 1.2.1 炭素繊維プレート補強概要

1.2.1 構造概要と設計条件

対象とする鋼橋の構造概要と設計条件を以下に示す。

(1) 構造形式
 ・形式：鋼単純合成 I 桁橋
 ・主桁本数：4 本
 ・桁長：33.700 m
 ・支間：33.000 m
 ・幅員：8.500 m（全幅員：9.700 m、歩車道区分なし）
 ・支持条件：固定、可動

(2) 道路線形
　・平面線形：$R = \infty$
　・斜角：90°00′00″
(3) 橋面構造
　・舗装：アスファルト舗装厚　$t = 75$ mm
　・床版：鉄筋コンクリート床版厚　$t = 220$ mm
(4) 使用材料
　・コンクリート：$\sigma_{ck} = 27$ N/mm^2
　・鋼材：材質　SM490Y

表 1.2.1　鋼材物性表

種類		降伏点 ($16 < t < 40$ mm)	許容引張応力度 ($t < 40$ mm)	ヤング係数
		N/mm^2	N/mm^2	kN/mm^2
鋼材	SM490Y	355	210	200

注）鋼とコンクリートのヤング係数比：$n_c = 7.0$

　・CFRP プレート：高弾性タイプ（HM1040）

表 1.2.2　CFRP プレート物性表 [1]

	幅	厚	引張強度	許容引張応力度	ヤング係数
	mm	mm	N/mm^2	N/mm^2	kN/mm^2
CFRPプレート	100	4.0	1200	450	450

注）鋼とCFRPプレートとのヤング係数比：$n_{cf} = 200/450 = 0.44$

(5) 設計荷重
　・新設時の対象活荷重　：　道路橋示方書（昭和 55 年版）　TL-20
　・補強時の対象活荷重　：　道路橋示方書（平成 24 年版）　B 活荷重

1.2.2 一般図

本橋の断面図、平面図を図 1.2.2 に示す。

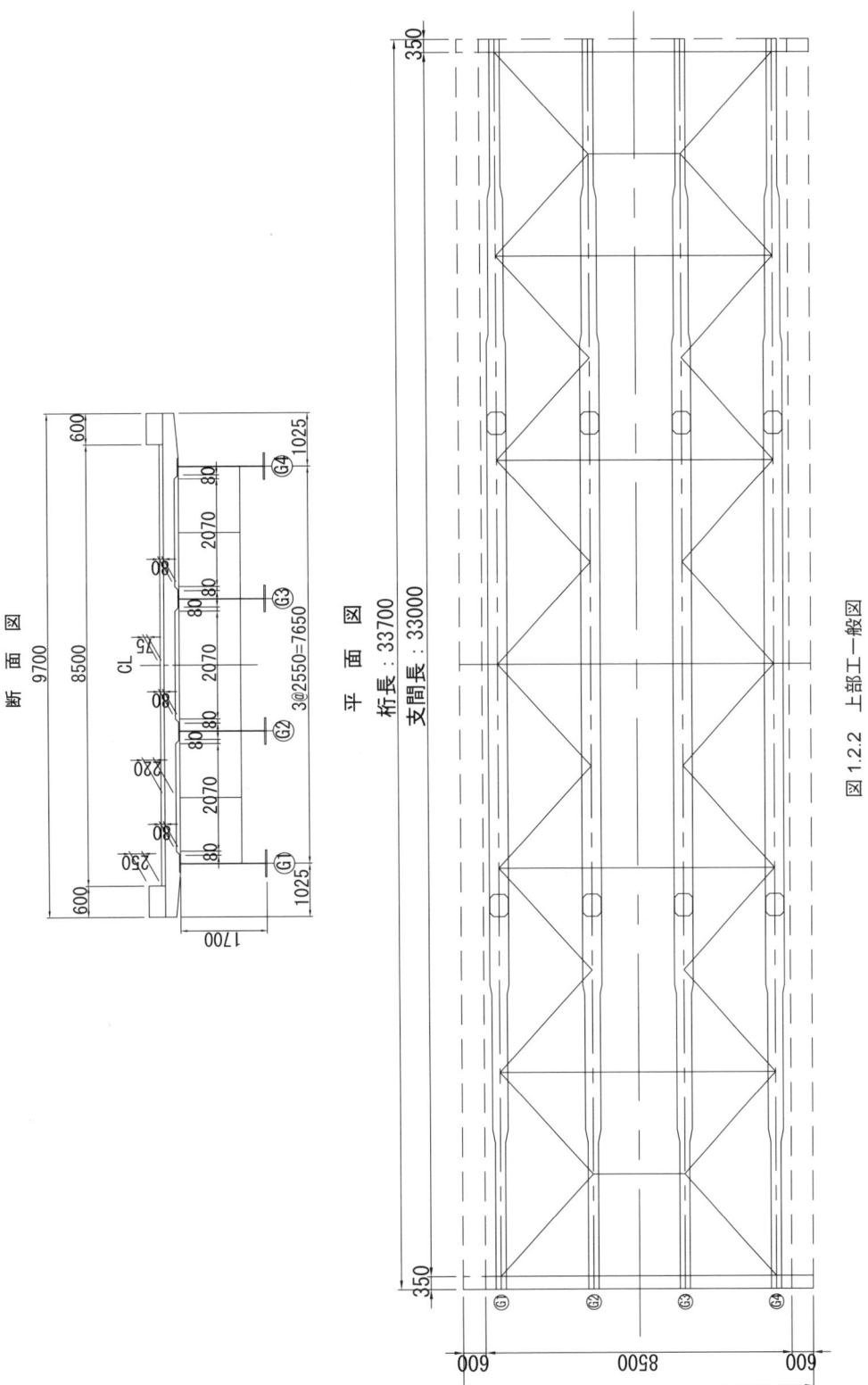

図 1.2.2 上部工一般図

1.2.3 主桁部材寸法

主桁部材寸法を図 1.2.3 および表 1.2.3 に示す。

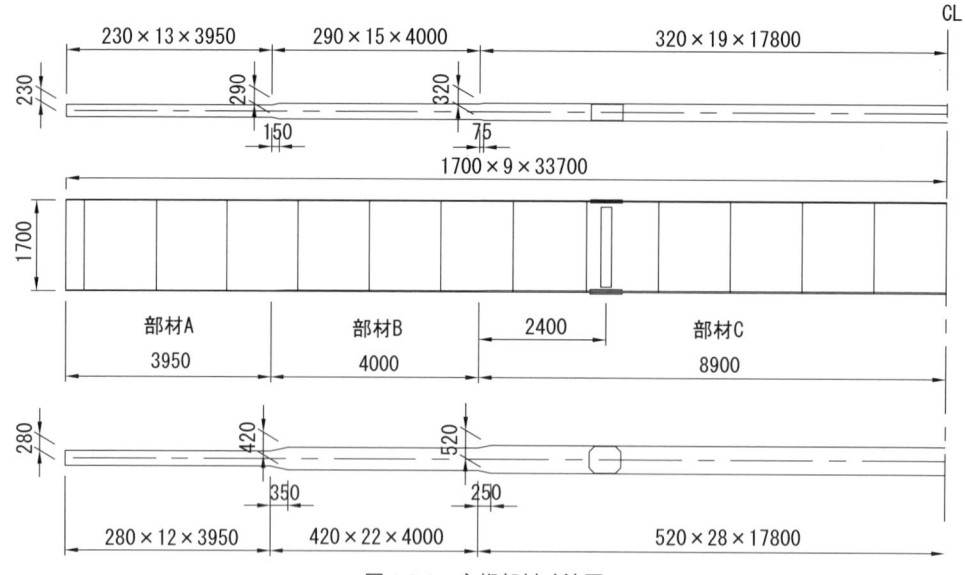

図 1.2.3 主桁部材寸法図

表 1.2.3 主桁部材寸法表

	単位	部材 A i端[注1]	部材 A j端[注1]	部材 B i端[注1]	部材 B j端[注1]	部材 C i端[注1]	部材 C j端[注1]
部材長	mm	3950		4000		8900	
桁端からの距離	mm	0	3950	3950	7950	7950	16850
上フランジ幅	mm	230	230	290[注2]	290	320[注2]	320
上フランジ厚	mm	13	13	15	15	19	19
ウェブ高	mm	1700	1700	1700	1700	1700	1700
ウェブ厚	mm	9	9	9	9	9	9
下フランジ幅	mm	280	280	420[注2]	420	520[注2]	520
下フランジ厚	mm	12	12	22	22	28	28

注 1)　支点側が i 端、支間中央側が j 端
注 2)　断面変化開始点は断面変化後の断面で計算した

1.2.4 B 活荷重作用時の主桁応力度照査
（1） 曲げモーメント分布

図 1.2.4 に最大応力度が発生する G4 主桁曲げモーメント分布図を示す。

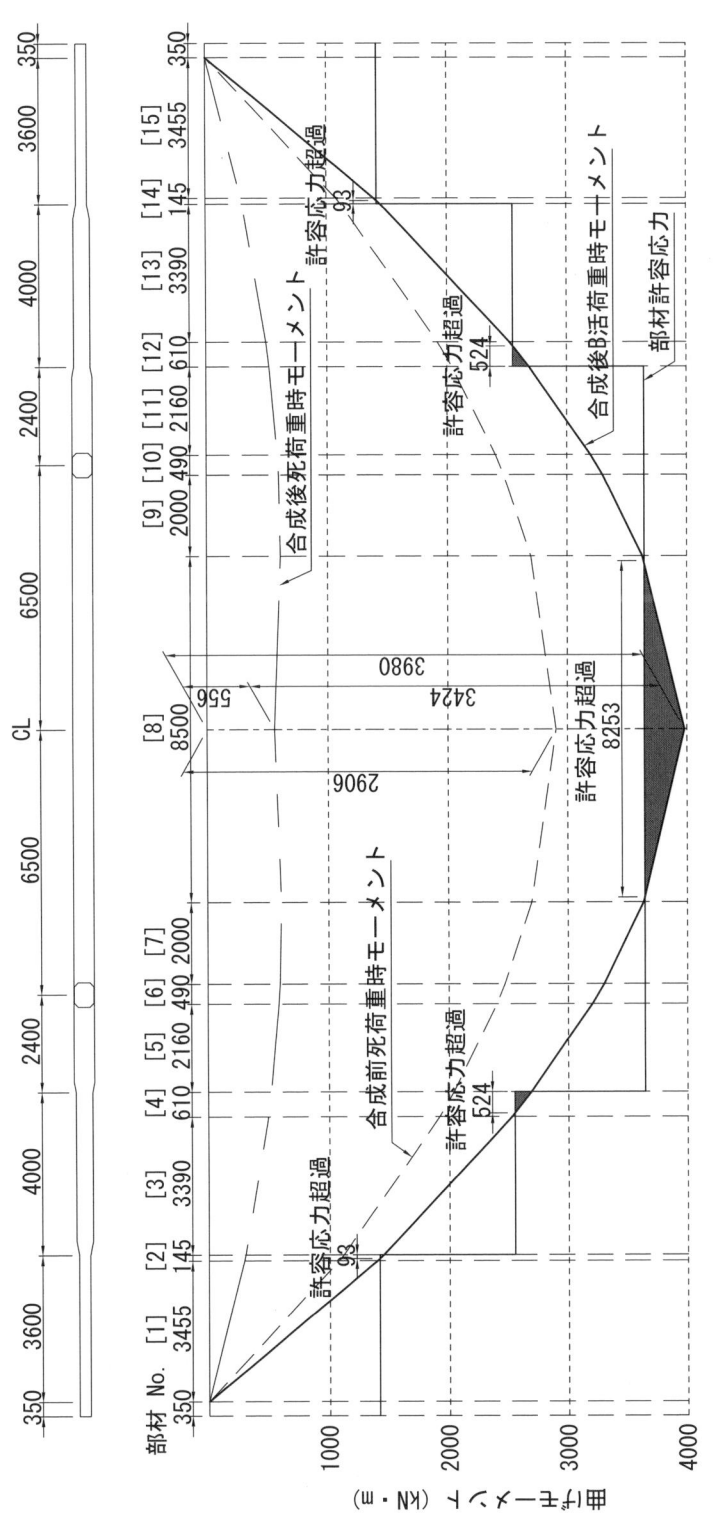

図 1.2.4　G4 主桁曲げモーメント分布図

（2） 応力度照査（G4主桁　支間中央部　[8]-中央断面）

代表断面として、G4主桁支間中央部の補強前応力度照査内容を以下に示す。

(a) 設計断面力

　　合成前死荷重モーメント：M_{ysd} = 2906.0 kN·m　（主桁、床版の荷重）

　　合成後死荷重モーメント：M_{yvd} = 556.0 kN·m　（地覆、高欄、舗装の荷重）

　　合成後活荷重モーメント：M_{yvL} = 3424.0 kN·m　（B活荷重）

(b) 換算断面二次モーメントと縁距離

	幅/厚 (mm)	高 (mm)	A (mm²)	y (mm)	$A \cdot y$ (mm³)	$A \cdot y^2$ (mm⁴)	$I_0 = b \cdot h^3/12$ (mm⁴)
コンクリート	2270	220	71343	−1040	−74196571	77164434286	287749524
上フランジ	320	19	6080	−860	−5225760	4491540720	182907
ウェブ	9	1700	15300	0			3684750000
下フランジ	520	28	14560	864	12579840	10868981760	951253
合成前		$\Sigma A_s =$	35940	$\Sigma(A \cdot y)_s =$	7354080	$\Sigma I_s =$	19046406640
合成後		$\Sigma A_v =$	107283	$\Sigma(A \cdot y)_v =$	−66842491	$\Sigma I_v =$	96498590450

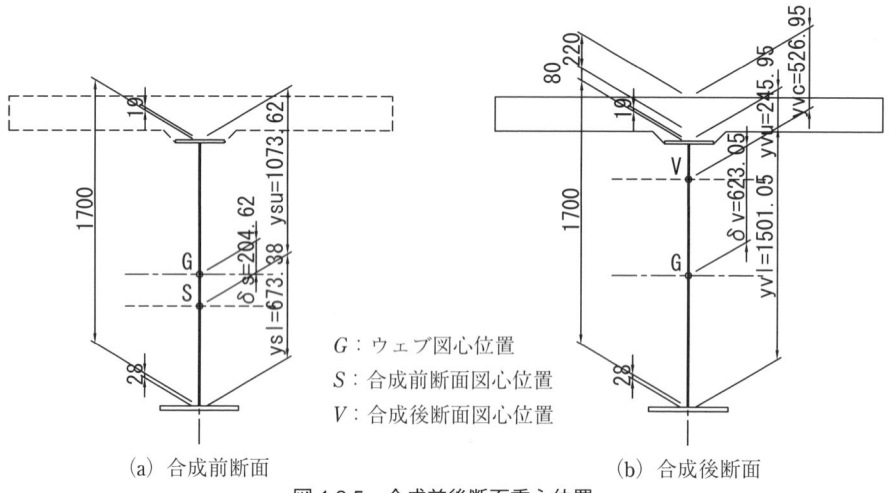

(a) 合成前断面　　　　　　　　(b) 合成後断面

図 1.2.5　合成前後断面重心位置

〔合成前〕

　重心位置　　　$\delta_s = \Sigma(A \cdot y)_s / \Sigma A_s$ = 7354080/35940 = 204.62 mm

　断面二次モーメント　　$I_s = \Sigma I_s - \delta_s^2 \times \Sigma A_s$ = 19046406640 − 204.62² × 35940
　　　　　　　　　　　　= 17541622402 mm⁴

　上縁縁距離　　y_{su} = −(1700/2 + 19 + 204.62) = −1073.62 mm

　下縁縁距離　　$y_{s\ell}$ = 1700/2 + 28 − 204.62 = 673.38 mm

〔合成後〕

　重心位置　　$\delta_v = \Sigma(A \cdot y)_v / \Sigma A_v$ = −66842491/107283 = −623.05 mm

　断面二次モーメント　　$I_v = \Sigma I_v - \delta_v^2 \times \Sigma A_v$ = 96498590450 − 623.05² × 107283
　　　　　　　　　　　　= 54852318399 mm⁴

床版縁距離　　$y_{vc} = -(1700/2 + 80 + 220 - 623.05) = -526.95$ mm
上縁縁距離　　$y_{vu} = -(1700/2 + 19 - 623.05) = -245.95$ mm
下縁縁距離　　$y_{v\ell} = 1700/2 + 28 + 623.05 = 1501.05$ mm

(c) 応力度計算

〔合成前死荷重〕

$\sigma_{su1} = (M_{ysd}/I_s) \times y_{su} = (2906000000/17541622402) \times -1073.62 = -177.9$ N/mm²

$\sigma_{s\ell 1} = (M_{ysd}/I_s) \times y_{s\ell} = (2906000000/17541622402) \times 673.38 = 111.6$ N/mm²

ただし、σ_{su1}：合成前死荷重による上フランジの応力度（N/mm²）
　　　　$\sigma_{s\ell 1}$：合成前死荷重による下フランジの応力度（N/mm²）

〔合成後死荷重〕

$\sigma_{cu2} = (M_{yvd}/I_v) \times y_{vc}/n_c = (556000000/54852318399) \times -526.95/7 = -0.8$ N/mm²

$\sigma_{su2} = (M_{yvd}/I_v) \times y_{vu} = (556000000/54852318399) \times -245.95 = -2.5$ N/mm²

$\sigma_{s\ell 2} = (M_{yvd}/I_v) \times y_{v\ell} = (556000000/54852318399) \times 1501.05 = 15.2$ N/mm²

ただし、σ_{cu2}：合成後死荷重によるコンクリートの応力度（N/mm²）
　　　　σ_{su2}：合成後死荷重による上フランジの応力度（N/mm²）
　　　　$\sigma_{s\ell 2}$：合成後死荷重による下フランジの応力度（N/mm²）

〔合成後活荷重〕

$\sigma_{cu3} = (M_{yvL}/I_v) \times y_{vc}/n_c = (3424000000/54852318399) \times -526.95/7 = -4.7$ N/mm²

$\sigma_{su3} = (M_{yvL}/I_v) \times y_{vu} = (3424000000/54852318399) \times -245.95 = -15.4$ N/mm²

$\sigma_{s\ell 3} = (M_{yvL}/I_v) \times y_{v\ell} = (3424000000/54852318399) \times 1501.05 = 93.7$ N/mm²

ただし、σ_{cu3}：合成後活荷重によるコンクリートの応力度（N/mm²）
　　　　σ_{su3}：合成後活荷重による上フランジの応力度（N/mm²）
　　　　$\sigma_{s\ell 3}$：合成後活荷重による下フランジの応力度（N/mm²）

〔合成応力度〕

$\sigma_{cu} = \sigma_{cu2} + \sigma_{cu3} = -0.8 - 4.7 = -5.5$ N/mm²
　　　（許容値　$\sigma_{cua} = -7.7$ N/mm²　　OK）

$\sigma_{su} = \sigma_{su1} + \sigma_{su2} + \sigma_{su3} = -177.9 - 2.5 - 15.4 = -195.8$ N/mm²
　　　（許容値　$\sigma_{sua} = -210$ N/mm²　　OK）

$\sigma_{s\ell} = \sigma_{s\ell 1} + \sigma_{s\ell 2} + \sigma_{s\ell 3} = 111.6 + 15.2 + 93.7 = 220.5$ N/mm²
　　　（許容値　$\sigma_{s\ell a} = 210$ N/mm²　　NG！）

(d) 応力度集計表

G4主桁　[8]-中央断面の応力度照査結果を以下に示す。

なお、荷重の組合せは、道路橋示方書（平成24年度）の2.2に示す荷重の組合せのうち最も条件の厳しい（1）と（2）の組合せで検討を行うものとし、**表 1.2.4** には、長期荷重によるクリープと乾燥収縮の影響および温度差による影響を考慮した応力度も示してある。

表 1.2.4 応力度集計表

		単位	鋼桁(G4桁 [8]-中央断面)							
			上フランジ			下フランジ			床版コンクリート		
			応力度	許容値	判定	応力度	許容値	判定	応力度	許容値	判定
合成前死荷重応力度	①	N/mm²	−177.9	−180.7	OK	111.6	262.5	OK	−	−	−
合成後死荷重応力度	②	N/mm²	−2.5	−	−	15.2	−	−	−0.8	−	−
合成後活荷重応力度	③	N/mm²	−15.4	−	−	93.7	−	−	−4.7	−	−
クリープによる応力度	④	N/mm²	−6.1	−	−	1.2	−	−	0.2	−	−
乾燥収縮による応力度	⑤	N/mm²	−26.3	−	−	5.0	−	−	0.4	−	−
温度差による応力度	⑥	N/mm²	−19.2	−	−	3.6	−	−	0.2	−	−
荷重の組合せ	①+②+③ ⑦	N/mm²	−195.7	−210.0	OK	220.5	210.0	NG	−5.5	−7.7	OK
荷重の組合せ	⑦+④+⑤ ⑧	N/mm²	−228.1	−241.5	OK	226.7	210.0	NG	−4.8	−7.7	OK
荷重の組合せ	⑧+⑥ ⑨	N/mm²	−247.3	−273.0	OK	230.3	241.5	OK	−4.6	−8.9	OK
荷重の組合せ	⑧−⑥ ⑩	N/mm²	−208.9	−273.0	OK	223.1	241.5	OK	−5.0	−8.9	OK

上記より、下フランジに発生する引張応力度が許容応力度を超えており、当該部分を炭素繊維プレート（CFRPプレート）で補強することとする。

図1.2.6に補強前応力超過範囲を示す。

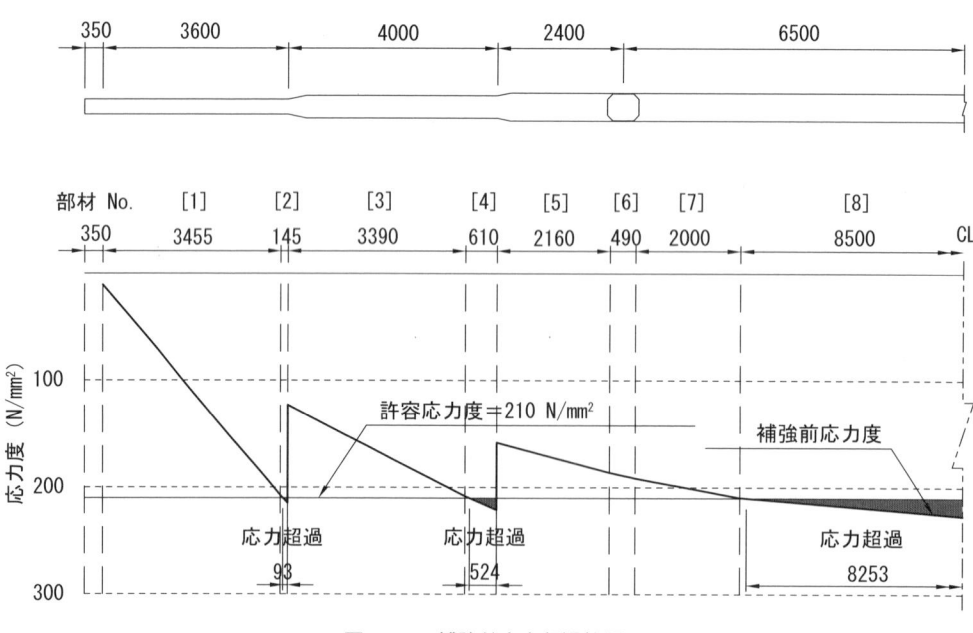

図 1.2.6 補強前応力超過範囲

1.2.5 CFRPプレートによる補強検討

（1） CFRPプレート必要補強量の概算

B活荷重によって下フランジに発生する引張応力度 $\sigma_{s\ell 3}$ は、次式を満足する値以下に抑える必要がある。

$$\sigma_{s\ell 3} = \{M_{yvL}/(I_{cf})_n\} \times y_{cf\ell} \leq \{\sigma_{s\ell a} - (\sigma_{s\ell 1} + \sigma_{s\ell 2})\}$$

ただし、$(I_{cf})_n$：補強後の必要断面二次モーメント（mm⁴）
$y_{cfℓ}$：補強後の下フランジ下縁の縁端距離（mm）（図 1.2.8 参照）
したがって、補強後の必要断面二次モーメントは次のとおりである。

$$(I_{cf})_n \geqq (M_{yvL} \times y_{cfℓ})/\{\sigma_{sℓa}-(\sigma_{sℓ1}+\sigma_{sℓ2})\}$$

他方、補強する CFRP プレートの断面厚が 4 mm ほどで比較的薄いことから、桁に与える断面二次モーメントの影響を無視し、

・断面二次モーメント：　$I_{0cf} \fallingdotseq 0$ mm⁴
・補強後の縁距離：　$y_{cfℓ} \fallingdotseq y_{vℓ}$ mm

と仮定すると、補強による断面二次モーメントの必要増加量は、

$$(I_{cf})_n - I_v \leqq (A_{cf})_n \times y_{vℓ}^2$$

ただし、$(A_{cf})_n$：CFRP プレートの必要換算断面積（mm²）
となることから、A_{cf} の概算量は次式で求められることとなる。

$$(A_{cf})_n \leqq \{(I_{cf})_n - I_v\}/y_{vℓ}^2$$

以上より、本計算例の場合には以下のとおりとなる。

$$\begin{aligned}(I_{cf})_n &\geqq (M_{yvL} \times y_{vℓ})/\{\sigma_{sℓa}-(\sigma_{sℓ1}+\sigma_{sℓ2})\}\\ &\fallingdotseq (M_{yvL} \times y_{vℓ})/\{\sigma_{sℓa}-(\sigma_{sℓ1}+\sigma_{sℓ2})\}\\ &= 3424000000 \times 1501.05/\{210-(111.6+15.2)\}\\ &= 61773980769\end{aligned}$$

$$\begin{aligned}(A_{cf})_n &= \{(I_{cf})_n - I_v\}/y_{vℓ}^2\\ &= (61773980769 - 54852318399)/1501.05^2\\ &= 3072 \text{ mm}^2\end{aligned}$$

以上より、CFRP プレート（HM1040）の必要枚数（N_{CFRP}）は以下となる。

$$\begin{aligned}N_{CFRP} &= (A_{cf})_n/(B_{cf} \times t_{cf}) \times E_s/E_{cf}\\ &= 3072/(100 \times 4) \times 200/450\\ &= 3.41 \text{ 枚} \rightarrow 4 \text{ 枚}\end{aligned}$$

ただし、B_{cf}：CFRP プレート幅（mm）
T_{cf}：CFRP プレート厚（mm）
E_s：鋼材のヤング係数（kN/mm²）
E_{cf}：CFRP プレートのヤング係数（kN/mm²）

したがって、必要補強量は CFRP プレートを 4 枚貼付となるが、補強による重心位置の低下等の影響に備えて、CFRP プレートを 5 枚貼付で検討を行う。

（2）CFRPプレートによる補強後応力度照査（G4主桁　支間中央部　[8]-中央断面）

（a）断面二次モーメントと縁距離

	幅/厚 （mm）	高 （mm）	A （mm²）	y （mm）	$A \cdot y$ （mm³）	$A \cdot y^2$ （mm⁴）	$I_0 = b \cdot h^3/12$ （mm⁴）
コンクリート	2270	220	71343	-1040	-74196571	77164434286	287749524
上フランジ	320	19	6080	-860	-5225760	4491540720	182907
ウェブ	9	1700	15300	0			3684750000
下フランジ	520	28	14560	864	12579840	10868981760	951253
CFRPプレート	5×100	4	4545	878	3990909	3504018182	6061
合成前（CFRP無）		$\Sigma A_s=$	35940	$\Sigma(A\cdot y)_s=$	7354080	$\Sigma I_s=$	19046406640
合成後（CFRP無）		$\Sigma A_v=$	107283	$\Sigma(A\cdot y)_v=$	-66842491	$\Sigma I_v=$	96498590450
合成後（CFRP有）		$\Sigma A_{cf}=$	111828	$\Sigma(A\cdot y)_{cf}=$	-62851582	$\Sigma I_{cf}=$	100002614692

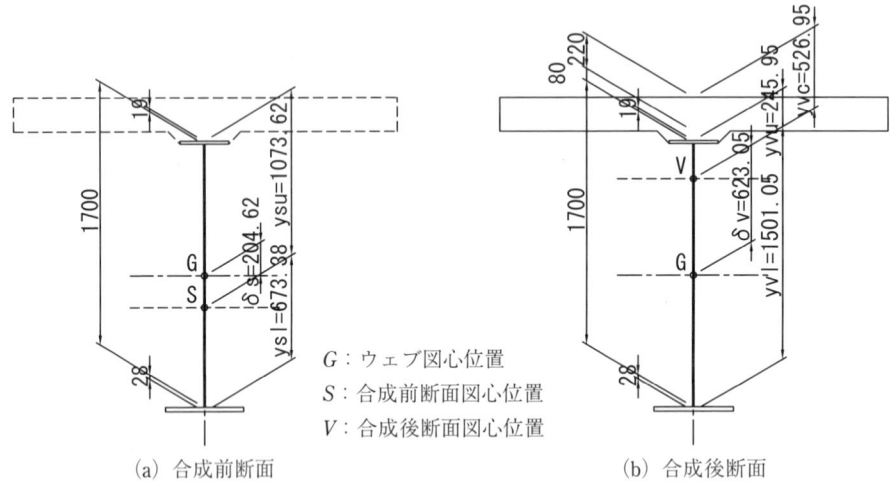

図1.2.7　合成前後断面重心位置

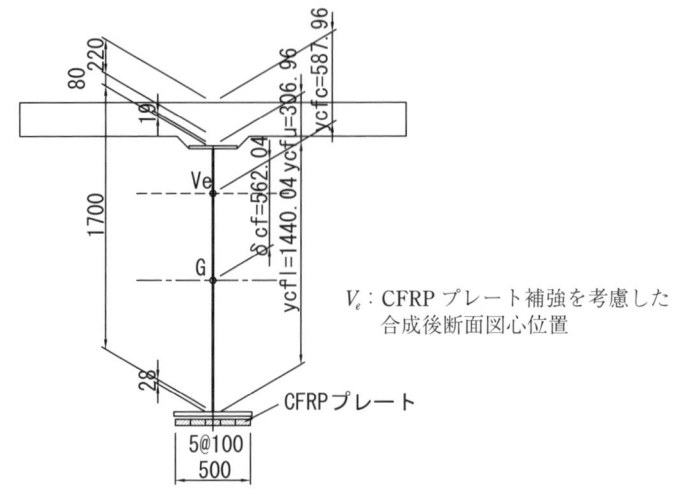

合成後断面（CFRPプレート補強後）
図1.2.8　CFRPプレート補強後断面重心位置

〔合成前〕

重心位置　　$\delta_s = \Sigma(A \cdot y)_s / \Sigma A_s = 7354080/35940 = 204.62$ mm

断面二次モーメント　　$I_s = \Sigma I_s - \delta_s^2 \times \Sigma A_s$
$= 19046406640 - 204.62^2 \times 35940 = 17541622402$ mm^4

上縁縁距離　　$y_{su} = -(1700/2 + 19 + 204.62) = -1073.62$ mm

下縁縁距離　　$y_{s\ell} = 1700/2 + 28 - 204.62 = 673.38$ mm

〔合成後（CFRPプレート補強前）〕

重心位置　　$\delta_v = \Sigma(A \cdot y)_v / \Sigma A_v = -66842491/107283 = -623.05$ mm

断面二次モーメント　　$I_v = \Sigma I_v - \delta_v^2 \times \Sigma A_v$
$= 96498590450 - 623.05^2 \times 107283 = 54852318399$ mm^4

床版縁距離　　$y_{vc} = -(1700/2 + 80 + 220 - 623.05) = -526.95$ mm

上縁縁距離　　$y_{vu} = -(1700/2 + 19 - 623.05) = -245.95$ mm

下縁縁距離　　$y_{v\ell} = 1700/2 + 28 + 623.05 = 1501.05$ mm

〔合成後（CFRPプレート補強後）〕

重心位置　　$\delta_{cf} = \Sigma(A \cdot y)_{cf} / \Sigma A_{cf} = -62851582/111828 = -562.04$ mm

断面二次モーメント　　$I_{cf} = \Sigma I_{cf} - \delta_{cf}^2 \times \Sigma A_{cf}$
$= 100002614692 - 562.04^2 \times 111828 = 64677285435$ mm^4

床版縁距離　　$y_{cfc} = -(1700/2 + 80 + 220 - 562.04) = -587.96$ mm

上縁縁距離　　$y_{cfu} = -(1700/2 + 19 - 562.04) = -306.96$ mm

下縁縁距離　　$y_{cf\ell} = 1700/2 + 28 + 562.04 = 1440.04$ mm

なお、CFRPプレート応力照査位置も下フランジ下面位置とする。

(b)　応力度計算

〔合成前死荷重〕

$\sigma_{su1} = (M_{ys}/I_s) \times y_{su} = (2906000000/17541622402) \times -1073.62 = -177.9$ N/mm^2

$\sigma_{s\ell1} = (M_{ys}/I_s) \times y_{s\ell} = (2906000000/17541622402) \times 673.38 = 111.6$ N/mm^2

ただし、σ_{su1}：合成前死荷重による上フランジの応力度（N/mm^2）
　　　　　$\sigma_{s\ell1}$：合成前死荷重による下フランジの応力度（N/mm^2）

〔合成後死荷重〕

$\sigma_{cu2} = (M_{yvd}/I_v) \times y_{vc}/n_c = (556000000/54852318399) \times -526.95/7 = -0.8$ N/mm^2

$\sigma_{su2} = (M_{yvd}/I_v) \times y_{vu} = (556000000/54852318399) \times -245.95 = -2.5$ N/mm^2

$\sigma_{s\ell2} = (M_{yvd}/I_v) \times y_{v\ell} = (556000000/54852318399) \times 1501.05 = 15.2$ N/mm^2

ただし、σ_{cu2}：合成後死荷重によるコンクリートの応力度（N/mm^2）
　　　　　σ_{su2}：合成後死荷重による上フランジの応力度（N/mm^2）
　　　　　$\sigma_{s\ell2}$：合成後死荷重による下フランジの応力度（N/mm^2）

〔合成後活荷重〕

$\sigma_{cu3} = (M_{yvL}/I_{ve}) \times y_{vc}/n_c = (3424000000/64677282041) \times -587.96/7 = -4.4$ N/mm^2

$\sigma_{su3} = (M_{yvL}/I_{ve}) \times y_{vu} = (3424000000/64677282041) \times -306.96 = -16.3$ N/mm^2

$\sigma_{s\ell3} = (M_{yvL}/I_{ve}) \times y_{v\ell} = (3424000000/64677282041) \times 1440.04 = 76.2$ N/mm^2

ただし、σ_{cu3}：合成後活荷重によるコンクリートの応力度（N/mm^2）

σ_{su3}：合成後活荷重による上フランジの応力度（N/mm²）

$\sigma_{sℓ3}$：合成後活荷重による下フランジの応力度（N/mm²）

〔合成応力度〕

$\sigma_{cu} = -0.8 - 4.4 = -5.2 \, \text{N/mm}^2$ （許容値：$\sigma_{cua} = -7.7 \, \text{N/mm}^2$　OK）

$\sigma_{su} = -177.9 - 2.5 - 16.3 = -196.7 \, \text{N/mm}^2$ （許容値：$\sigma_{sua} = -210 \, \text{N/mm}^2$　OK）

$\sigma_{sℓ} = 111.6 + 15.2 + 76.2 = 203.0 \, \text{N/mm}^2$ （許容値：$\sigma_{sℓa} = 210 \, \text{N/mm}^2$　OK）

下フランジの応力度 $\sigma_{sℓ}$ は、補強により改善された。

〔CFRPプレートの応力度〕

$\sigma_{cf} = \sigma_{sℓ3}/n_{cf} = 76.2/0.44 = 173.2 \, \text{N/mm}^2$ （許容値：$\sigma_{cfa} = 450 \, \text{N/mm}^2$　OK）

ただし、σ_{cf}：合成後活荷重によるCFRPプレートの応力度（N/mm²）

(c) 応力度集計表

G4 主桁　[8]-中央断面の応力度照査結果を以下に示す。

なお、荷重の組合せは、道路橋示方書（平成24年度）の2.2に示す荷重の組合せのうち最も条件の厳しい（1）と（2）の組合せで検討を行うものとする。

表1.2.5　応力度集計表

			鋼桁(G4桁　[8]-中央断面)						床版コンクリート		
		単位	上フランジ			下フランジ					
			応力度	許容値	判定	応力度	許容値	判定	応力度	許容値	判定
合成前死荷重応力度	①	N/mm²	−177.9	−180.7	OK	111.6	262.5	OK	−	−	−
合成後死荷重応力度	②	N/mm²	−2.5	−	−	15.2	−	−	−0.8	−	−
合成後活荷重応力度	③	N/mm²	−16.3	−	−	76.2	−	−	−4.4	−	−
クリープによる応力度	④	N/mm²	−6.1	−	−	1.2	−	−	0.2	−	−
乾燥収縮による応力度	⑤	N/mm²	−26.3	−	−	5.0	−	−	0.4	−	−
温度差による応力度	⑥	N/mm²	−19.2	−	−	3.6	−	−	0.2	−	−
荷重の組合せ	①+②+③ ⑦	N/mm²	−196.6	−210.0	OK	203.0	210.0	NG	−5.2	−7.7	OK
	⑦+④+⑤ ⑧	N/mm²	−229.0	−241.5	OK	209.2	210.0	NG	−4.6	−7.7	OK
	⑧+⑥ ⑨	N/mm²	−248.2	−273.0	OK	212.8	241.5	OK	−4.4	−8.9	OK
	⑧−⑥ ⑩	N/mm²	−209.8	−273.0	OK	205.7	241.5	OK	−4.7	−8.9	OK

（3）定着長の算出

CFRPプレート定着長は、日本建築総合試験所『建築技術性能証明評価概要報告書＜eプレート工法＞』に準拠し、下式のとおり算出する。

$ℓ_D = 10.0 \times ℓ_e$

$ℓ_e = 90.4 \times t_f^{0.5}$

ここに、$ℓ_D$：CFRPプレート必要定着長（mm）

$ℓ_e$：有効付着長さ（mm）

t_f：CFRPプレート厚（mm）

CFRPプレート（HM1040）定着長

$ℓ_D = 10.0 \times 90.4 \times 4.0^{0.5} = 1808 \, \text{mm} \rightarrow 1850 \, \text{mm}$

ここに、HM1040：高弾性炭素繊維プレート（幅 100 mm ×厚 4.0 mm）

図 1.2.9 に補強後応力図および補強範囲を示す。CFRP プレート貼付範囲は、補強範囲に左右の定着長を加えた範囲である。

なお、補強端部に関しては CFRP プレートの剥れ防止として高強度タイプ炭素繊維シート（200 g/m² 目付）を 250 mm 幅で下フランジ上側まで包み込むように貼り付けるものとする。剥れ防止補強の概要を図 1.2.10 に示す。

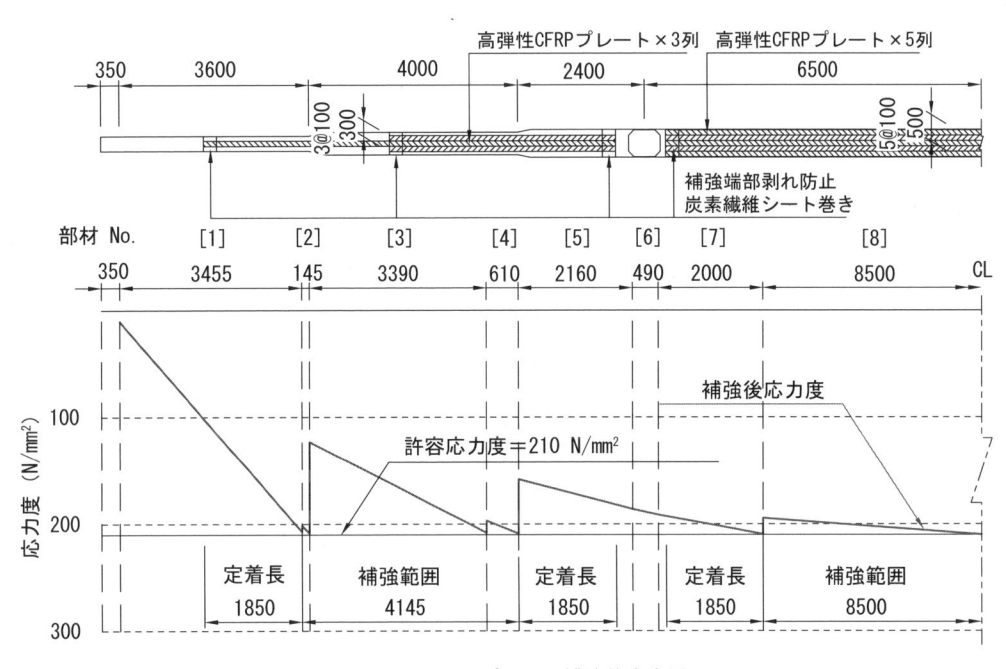

図 1.2.9　CFRP プレート補強後応力図

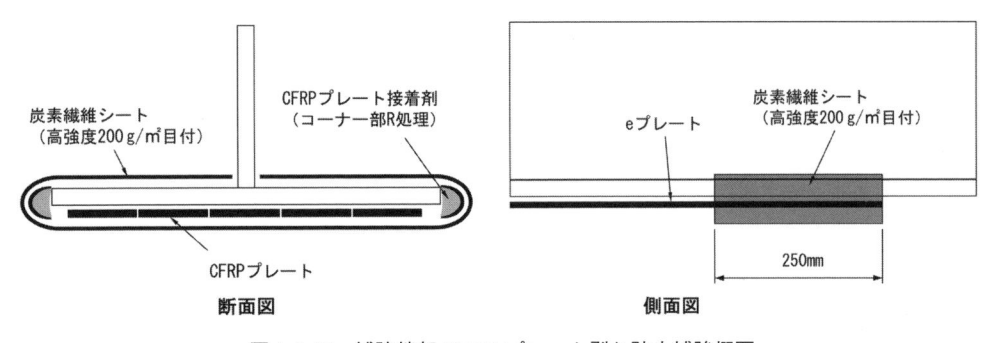

図 1.2.10　補強端部 CFRP プレート剥れ防止補強概要

1.2.6 主桁応力度集計表

補強前および補強後の G4 主桁応力度一覧を表 1.2.6 に示す。

表 1.2.6 主桁応力度集計表

		単位	1部材 1-L	1-R	2部材 2-L	2-R	3部材 3-L	3-R	4部材 4-L	4-R	5部材 5-L	5-R	6部材 6-L	6-R	7部材 7-L	7-R	8部材 8-L	8-C	8-R
合成前断面力	Ms	kN·m	0	1076	1076	1115	1115	1920	1920	2040	2040	2401	2401	2469	2469	2698	2698	2906	2698
	Ss	kN	347	276	276	273	273	202	202	190	190	145	145	135	135	93	93	5	-93
合成後断面力	Mvd	kN·m	0	291	291	301	301	493	493	518	518	584	584	594	594	608	608	556	608
	Mvmax	kN·m	0	1397	1397	1449	1449	2527	2527	2692	2692	3201	3201	3300	3300	3637	3637	3980	3631
	Mvmin	kN·m	0	206	206	212	212	320	320	330	330	343	343	340	340	300	300	148	300
	Sv	kN	482	412	412	409	409	341	341	329	329	287	287	277	277	237	237	-186	-237
補強前鋼材応力度	1 合成前	N/mm²	0.0	109.4	109.4	113.4	106.2	106.2	112.9	78.3	78.3	92.2	92.2	94.8	94.8	103.6	103.6	111.6	103.6
	許容応力度	N/mm²	262.5	262.5	262.5	262.5	262.5	262.5	262.5	262.5	262.5	262.5	262.5	262.5	262.5	262.5	262.5	262.5	262.5
	2 合成後	N/mm²	0.0	85.4	85.4	88.6	53.7	93.7	99.8	73.7	73.7	87.6	87.6	90.3	90.3	99.5	99.5	108.9	99.4
	3 クリープ	N/mm²	0.0	1.7	1.7	1.8	1.0	1.6	1.6	1.2	1.2	1.3	1.3	1.3	1.3	1.4	1.4	1.2	1.4
	4 乾燥収縮	N/mm²	10.9	10.9	10.9	10.9	6.7	6.7	6.7	5.0	5.0	5.0	5.0	5.0	5.0	5.0	5.0	5.0	5.0
	5 温度差	N/mm²	7.3	7.3	7.3	7.3	4.6	4.6	4.6	3.6	3.6	3.6	3.6	3.6	3.6	3.6	3.6	3.6	3.6
	6 1+2	N/mm²	0.0	194.8	194.8	202.0	115.4	199.9	199.9	152.0	152.0	179.8	179.8	185.1	185.1	203.1	203.1	220.5	203.0
	許容応力度	N/mm²	210.0	210.0	210.0	210.0	210.0	210.0	210.0	210.0	210.0	210.0	210.0	210.0	210.0	210.0	210.0	210.0	210.0
	7 1+2+3+4	N/mm²	10.9	207.4	207.4	214.7	123.1	208.2	208.2	158.2	158.2	186.1	186.1	191.4	191.4	209.5	209.5	226.7	209.4
	許容応力度	N/mm²	210.0	210.0	210.0	210.0	210.0	210.0	210.0	210.0	210.0	210.0	210.0	210.0	210.0	210.0	210.0	210.0	210.0
	8 1+2+3+4+5	N/mm²	18.2	214.7	214.7	222.0	127.7	212.8	225.6	161.8	161.8	189.7	189.7	195.0	195.0	213.1	213.1	230.3	213.0
	許容応力度	N/mm²	241.5	241.5	241.5	241.5	241.5	241.5	241.5	241.5	241.5	241.5	241.5	241.5	241.5	241.5	241.5	241.5	241.5
補強後鋼材応力度	1 合成前	N/mm²	0.0	109.4	109.4	113.4	61.7	106.2	106.2	78.3	78.3	92.2	92.2	94.8	94.8	103.6	103.6	111.6	103.6
	許容応力度	N/mm²	262.5	262.5	262.5	262.5	262.5	262.5	262.5	262.5	262.5	262.5	262.5	262.5	262.5	262.5	262.5	262.5	262.5
	2 合成後	N/mm²	0.0	85.4	85.4	82.1	53.7	93.7	93.7	81.9	73.7	87.6	87.6	90.3	90.3	83.9	83.9	91.4	83.9
	3 クリープ	N/mm²	0.0	1.7	1.7	1.8	1.0	1.6	1.6	1.6	1.2	1.3	1.3	1.3	1.3	1.4	1.4	1.2	1.4
	4 乾燥収縮	N/mm²	10.9	10.9	10.9	10.9	6.7	6.7	6.7	6.7	5.0	5.0	5.0	5.0	5.0	5.0	5.0	5.0	5.0
	5 温度差	N/mm²	7.3	7.3	7.3	7.3	4.6	4.6	4.6	4.6	3.6	3.6	3.6	3.6	3.6	3.6	3.6	3.6	3.6
	6 1+2	N/mm²	0.0	194.8	194.8	195.5	115.4	199.9	199.9	188.1	152.0	179.8	179.8	185.1	185.1	187.5	187.5	203.0	187.5
	許容応力度	N/mm²	210.0	210.0	210.0	210.0	210.0	210.0	210.0	210.0	210.0	210.0	210.0	210.0	210.0	210.0	210.0	210.0	210.0
	7 1+2+3+4	N/mm²	10.9	207.4	207.4	208.2	123.1	208.2	208.2	196.4	158.2	186.1	186.1	191.4	191.4	193.9	193.9	209.2	193.9
	許容応力度	N/mm²	210.0	210.0	210.0	210.0	210.0	210.0	210.0	210.0	210.0	210.0	210.0	210.0	210.0	210.0	210.0	210.0	210.0
	8 1+2+3+4+5	N/mm²	18.2	214.7	214.7	215.5	127.7	212.8	213.0	201.0	161.8	189.7	189.7	195.0	195.0	197.5	197.5	212.8	197.5
	許容応力度	N/mm²	241.5	241.5	241.5	241.5	241.5	241.5	241.5	241.5	241.5	241.5	241.5	241.5	241.5	241.5	241.5	241.5	241.5
CFRPプレート補強量 (HM1040)					1列				3列								5列		

□：応力度超過部位（CFRPプレート補強前）
■：CFRP補強後応力度

参考文献
1) 日本建築総合試験所：建築技術性能証明評価概要報告書〈e プレート工法〉、2008 年 1 月

1.3 炭素繊維シート接着によるRC床版の補強

1.3.1 構造諸元
(1) 橋梁形式：鋼単純合成Ⅰ桁橋
(2) 支間長：42.300 m（橋長：43.100 m）
(3) 幅員（車線数）：全幅員 8.3 m（2車線）
(4) 斜角：90°
(5) 設計活荷重：T-20、L-14
(6) 建設年：昭和30年代

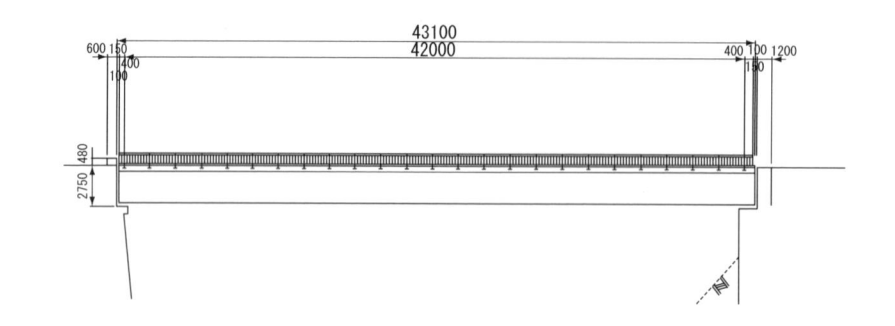

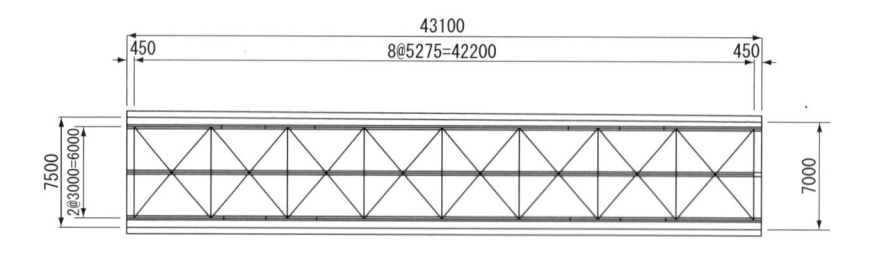

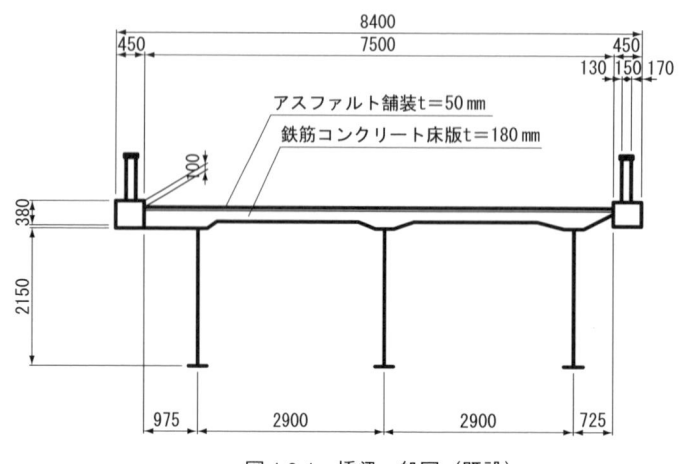

図 1.3.1　橋梁一般図（既設）

1.3.2 補強理由

本橋は、当初 T-20、L-14 荷重で設計されており、床版厚は 180 mm と薄く、かつ主鉄筋および配力筋ともφ16 mm（丸鋼）が用いられていた。平成 5 年の道路構造令改訂に伴う B 活荷重に対しては、床版の鉄筋に作用する曲げ応力度が許容値を 15 N/mm^2 程度超過したため、床版下面に補強材を設置し、床版補強を行うことにした。

1.3.3 補強方法

昭和 30 年代の道路橋示方書に基づいて設計された床版は、現行の基準のものと比較して床版厚が薄く、配筋量も少なかった。また、その当時の橋梁では床版支間が 3〜4 m と比較的大きい橋梁も多く存在する。それらの橋梁では、その後の交通量の増加や車輌の大型化等の原因で床版に有害なひび割れなど著しい損傷が見られ、補強が必要になっているものもある。

床版の補強方法として、従来は鋼板を使用することが多かったが、床版に発生した 2 方向ひび割れの損傷程度が進展期までの場合には、軽量で強度に優れた炭素繊維シートを床版の下側に接着する方法を用いることも多くなってきている。炭素繊維シート接着工法は、曲げモーメントにより生じる床版下面の引張応力を既設床版の引張鉄筋とともに負担することで、既設床版に発生する既設鉄筋応力度を低減することができる。しかし、炭素繊維シートは、その補強厚さが 1 層当り約 1 mm と薄く、床版などのようなスラブの押抜きせん断耐力の向上に及ぼす効果は小さいものと考えられる。コンクリート床版の引張面に接着した炭素繊維シートは、曲げ作用に対して補強効果を発揮するものであり、直接的に押抜きせん断耐力を向上させるものではないことに留意しなければならない。

炭素繊維シート接着工法を適用する場合には、床版に浸透した水が床版下面に滞水して炭素繊維シートとコンクリートの接着に悪影響を及ぼすことが考えられることから、床版防水工と併用することを基本とし、漏水の経路となるひび割れに関しても適切な措置を施す必要がある。

1.3.4 設計方針

RC 床版の炭素繊維シート接着補強の設計手順を図 1.3.2 に示す。

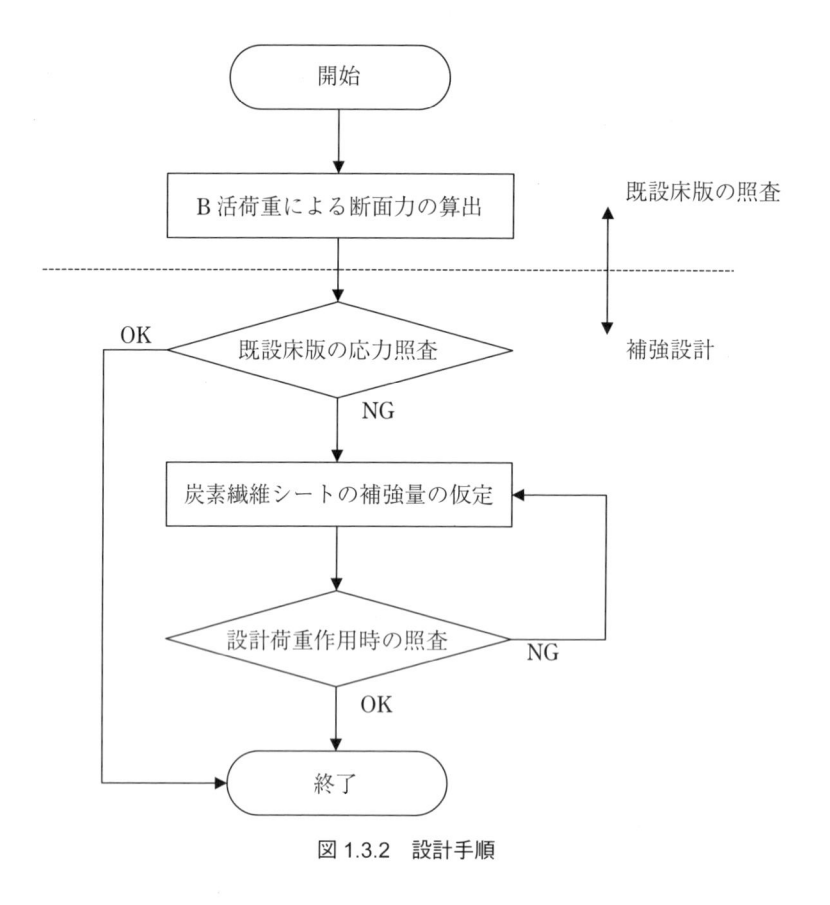

```
                    ┌─────────┐
                    │  開始   │
                    └────┬────┘
                         │
          ┌──────────────┴──────────────┐
          │  B 活荷重による断面力の算出  │ ───→ 既設床版の照査
          └──────────────┬──────────────┘
- - - - - - - - - - - - -│- - - - - - - - - - - - - - - - - -
   OK            ◇既設床版の応力照査◇  ←──→ 補強設計
   ┌─────────────┘       │ NG
   │                      ↓
   │          ┌────────────────────────┐
   │          │ 炭素繊維シートの補強量の仮定 │←──┐
   │          └──────────┬─────────────┘    │
   │                     ↓                   │
   │             ◇設計荷重作用時の照査◇ NG──┘
   │                     │ OK
   │                     ↓
   │                ┌─────────┐
   └───────────────→│  終了   │
                    └─────────┘
```

図 1.3.2　設計手順

1.3.5　設計計算

RC 床版の炭素繊維シート接着補強の計算例として，図 1.3.1 に示す主桁間隔 2.900 m、床版厚 18 cm の床組み構造に対して炭素繊維シートを用いた補強方法を示す。

（1）設計条件
（a）構造寸法
　　床版支間：2900 mm
　　舗装厚：50 mm
　　床版厚：180 mm

（b）床版配筋
　　主鉄筋：φ 16（$A_s = 2010.62\ \mathrm{mm}^2$）
　　ピッチ：@ 100 mm
　　配力筋：φ 16（$A_s = 2010.62\ \mathrm{mm}^2$）
　　ピッチ：@ 200 mm
　　かぶり：30 mm（床版支間方向）

（c）荷重強度
　　アスファルトの単位重量：22.5 kN/mm²
　　鉄筋コンクリートの単位重量：24.5 kN/mm²

活荷重区分：B 活荷重

輪荷重：$P = 100$ kN

(d) **許容応力度**

コンクリート、鉄筋、炭素繊維シートの材料強度の諸元を**表 1.3.1 ～ 表 1.3.3** に示す。

① コンクリート

表 1.3.1 コンクリートの材料強度

	床版（既設）
設計基準強度 σ_{ck}	21 N/mm²
許容曲げ圧縮応力度	7.0 N/mm²
弾性係数[注]	13300 N/mm²

注）鉄筋とコンクリートの弾性係数比 $n = 15$ から求めた弾性係数

② 鉄筋

表 1.3.2 鉄筋の材料強度

	床版（既設）
鉄筋の種類	丸鋼
許容引張応力度	120 N/mm² [注]
弾性係数	200000 N/mm²

注）平成 24 年度 道示Ⅱ 9.2.7 の解説により 20 N/mm² 程度の余裕を持たせる。

③ 炭素繊維シート

表 1.3.3 炭素繊維シートの材料強度

	床版（補強）
炭素繊維シートの種類	高弾性型
引張強度	1900 N/mm²
弾性係数	640000 N/mm²
厚さ	0.143 mm

注1）高弾性型には、弾性係数が 540000 N/mm² と 640000 N/mm² の 2 種類がある。本計算事例では、既設鉄筋の作用応力をできるだけ低減するために、弾性係数が 640000 N/mm² の計算例を示す。

注2）コンクリート部材の補修・補強に関する共同研究報告書（Ⅲ）―炭素繊維シート接着工法による道路橋コンクリート部材の補修・補強に関する設計・施工指針（案）―

（2） 補強前の床版の応力照査

平成 24 年度 道示Ⅱ 9.2.4 より算出した B 活荷重による曲げモーメントに対して連続板として中間支間の照査を実施する。なお、片持版部も同様に照査を実施するが、本計算事例では省略した。

(a) 荷重
・死荷重　　舗装荷重　　　0.05 × 22.500　= 1.125 kN/m²
　　　　　　床版自重[注]　　0.18 × 24.500　= 4.410 kN/m²
　　　　　　合計死荷重　W_d　　　　　　= 5.535 kN/m²

　　　　　　　　　　　　　注）炭素繊維シート自重は無視する。

・活荷重（輪荷重）　$P = 100$ kN（T 荷重の片側荷重）

(b) 断面力の算出

床版の設計曲げモーメントは、平成 24 年度 道示Ⅱ 9.2.4 に準じて算出する。

・死荷重状態

死荷重曲げモーメントの計算は、平成 24 年度 道示Ⅱ 9.2.4 表 -9.2.3 より、等分布死荷重による床版の単位幅（1 m）当りとして算出する。なお、平成 24 年度 道示Ⅱ 表 -9.2.3 および解説により、配力鉄筋方向の曲げモーメントは無視する。

$M_d = W_d \times L^2 / 10$

　　$= 5.535 \times 2.900 \times 2.900 / 10$

　　$= 4.655$ kN·m

・活荷重状態

活荷重による曲げモーメントの計算は、平成 24 年度 道示Ⅱ 表 -9.2.1 より、T 活荷重（衝撃を含む）による床版の単位幅（1 m）当りの設計曲げモーメントとして算出する。

主鉄筋方向の曲げモーメント（連続版の中間支間の支間曲げモーメント）

$M_\ell = (0.12L + 0.07)P \times 0.80$

　　$= (0.12 \times 2.900 + 0.07) \times 100.0 \times 0.80 \times 1.03$

　　$= 34.443$ kN·m

ここに、L：支間長（2.900 m）、P：T 荷重の片側荷重（100 kN）

表 1.3.4　床版の支間方向が車両進行方向に直角な場合の単純版および連続版の支間

支間 L(m)	$L \leq 2.5$	$2.5 < L \leq 4.0$
割増し係数	1.0	$1.0 + (L - 2.5)/12$

注）床版支間 $L = 2.900$ m ≥ 2.5 m より、割増し係数は 1.03 とする。

配力鉄筋方向の曲げモーメント（連続版の中間支間の支間曲げモーメント）

$M_\ell = (0.10L + 0.04)P \times 0.80$

　　$= (0.10 \times 2.900 + 0.04) \times 100.0 \times 0.80$

　　$= 26.400$ kN·m

(c) 応力度の計算

① 床版支間方向（主鉄筋の照査）

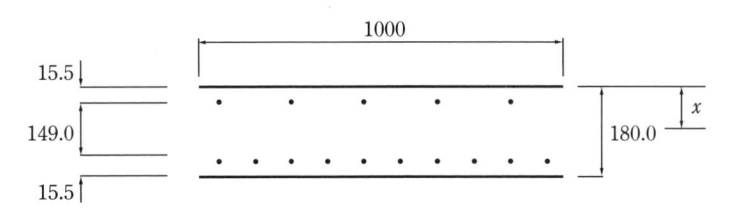

A_s'：圧縮鉄筋(1005.31 mm^2)
A_s：引張鉄筋(2010.62 mm^2)
n：弾性係数比(15)
b：幅(1000 mm)
d：有効高さ(164.5 mm)
d'：圧縮鉄筋の有効高さ(15.5 mm)
h：床版厚(180 mm)

図 1.3.3　床版支間方向断面

・設計曲げモーメント

$M_d = 4.655$ kN·m

$M_\ell = 34.443$ kN·m

断面応力度の計算は、複鉄筋断面として、以下の式から中立軸の位置を計算し、断面係数を求め、鉄筋コンクリートおよび鉄筋に作用する応力度を算出する。

（断面応力度の計算）

$$x = \frac{-n(A_s + A_s')}{b} + \sqrt{\left\{\frac{n(A_s + A_s')}{b}\right\}^2 + \frac{2n}{b}(dA_s + d'A_s')}$$

$$= \frac{-15 \times (2010.62 + 1005.31)}{1000} + \sqrt{\left\{\frac{15 \times (2010.62 + 1005.31)}{1000}\right\}^2 + \frac{2 \times 15}{1000}(164.5 \times 2010.62 + 15.5 \times 1005.31)}$$

$= 66.280$ mm

$$W_c = \frac{bx}{2} \times \left(d - \frac{x}{3}\right) + nA_s' \frac{x - d'}{x}(d - d')$$

$$= \frac{1000 \times 66.280}{2} \times \left(164.5 - \frac{66.280}{3}\right) + 15 \times 1005.31 \times \frac{66.280 - 15.5}{66.280} \times (164.5 - 15.5)$$

$= 6440780$ mm^3

$$W_s = W_c \times \frac{x}{n(d-x)} = 6440780 \times \frac{66.280}{15 \times (164.5 - 66.280)} = 289754 \text{ mm}^3$$

$$\sigma_{cd} = \frac{M_d}{W_c} = \frac{4655000}{6440780} = 1.0 \text{ N/mm}^2$$

$$\sigma_{sd} = \frac{M_d}{W_s} = \frac{4655000}{289754} = 16.1 \text{ N/mm}^2$$

（断面応力度の計算）

$W_c = 6440780$ mm^3

$W_s = 289754$ mm^3

$$\sigma_{c\ell} = \frac{M_\ell}{W_c} = \frac{34443000}{6440780} = 5.3\,\mathrm{N/mm^2}$$

$$\sigma_{s\ell} = \frac{M_\ell}{W_s} = \frac{34443000}{289754} = 118.9\,\mathrm{N/mm^2}$$

・合算応力度

$$\sigma_c = \sigma_{cd} + \sigma_{c\ell} = 1.0 + 5.3 = 6.3\,\mathrm{N/mm^2} < \sigma_{ca} = 7.0\,\mathrm{N/mm^2} \quad \mathrm{OK}$$

$$\sigma_s = \sigma_{sd} + \sigma_{s\ell} = 16.1 + 118.9 = 135.0\,\mathrm{N/mm^2} < \sigma_{ca} = 120\,\mathrm{N/mm^2} \quad \mathrm{NG}$$

ここに、x：中立軸までの距離（mm）

W_c、W_s：断面係数（mm³）

σ_{cd}：死荷重時のコンクリート応力度（N/mm²）

σ_{sd}：死荷重時の鉄筋応力度（N/mm²）

$\sigma_{c\ell}$：活荷重時のコンクリート応力度（N/mm²）

$\sigma_{s\ell}$：活荷重時の鉄筋応力度（N/mm²）

σ_c：死＋活荷重時のコンクリート応力度（N/mm²）

σ_s：死＋活荷重時の鉄筋応力度（N/mm²）

② 床版支間直角方向（配力鉄筋の照査）

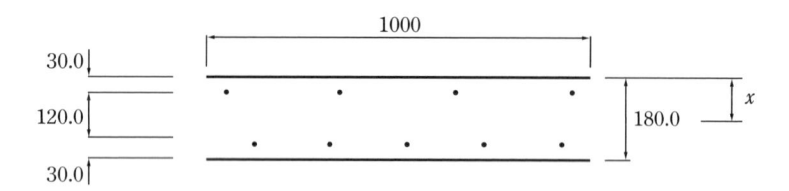

A_s'：圧縮鉄筋（804.248 mm²）
A_s：引張鉄筋（1005.310 mm²）
n：弾性係数比（15）
b：幅（1000 mm）
d：有効高さ（150 mm）
d'：圧縮鉄筋の有効高さ（30.0 mm）
h：床版厚（180 mm）

図 1.3.4 床版支間直角方向断面

・設計曲げモーメント

　　M_d ＝配力鉄筋方向については死荷重による曲げモーメントを無視

　　M_ℓ ＝ 26.400 kN・m

　断面応力度の計算は、複鉄筋断面として、以下の式から中立軸の位置を計算し、断面係数を求め、鉄筋コンクリートおよび鉄筋に作用する応力度を算出する。

$$x = \frac{-n(A_s + A_s')}{b} + \sqrt{\left\{\frac{n(A_s + A_s')}{b}\right\}^2 + \frac{2n}{b}(dA_s + d'A_s')}$$

$$= \frac{-15 \times (1005.310 + 804.248)}{1000} + \sqrt{\left\{\frac{15 \times (1005.310 + 804.248)}{1000}\right\}^2 + \frac{2 \times 15}{1000} \times (150.00 \times 1005.310 + 30.00 \times 804.248)}$$

$$= -27.143 + 77.359$$

$$= 50.216 \text{ cm}$$

$$W_c = \frac{bx}{2} \times \left(d - \frac{x}{3}\right) + nA_s' \frac{x - d'}{x}(d - d')$$

$$= \frac{1000 \times 50.216}{2} \times \left(150.00 - \frac{50.216}{3}\right) + 15 \times 1005.310 \times \frac{50.216 - 30.00}{50.216} \times (150.00 - 30.0)$$

$$= 3345926 + 728493$$

$$= 4074419 \text{ mm}^3$$

$$W_s = W_c \times \frac{x}{n(d - x)}$$

$$= 4074419 \times \frac{50.216}{15 \times (150.00 - 50.216)}$$

$$= 136696 \text{ mm}^3$$

（応力度）

$$\sigma_c = \sigma_{c\ell} = \frac{M_\ell}{W_c} = \frac{26400000}{4074419} = 6.0 \text{ N/mm}^2 < \sigma_{ca} = 7 \text{ N/mm} \quad \text{OK}$$

$$\sigma_s = \sigma_{s\ell} = \frac{M_\ell}{W_s} = \frac{26400000}{136696} = 193.0 \text{ N/mm}^2 < \sigma_{sa} = 120 \text{ N/mm} \quad \text{NG}$$

ここに、x：中立軸までの距離（mm）

W_c、W_s：断面係数（mm³）

$\sigma_{c\ell}$：活荷重時のコンクリート応力度（N/mm²）

$\sigma_{s\ell}$：活荷重時の鉄筋応力度（N/mm²）

σ_c：死＋活荷重時のコンクリート応力度（N/mm²）

σ_s：死＋活荷重時の鉄筋応力度（N/mm²）

現構造では床版支間方向および床版支間直角方向のいずれの場合においても、鉄筋応力度が許容応力度を超過しているため、補強対策を実施する。

(d) **補強後の床版の応力照査**

既設床版は設計荷重時において、鉄筋応力度が許容応力度を超過しているため、床版の下面に炭素繊維シート接着を行い、鉄筋応力度の低減を図る。

① 床版支間方向（主鉄筋の照査）

炭素繊維弾性係数：$E_{1cf} = 640000$ N/mm²

繊維貼付層数：$N = 1$ 層

炭素繊維弾性係数比：$n_{1cf} = 48.12$

設計厚さ：$t_{1cf} = 0.143$ mm（繊維目付量 300 g/m²）

・死荷重状態
$\sigma_{cd} = 1.0 \, \text{N/mm}^2$

$\sigma_{sd} = 16.1 \, \text{N/mm}^2$

・活荷重状態

活荷重曲げモーメントの計算

$M_\ell = 34.555 \, \text{kN/m}$

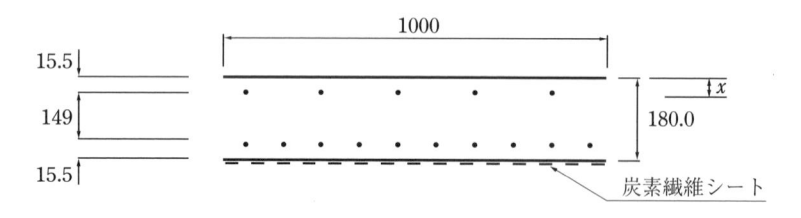

n ：弾性係数比（15）
b ：幅（1000 mm）
d ：有効高さ（164.5 mm）
d'：圧縮鉄筋の有効高さ（15.5 mm）
h ：床版厚（180 mm）
鉄筋　　A_s（引張鉄筋）＝2010.62 mm^2
　　　　A_s'（圧縮鉄筋）＝1005.31 mm^2
炭素繊維シート　　$A_{\ell cf} = 0.143 \times 1000 \times 1 = 143.00 \, \text{mm}^2$
注）炭素繊維は死荷重を受け待たないものとして設計断面には加えない

図 1.3.5　床版支間方向断面（補強）

断面応力度の計算は、複鉄筋断面として、以下の式から中立軸の位置を計算し、断面係数を求め、鉄筋コンクリートおよび鉄筋に作用する応力度を算出する。

$$x = \frac{-n(A_s + A_s') - n_{\ell cf} \times A_{\ell cf}}{b} + \sqrt{\left\{\frac{n(A_s + A_s') + n_{\ell cf} \times A_{\ell cf}}{b}\right\}^2 + \frac{2}{b}\{n(dA_s + d'A_s') + n_{\ell cf}(h \times A_{\ell cf})\}}$$

$$= \frac{-15 \times (2010.62 + 1005.31) - 48.12 \times 143.0}{1000}$$

$$+ \sqrt{\left\{\frac{15 \times (2010.62 + 1005.31) + 48.12 \times 143.0}{1000}\right\}^2 + \frac{2}{1000}\{15 \times (164.5 \times 2010.62 + 15.5 \times 1005.31) + 48.12 \times (180 \times 143.0)\}}$$

$$= 72.714 \, \text{mm}$$

$$I_x = \frac{bx^3}{3} + nA_s(d-x)^2 + nA_s'(d'-x)^2 + n_{\ell cf}A_{\ell cf}(h-x)^2$$

$$= \frac{1000 \times 72.714^3}{3} + 15 \times 2010.62 \times (164.50 - 72.714)^2 + 15 \times 1005.31 \times (15.50 - 72.714)^2$$

$$+ 48.12 \times 143.0 \times (180 - 72.7124)^2$$

$$= 510802822 \, \text{mm}^4$$

$$\sigma_{c\ell} = \frac{M_\ell}{I_x} x = \frac{34554700}{510802822} \times 72.714 = 4.0 \, \text{N/mm}^2$$

$$\sigma_{s\ell} = n\frac{M_\ell}{I_x}(d-x) = 15 \times \frac{34554700}{510802822} \times (164.50 - 72.714) = 93.1 \text{ N/mm}^2$$

$$\sigma_{cf} = n_{\ell cf}\frac{M_\ell}{I_x}(h-x) = 48.12 \times \frac{34554700}{510802822} \times (180.0 - 72.714) = 349.2 \text{ N/mm}^2$$

・合計応力度

$\sigma_c = \sigma_{cd} + \sigma_{c\ell} = 1.0 + 4.0 = 5 \text{ N/mm}^2 < \sigma_{ca} = 7 \text{ N/mm}^2$　　　OK

$\sigma_s = \sigma_{sd} + \sigma_{s\ell} = 16.1 + 93.1 = 109.2 \text{ N/mm}^2 < \sigma_{ca} = 120 \text{ N/mm}^2$　　　OK

$\sigma_{cf} = 349.2 \text{ N/mm}^2 < \sigma_{\ell cfa} = 633 \text{ N/mm}^2$　　　OK

ここに、x：中立軸までの距離（mm）

　　　　σ_{cd}：死荷重時のコンクリート応力度（N/mm²）

　　　　σ_{sd}：死荷重時の鉄筋応力度（N/mm²）

　　　　$\sigma_{c\ell}$：活荷重時のコンクリート応力度（N/mm²）

　　　　$\sigma_{s\ell}$：活荷重時の鉄筋応力度（N/mm²）

　　　　σ_c：死＋活荷重時のコンクリート応力度（N/mm²）

　　　　σ_s：死＋活荷重時の鉄筋応力度（N/mm²）

　　　　σ_{cf}：活荷重時の炭素繊維シートの応力度（N/mm²）

② 床版支間直角方向（配力鉄筋方向）

炭素繊維弾性係数：$E_{2cf} = 640000 \text{ N/mm}^2$

繊維貼付層数：$N = 1$ 層

炭素繊維弾性係数比：$n_{2cf} = 48.12$

設計厚さ：$t_{2cf} = 0.143$ mm（繊維目付量 300 g/m²）

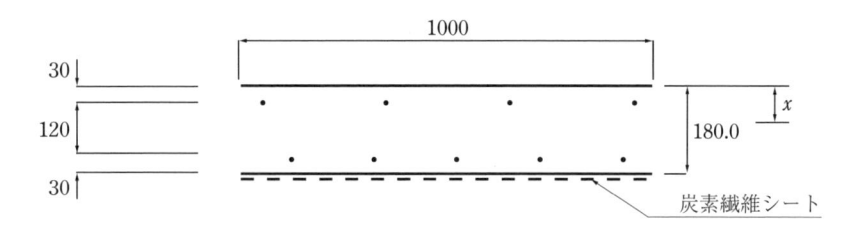

b ：幅（1000 mm）
d ：有効高さ（150 mm）
d'：圧縮鉄筋の有効高さ（30.0 mm）
h ：床版厚（180 mm）
鉄筋　A_s（引張鉄筋）＝ 1005.310 mm²
　　　A_s'（圧縮鉄筋）＝ 804.248 mm²
炭素繊維シート　　$A_{\ell cf} = 0.143 \times 1000 \times 1 = 143.00$ mm²

注）炭素繊維は死荷重を受け持たないものとして設計断面には加えない

図 1.3.6　床版支間直角方向断面（補強後）

活荷重状態曲げモーメントの算出

　　$M_1 = 26.400$ kN・m

断面応力度の計算は、複鉄筋断面として、以下の式から中立軸の位置を計算し、断面係数を求め、鉄筋コンクリートおよび鉄筋に作用する応力度を算出する。

$$x = \frac{-n(A_s + A_s') - n_{\ell cf} \times A_{\ell cf}}{b} + \sqrt{\left\{\frac{n(A_s + A_s') + n_{\ell cf} \times A_{\ell cf}}{b}\right\}^2 + \frac{2}{b}\{n(dA_s + d'A_s') + n_{\ell cf}(h \times A_{\ell cf})\}}$$

$$= \frac{-15 \times (1005.310 + 804.248) - 48.12 \times 143.0}{1000}$$

$$+ \sqrt{\left\{\frac{15 \times (1005.310 + 804.248) + 48.12 \times 143.0}{1000}\right\}^2 + \frac{2}{1000}\{15 \times (150.00 \times 1005.310 + 30.0 \times 804.248) + 48.12 \times (180 \times 143.0)\}}$$

$$= 60.223 \text{ mm}$$

$$I_x = \frac{bx^3}{3} + nA_s(d-x)^2 + nA_s'(d'-x)^2 + n_{\ell cf} \cdot A_{\ell cf}(h-x)^2$$

$$= \frac{1000 \times 60.223^3}{3} + 15 \times 1005.31 \times (150.00 - 60.223)^2 + 15 \times 804.248 \times (30.00 - 60.223)^2 + 48.12 \times 143.0 \times (180 - 60.223)^2$$

$$= 304086532 \text{ mm}^4$$

$$\sigma_c = \sigma_{c\ell} = \frac{M_\ell}{I_x}x = \frac{26400000}{30486532} \times 60.22 = 5.0 \text{ N/mm}^2 < \sigma_{ca} = 7 \text{ N/mm}^2 \qquad \text{OK}$$

$$\sigma_s = \sigma_{s\ell} = n\frac{M_\ell}{I_x}(d-x)$$

$$= 15 \times \frac{26400000}{304086532} \times (150.0 - 60.22) = 117.0 \text{ N/mm}^2 < \sigma_{sa} = 120 \text{ N/mm}^2 \qquad \text{OK}$$

$$\sigma_{cf} = n_{\ell cf}\frac{M_\ell}{I_x}(h-x)$$

$$= 48.12 \times \frac{26400000}{304086832} \times (180.0 - 60.22) = 500 \text{ N/mm}^2 < \sigma_{\ell cfa} = 633 \text{ N/mm}^2 \qquad \text{OK}$$

ここに、x：中立軸までの距離（mm）
$\sigma_{c\ell}$：活荷重時のコンクリート応力度（N/mm²）
$\sigma_{s\ell}$：活荷重時の鉄筋応力度（N/mm²）
σ_c：死＋活荷重時のコンクリート応力度（N/mm²）
σ_s：死＋活荷重時の鉄筋応力度（N/mm²）
σ_{cf}：活荷重時の炭素繊維シートの応力度（N/mm²）

以上の計算結果から、RC床版の炭素繊維シートを用いた補強量は、**表 1.3.5** に示すようになった。なお、炭素繊維シートの種類および目付量をパラメータとして3ケース程度、試計算を行い、補強量が最小となるように補強量を決定した。

表1.3.5　床版補強量

	床版支間方向 （主鉄筋方向）	床版支間 （配力筋方向）
炭素繊維シートの種類	高弾性型	高弾性型
繊維目付量（g/m^2）	300	300
設計厚さ（mm）	0.143	0.143
引張強度（N/mm^2）	1900	1900
引張弾性率	640000	640000
層数	1	1

(e)　補強概要図

　RC床版の炭素繊維シート接着工法を用いた床版補強の概念図を図1.3.7に示す。なお、床版下面の補修・補強対策時には、橋面防水工を行い長寿命化を図るのが良い。

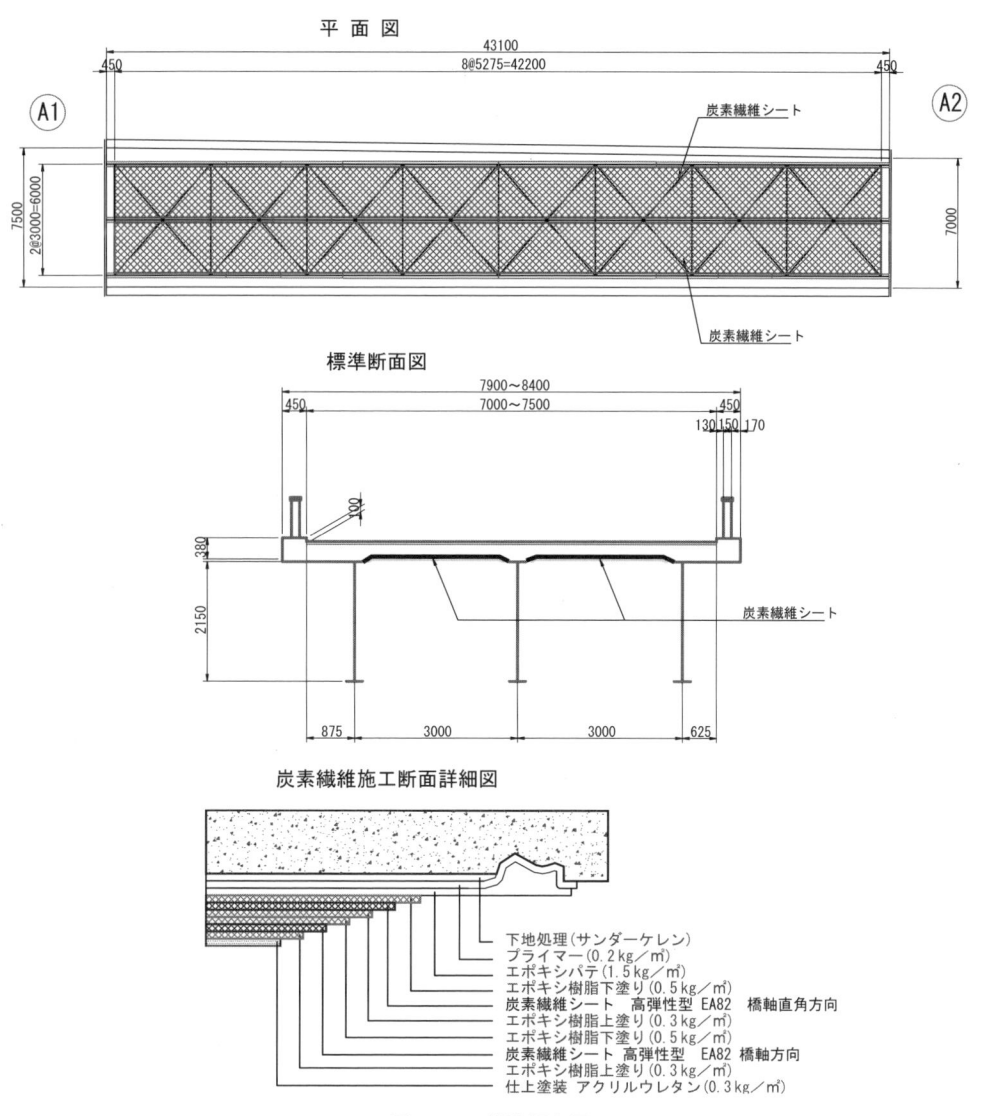

図1.3.7　補強概念図

1.4 下面増厚によるRC床版の補強

1.4.1 橋梁諸元
（1）　橋梁形式：鋼単純合成 I 桁橋
（2）　支間長：47.000 m（橋長：48.000 m）
（3）　幅員：11.250 m
（4）　斜角：90°
（5）　設計活荷重：TL-20
（6）　建設年：昭和 40 年代

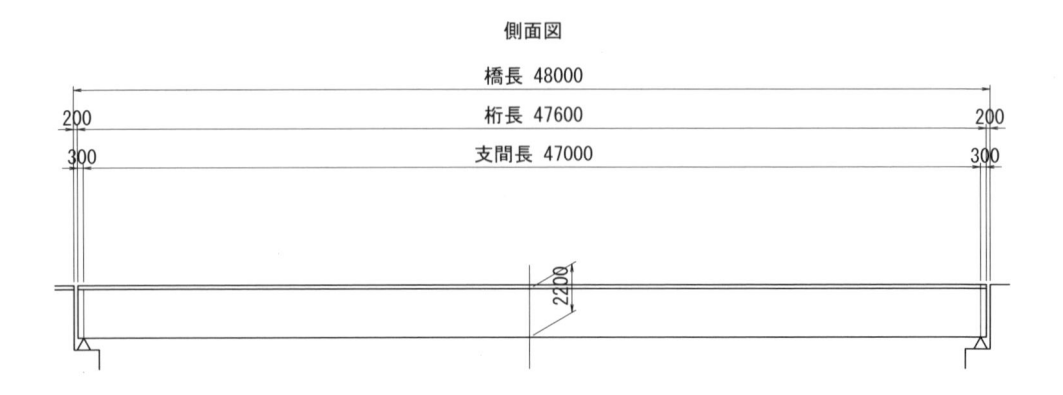

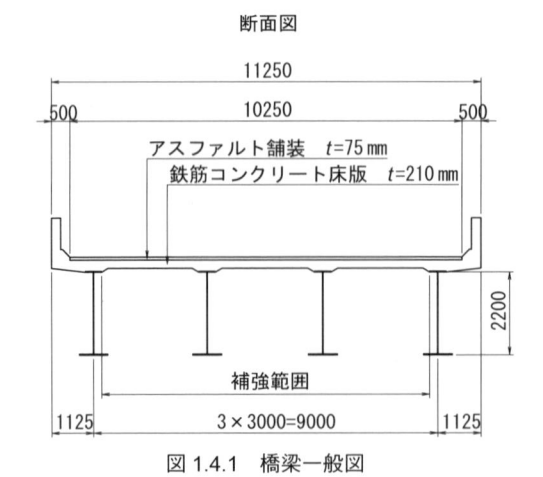

側面図

断面図

図 1.4.1　橋梁一般図

1.4.2 補強理由
　昭和 40 年代に活荷重 TL-20 で設計された単純合成 I 桁において、平成 5 年道路橋示方書（以下、道示）で新たに設定された B 活荷重に耐えうる性能が求められた。本橋を B 活荷重に対し照査したところ、主桁は耐えうる性能を有しているが、鉄筋コンクリート床版（以下、RC 床版）の中間床版において、主鉄筋（橋軸直角方向に配置される鉄筋）が許容値を満足しない結果（詳細は **1.4.4 (3)** 参照）となった。本計算例においては、

RC床版の床版支間部の補強対策について示す。

なお、片持ち床版の基部も同様の照査を実施するが、本計算例では断面に生じる応力度が許容値を満足するため補強の対象外とし、照査結果は省略する。

1.4.3 補強方法

長期にわたり供用したRC床版は、交通荷重の繰り返し作用により劣化・損傷している場合が多い。また、防水層の有無や凍結防止剤の散布状況に応じて複合的に劣化・損傷している場合もある。補強にあたっては、事前に劣化・損傷の有無、舗装下防水層の有無を確認し、劣化・損傷があった場合にはその原因を特定し、原因を取り除いたうえで行わなければならない。

RC床版の補強方法は、交通規制の可否により、上面からの施工と下面からの施工に分けられ、上面からは「増厚工法」「炭素繊維プレート工法」等が、下面からは「増厚工法」「鋼板接着工法」「炭素繊維シート接着工法」等がある。

本計算例においては、できるだけ交通への影響を少なくするために下面からの施工を与条件とし、経済的かつ一般的で、床版下面の経年変化を目視観察可能な「下面増厚工法」を採用する。なお、下面増厚工法の中でも、ポリマーセメントや鋼繊維補強超速硬コンクリートをコテ塗りまたは吹き付けで施工する工法（図1.4.2）の採用実績が多い。ここでは、応力度の超過程度、死荷重の増加程度、施工性、経済性から、「ポリマーセメントモルタルを用いた下面増厚工法」を採用した場合の計算例を示す。

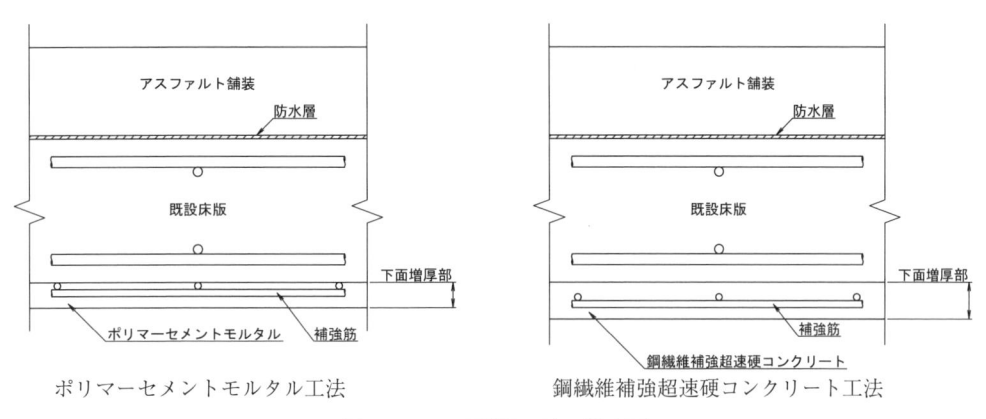

図1.4.2 下面増厚工法の概念図

1.4.4 補強設計

（1） 設計方針

既設RC床版のB活荷重に対する性能照査を行い、許容応力度を越える場合はポリマーセメントモルタルを用いた下面増厚工法による補強設計を実施する。

設計手順を図1.4.3に示す。

図 1.4.3　設計手順

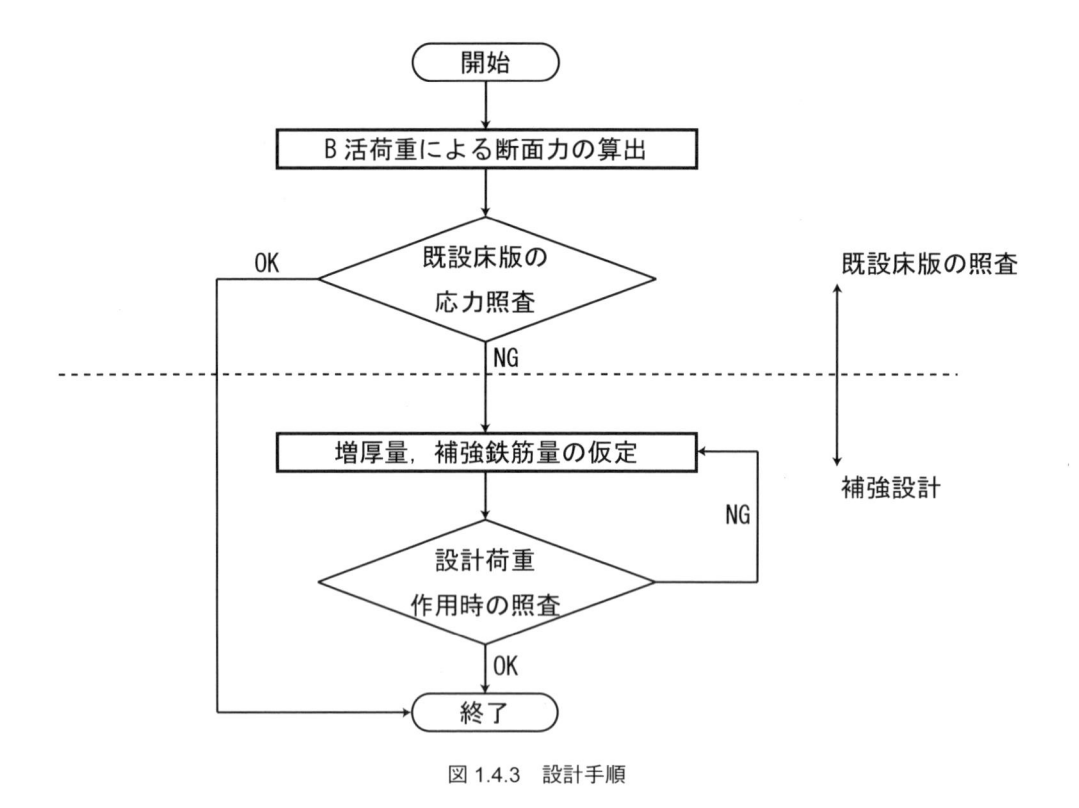

（2）設計条件

（a）荷重

① 死荷重

設計当初
- 鉄筋コンクリート　2.5 tf/m³ = 24.5 kN/m³
- アスファルト舗装　2.3 tf/m³ = 22.5 kN/m³

補強設計
- 鉄筋コンクリート　24.5 kN/m³
- アスファルト舗装　22.5 kN/m³
- 床版下面増厚部[注]　24.5 kN/m³

注）RC床版下面に施工するポリマーセメントモルタル（補強鉄筋を含む）の単位体積重量は、鉄筋コンクリートと同じ値とする。

② 活荷重

設計当初　TL-20
補強設計　B活荷重

(b) 補強前 RC 床版の配筋状態

表 1.4.1 配筋状態

	引張側鉄筋量（mm²）		圧縮側鉄筋量（mm²）		有効高（mm）	
	径および間隔	A_s	径および間隔	A_s'	d	d'
主鉄筋方向	D19-ctc125	2292	D19-ctc250	1146	170	40
配力筋方向	D19-ctc150	1910	D19-ctc300	955	151	59

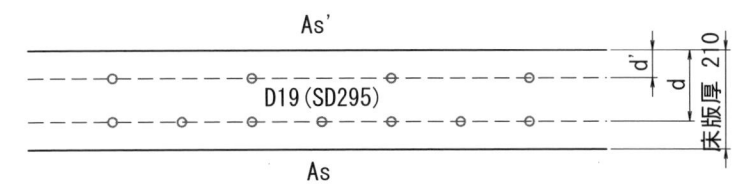

図 1.4.4 記号説明図

(c) 材料

・コンクリート

補強に用いるポリマーセメントモルタルは、ここでは既設床版コンクリートと同等の性能を有するものとする。

表 1.4.2 コンクリート諸元　　　（N/mm²）

	既設	補強
設計基準強度 σ_{ck}	30	30
許容曲げ圧縮応力度	8.6[注]	8.6[注]

注）　本橋は合成桁であるため、道示 II（特に記載のない限り平成24年度 道路橋示方書をさす）12.3.1 より、床版コンクリートの許容圧縮応力度を算出する。このとき、荷重組合せとして、主荷重で床版としての作用を考え、コンクリートの許容圧縮応力度は、$\sigma_{ck}/3.5$、かつ、10以下、という条件から以下のとおり。
$\sigma_{ck}/3.5 = 8.6\,\mathrm{N/mm^2} < 10\,\mathrm{N/mm^2}$

・鉄筋

表 1.4.3 鉄筋諸元　　　（N/mm²）

	既設	補強
鉄筋の種類	SD295	SD345
許容曲げ引張応力度	120[注]	120[注]

注）　鉄筋の許容応力度は、道示 II 9.2.7 において、「床版支持桁の不等沈下の影響を無視できる場合で、道示 II 9.2.4(1)～(3)までに規定される設計曲げモーメントを用いて断面設計を行う場合は、鉄筋の応力度は許容応力度 140 N/mm² に対して、20 N/mm² 余裕を持たせるのが望ましい。」とあり、これに則している。なお、既設鉄筋 SD295 については、平成14年度道示に示される許容応力度 140 N/mm² に対し、同様の考えを用いている。

（3） 既設床版の応力照査

道示 Ⅱ 9.2.4 により算出した死荷重および活荷重による曲げモーメントに対し、既設床版の応力照査を実施する。ここで、本橋の RC 床版は「床版の支間の方向が車両進行方向に直角、床版の区分は 3 つの支間を有する連続版」である。

　　　　床版支間：$L = 3.000$ m
　　　　T 荷重　：$P = 100$ kN

(a) 設計曲げモーメントの算出

① 死荷重による設計曲げモーメント

床版等の単位幅（1 m）当り等分布死荷重による設計曲げモーメントを算出する。

　　床版自重：　$W_1 = 0.210$ m × 1.0 m × 24.5 kN/m³ = 5.145 kN/m
　　舗装荷重：　$W_2 = 0.075$ m × 1.0 m × 22.5 kN/m³ = 1.688 kN/m

　　　　　　　　合計死荷重：　$W_D = 6.833$ kN/m

・橋軸直角方向（主鉄筋方向）

道示 Ⅱ 表 -9.2.3 に示される主鉄筋方向の曲げモーメントが最大となる「支間曲げモーメント、端支間」の設計曲げモーメント値を用いる。

$$M_D = \frac{W_D L^2}{10} = \frac{6.833 \times 3.000^2}{10} = 6.150 \text{ kN} \cdot \text{m/m}$$

・橋軸方向（配力鉄筋方向）

道示 Ⅱ 表 -9.2.3 および解説により、配力鉄筋方向の曲げモーメントは無視する。

② 活荷重による設計曲げモーメント

道示 Ⅱ 表 -9.2.1 に示される「T 活荷重（衝撃を含む）による床版の単位幅（1 m）当りの設計曲げモーメント」を算出する。

・橋軸直角方向（主鉄筋方向）の曲げモーメント

$$M'_L = +(0.12L + 0.07)P \times 0.8 = +(0.12 \times 3.000 + 0.07) \times 100 \times 0.8$$
$$= 34.40 \text{ kN} \cdot \text{m/m}$$

ここで、$2.5 < L \leq 4.0$ であるため、曲げモーメントの割増し係数 α は次式で与えられる。

$$\alpha = 1.0 + \frac{L - 2.5}{12} = 1.0 + \frac{(3.000 - 2.5)}{12} = 1.04$$

よって、
$$M_L = M'_L \times \alpha = 34.40 \times 1.04 = 35.78 \text{ kN} \cdot \text{m/m}$$

・橋軸方向（配力筋方向）の曲げモーメント

$$M'_L = +(0.10L + 0.04)P \times 0.8 = +(0.10 \times 3.000 + 0.04) \times 100 \times 0.8$$
$$= 27.20 \text{ kN} \cdot \text{m/m}$$

③ 設計曲げモーメントの集計

表1.4.4 設計曲げモーメント

荷重種類	曲げモーメント (kN·m/m)	
	橋軸直角方向	橋軸方向
死荷重 M_D	6.15	—
活荷重 M_L	35.78	27.20
設計荷重時 M_D+M_L	41.93	27.20

(b) 応力度照査

① 橋軸直角方向(主鉄筋方向)

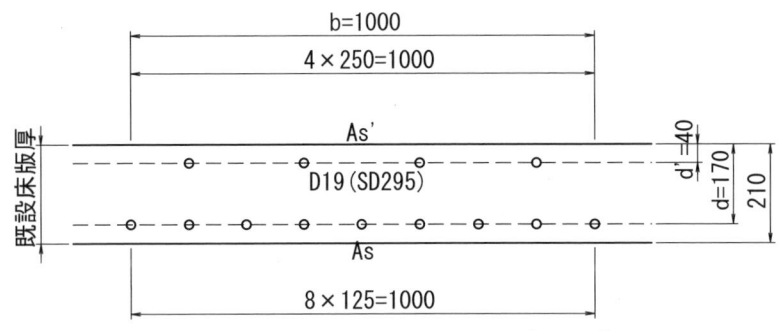

図1.4.5 照査断面(橋軸直角方向)【補強前】

・床版上端より中立軸までの距離 x

複鉄筋矩形断面として中立軸までの距離 x を計算する。

$$x = -\frac{n(A_s + A_s')}{b} + \sqrt{\left\{\frac{n(A_s + A_s')}{b}\right\}^2 + \frac{2n}{b}(dA_s + d'A_s')}$$

$$= -\frac{15(2292+1146)}{1000} + \sqrt{\left\{\frac{15(2292+1146)}{1000}\right\}^2 + \frac{2\times 15}{1000}(170\times 2292 + 40\times 1146)}$$

$$= 73.82 \text{ mm}$$

ここに、A_S:単位幅(1 m)当りの引張側鉄筋断面積(表1.4.1参照)
　　　　A_S':単位幅(1 m)当りの圧縮側鉄筋断面積(表1.4.1参照)
　　　　n:鉄筋とコンクリートのヤング係数比 15
　　　　b:単位幅 1000 (mm)

・コンクリート断面係数 K_c

$$K_c = \frac{bx}{2}\left(d - \frac{x}{3}\right) + nA_s'\frac{x-d'}{x}(d-d')$$

$$= \frac{1000\times 73.82}{2}\left(170 - \frac{73.82}{3}\right) + 15\times 1146\times \frac{73.82-40}{73.82}(170-40)$$

$$= 6390\times 10^3 \text{ mm}^3$$

・鉄筋断面係数 K_s

$$K_s = \frac{K_c}{n} \cdot \frac{x}{d-x} = \frac{6390 \times 10^3}{15} \times \frac{73.82}{170-73.82} = 327.0 \times 10^3 \text{ mm}^3$$

・コンクリート応力度 σ_c

$$\sigma_c = \frac{M}{K_c} \quad \cdots \text{ (1)}$$

$$= \frac{41.93 \times 10^6}{6390 \times 10^3} = 6.56 \text{ N/mm}^2 \leqq 8.6 \text{ N/mm}^2 \quad \text{OK}$$

・鉄筋応力度 σ_s

$$\sigma_s = \frac{M}{K_s} \quad \cdots \text{ (2)}$$

$$= \frac{41.93 \times 10^6}{327.0 \times 10^3} = 128.2 \text{ N/mm}^2 > 120 \text{ N/mm}^2 \quad \text{NG}$$

橋軸直角方向（主鉄筋方向）の設計曲げモーメントに対して、鉄筋応力度が許容値を満足しない。

② 橋軸方向（配力筋方向）

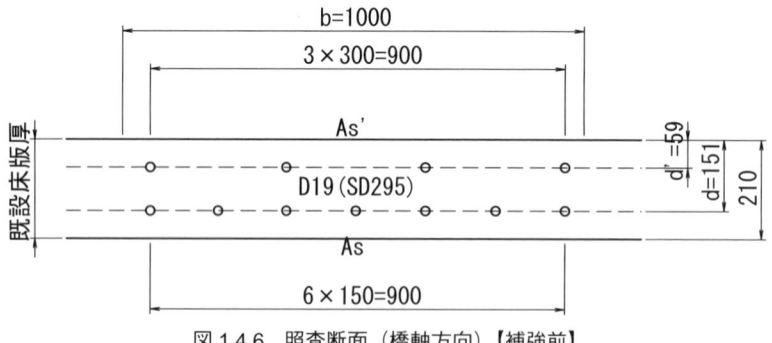

図 1.4.6　照査断面（橋軸方向）【補強前】

・床版上端より中立軸までの距離 x

複鉄筋矩形断面として中立軸までの距離 x を計算する。

$$x = -\frac{n(A_s + A'_s)}{b} + \sqrt{\left\{\frac{n(A_s + A'_s)}{b}\right\}^2 + \frac{2n}{b}(dA_s + d'A'_s)}$$

$$= -\frac{15(1910 + 955)}{1000} + \sqrt{\left\{\frac{15(1910 + 955)}{1000}\right\}^2 + \frac{2 \times 15}{1000}(151 \times 1910 + 59 \times 955)}$$

$$= 67.43 \text{ mm}$$

・コンクリート断面係数 K_c

$$K_c = \frac{bx}{2}\left(d - \frac{x}{3}\right) + nA'_s \frac{x-d'}{x}(d-d')$$
$$= \frac{1000 \times 67.43}{2}\left(151 - \frac{67.43}{3}\right) + 15 \times 955 \times \frac{67.43-59}{67.43}(151-59)$$
$$= 4497 \times 10^3 \, \text{mm}^3$$

・鉄筋断面係数 K_s

$$K_s = \frac{K_c}{n} \cdot \frac{x}{d-x} = \frac{4497 \times 10^3}{15} \times \frac{67.43}{151-67.43} = 241.9 \times 10^3 \, \text{mm}^3$$

・コンクリート応力度 σ_c

$$\sigma_c = \frac{M}{K_c} = \frac{27.20 \times 10^6}{4497 \times 10^3} = 6.05 \, \text{N/mm}^2 \leq 8.6 \, \text{N/mm}^2 \quad \text{OK}$$

・鉄筋応力度 σ_s

$$\sigma_s = \frac{M}{K_s} = \frac{27.20 \times 10^6}{241.9 \times 10^3} = 112.4 \, \text{N/mm}^2 \leq 120 \, \text{N/mm}^2 \quad \text{OK}$$

橋軸方向（配力筋方向）の設計曲げモーメントに対して、鉄筋応力度およびコンクリート応力度は許容値を満足する。

（4）床版下面増厚による補強設計

既設床版は、橋軸直角方向（主鉄筋方向）曲げモーメントによる鉄筋応力度が許容値を満足しないため、床版下面にポリマーセメントモルタル工法による増厚補強を行う。補強範囲はハンチ下部（主桁上フランジ接面）までとする。

（a）増厚量、補強鉄筋量の仮定

  補強厚　：$t = 22$ mm（ポリマーセメントモルタル）
  補強鉄筋：SD345　D6（主鉄筋間隔 50 mm、配力鉄筋間隔 50 mm）

断面図

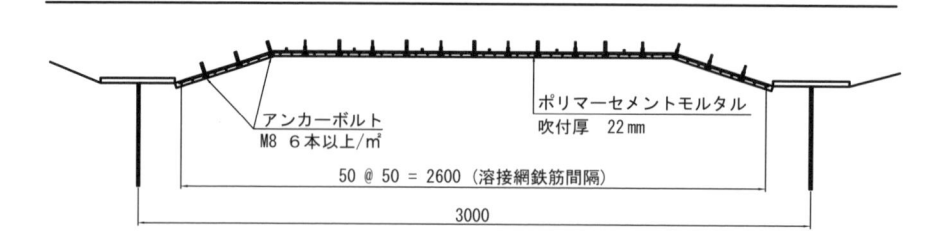

図：アンカーボルト M8 6本以上/㎡、ポリマーセメントモルタル 吹付厚 22 mm、50 @ 50 = 2600（溶接網鉄筋間隔）、3000

補強断面詳細図

橋軸直角方向

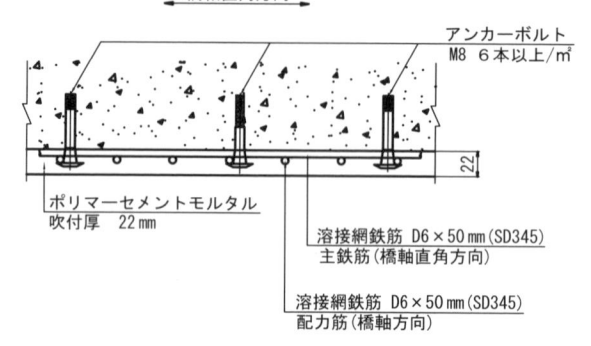

アンカーボルト M8 6本以上/㎡
ポリマーセメントモルタル 吹付厚 22 mm
溶接網鉄筋 D6×50 mm (SD345) 主鉄筋（橋軸直角方向）
溶接網鉄筋 D6×50 mm (SD345) 配力筋（橋軸方向）

図 1.4.7　ポリマーセメントモルタルによる下面増厚補強の概念図

(b)　設計曲げモーメントの算出

① 補強前、既設床版に作用する曲げモーメント

既設床版の応力照査で算出した「死荷重による曲げモーメント（表1.4.4）」を用いる。

$M_D = 6.15$ kN·m/m

② 補強後の床版に作用する設計曲げモーメント

床版下面増厚自重（死荷重増分）による曲げモーメント ΔM_D は以下のとおり。

床版増厚自重：$W_A = 0.022$ m × 1.0 m × 24.5 kN/m³ = 0.539 kN/m

$$\Delta M_D = \frac{W_A L^2}{10} = \frac{0.539 \times 3.000^2}{10} = 0.49 \text{ kN·m/m}$$

既設床版の死荷重を除く、床版増厚自重および活荷重が、補強後に作用される。

表 1.4.5　補強後に作用する設計曲げモーメント

荷重種類	曲げモーメント (kN·m/m)	
	橋軸直角方向	橋軸方向
死荷重増分 ΔM_D	0.49	—
活荷重 M_L	35.78	27.20
補強後 $\Delta M_D + M_L$	36.27	27.20

(c) 応力度照査

〔補強前の照査〕

① 橋軸直角方向（主鉄筋方向）

・コンクリート応力度 σ_c

$$\sigma_c = \frac{M}{K_c} = \frac{6.15 \times 10^6}{6390 \times 10^3} = 0.96 \text{ N/mm}^2 \leqq 8.6 \text{ N/mm}^2 \quad \text{OK}$$

・鉄筋応力度 σ_s

$$\sigma_s = \frac{M}{K_s} = \frac{6.15 \times 10^6}{327.0 \times 10^3} = 18.81 \text{ N/mm}^2 \leqq 120 \text{ N/mm}^2 \quad \text{OK}$$

② 橋軸方向（配力筋方向）

道示 II 表-9.2.3 および解説により、配力鉄筋方向の曲げモーメントは無視する。

〔補強後の照査〕

① 橋軸直角方向（主鉄筋方向）

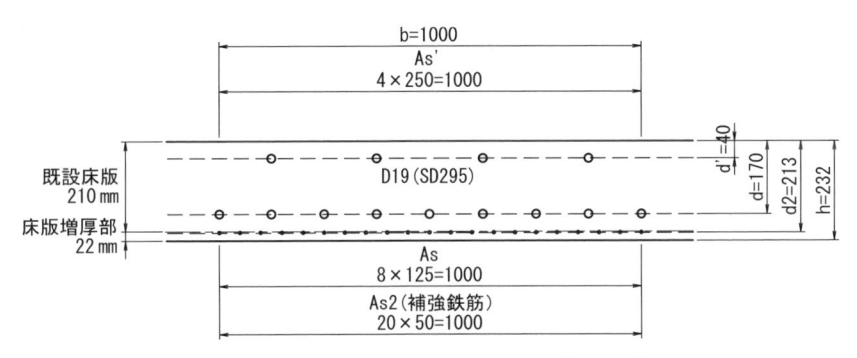

図1.4.8 照査断面（橋軸直角方向）【補強後】

床版下面増厚に用いる補強鉄筋は、以下のとおりとする。

D6（SD345、$A = 31.67 \text{ mm}^2$、鉄筋間隔 50 mm）

A_{s2}：単位幅（1 m）当りの引張側鉄筋断面積

$$A_{s2} = \frac{b}{50} \times 31.67 \text{ mm}^2 = 633 \text{ mm}^2$$

・床版厚上端より中立軸までの距離 x

複鉄筋矩形断面として中立軸までの距離 x を計算する。

$$\begin{aligned} x &= -\frac{n(A_s + A_{s2} + A'_s)}{b} + \sqrt{\left\{\frac{n(A_s + A_{s2} + A'_s)}{b}\right\}^2 + \frac{2n}{b}(dA_s + d_2 A_{s2} + d' A'_s)} \\ &= -\frac{15(2292 + 633 + 1146)}{1000} \\ &\quad + \sqrt{\left\{\frac{15(2292 + 633 + 1146)}{1000}\right\}^2 + \frac{2 \times 15}{1000}(170 \times 2292 + 213 \times 633 + 40 \times 1146)} \\ &= 83.29 \text{ mm} \end{aligned}$$

・断面二次モーメント I_c

$$I_c = \frac{bx^3}{12} + bx\left(\frac{x}{2}\right)^2 + nA_s(d-x)^2 + nA_{s2}(d_2-x)^2 + nA_s'(d'-x)^2$$

$$= \frac{1000 \times 83.29^3}{12} + 1000 \times 83.29 \times \left(\frac{83.29}{2}\right)^2 + 15 \times 2292 \times (170-83.29)^2$$

$$+ 15 \times 633 \times (213-83.29)^2 + 15 \times 1146 \times (40-83.29)^2$$

$$= 643.1 \times 10^6 \, \text{mm}^4$$

・コンクリート応力度 σ_c

$$\sigma_c = \frac{M}{I_c}x = \frac{36.27 \times 10^6}{643.1 \times 10^6} \times 83.29$$

$$= 4.70 \, \text{N/mm}^2 \leq 8.6 \, \text{N/mm}^2 \quad \text{OK}$$

・既設鉄筋応力度 σ_s

$$\sigma_s = n\frac{M}{I_c}(d-x) = 15 \times \frac{36.27 \times 10^6}{643.1 \times 10^6} \times (170-83.29)$$

$$= 73.36 \, \text{N/mm}^2 \leq 120 \, \text{N/mm}^2 \quad \text{OK}$$

・補強鉄筋応力度 σ_{s2}

$$\sigma_{s2} = n\frac{M}{I_c}(d_2-x) = 15 \times \frac{36.27 \times 10^6}{643.1 \times 10^6} \times (213-83.29)$$

$$= 109.7 \, \text{N/mm}^2 \leq 120 \, \text{N/mm}^2 \quad \text{OK}$$

② 橋軸方向（配力筋方向）

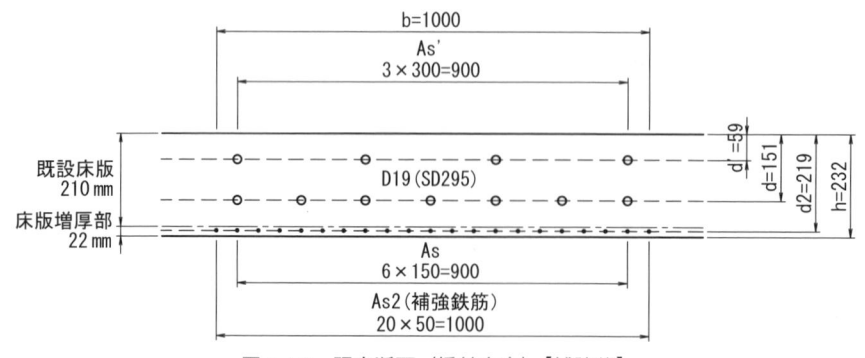

図 1.4.9　照査断面（橋軸方向）【補強後】

・床版厚上端より中立軸までの距離 x

複鉄筋矩形断面として中立軸までの距離 x を計算する。

$$x = -\frac{n(A_s + A_{s2} + A'_s)}{b} + \sqrt{\left\{\frac{n(A_s + A_{s2} + A'_s)}{b}\right\}^2 + \frac{2n}{b}(dA_s + d_2 A_{s2} + d'A'_s)}$$

$$= -\frac{15(1910 + 633 + 955)}{1000}$$

$$+ \sqrt{\left\{\frac{15(1910 + 633 + 955)}{1000}\right\}^2 + \frac{2 \times 15}{1000}(151 \times 1910 + 219 \times 633 + 59 \times 955)}$$

$$= 78.89 \text{ mm}$$

・断面二次モーメント I_c

$$I_c = \frac{bx^3}{12} + bx\left(\frac{x}{2}\right)^2 + nA_s(d-x)^2 + nA_{s2}(d_2-x)^2 + nA'_s(d'-x)^2$$

$$= \frac{1000 \times 78.89^3}{12} + 1000 \times 78.89 \times \left(\frac{78.89}{2}\right)^2 + 15 \times 1910 \times (151 - 78.89)^2$$

$$+ 15 \times 633 \times (219 - 78.89)^2 + 15 \times 955 \times (59 - 78.89)^2$$

$$= 504.7 \times 10^6 \text{ mm}^4$$

・コンクリート応力度 σ_c

$$\sigma_c = \frac{M}{I_c}x = \frac{27.20 \times 10^6}{504.7 \times 10^6} \times 78.89 = 4.25 \text{ N/mm}^2 \leq 8.6 \text{ N/mm}^2 \quad \text{OK}$$

・既設鉄筋応力度 σ_s

$$\sigma_s = n\frac{M}{I_c}(d-x) = 15 \times \frac{27.20 \times 10^6}{504.7 \times 10^6} \times (151 - 78.89)$$

$$= 58.29 \text{ N/mm}^2 \leq 120 \text{ N/mm}^2 \quad \text{OK}$$

・補強鉄筋応力度 σ_{s2}

$$\sigma_{s2} = n\frac{M}{I_c}(d_2-x) = 15 \times \frac{27.20 \times 10^6}{504.7 \times 10^6} \times (219 - 78.89)$$

$$= 113.27 \text{ N/mm}^2 \leq 120 \text{ N/mm}^2 \quad \text{OK}$$

〔合成応力度の照査および応力度集計〕

算出した応力度を集計すると**表 1.4.6** のとおりである。応力度計算の結果、発生応力度は許容値内にある。

表 1.4.6 合成応力度の照査および応力度集計

				橋軸直角方向（主鉄筋方向）			橋軸方向（配力筋方向）
				補強前 M_D	補強後 ΔM_D+M_L	合成応力度	補強後 M_L
曲げモーメント		M	kN·m	6.15	36.27	−	27.20
床版幅		b	mm	1000	1000	−	1000
床版厚		h	mm	210	232	−	232
鉄筋位置	圧縮鉄筋	d'	mm	40	40	−	59
	引張鉄筋	d	mm	170	170	−	151
	補強鉄筋	d_2	mm	−	213	−	219
鉄筋量	圧縮鉄筋	A_s'	mm²	1146 D19-ctc250	1146 D19-ctc250	−	955 D19-ctc300
	引張鉄筋	A_s	mm²	2292 D19-ctc125	2292 D19-ctc125	−	1910 D19-ctc150
	補強鉄筋	A_{s2}	mm²	−	633 D6-ctc50	−	633 D6-ctc50
ヤング係数比		n		15	15	−	15
中立軸		x	mm	73.82	83.29	−	78.89
断面二次モーメント		I_c	mm⁴	−	643.1×10⁶	−	504.7×10⁶
応力度	コンクリート	σ_c	N/mm²	0.96	4.70	5.66	4.25
	引張鉄筋	σ_s	N/mm²	18.81	73.36	92.17	58.29
	補強鉄筋	σ_{s2}	N/mm²	−	109.74	109.74	113.27
許容応力度	コンクリート	σ_{ca}	N/mm²	8.6	8.6	8.6	8.6
	鉄筋	σ_{sa}	N/mm²	120	120	120	120

第2章

コンクリート橋上部工

2.1 RC桁の炭素繊維シート接着による主桁のせん断補強
2.2 コンクリート充填によるRCT桁の構造改良

2.1 RC 桁の炭素繊維シート接着による主桁のせん断補強

2.1.1 構造諸元
(1) 橋梁形式

　　　上部工　　形式：RC 単純 T 桁橋
　　　　　　　　支持条件：固定-可動
　　　　　　　　支承の種類：支承板支承（鋼製）
　　　下部工　　形式：壁式橋脚
　　　　　　　　杭種：不明

(2) 桁長：12.900 m（橋長：154.800 m）
(3) 幅員（車線数）：全幅員 18.8 m（2 車線）
(4) 斜角：90°
(5) 橋格：一等橋（活荷重 TL-12）
(6) 建設年：昭和 10 年代

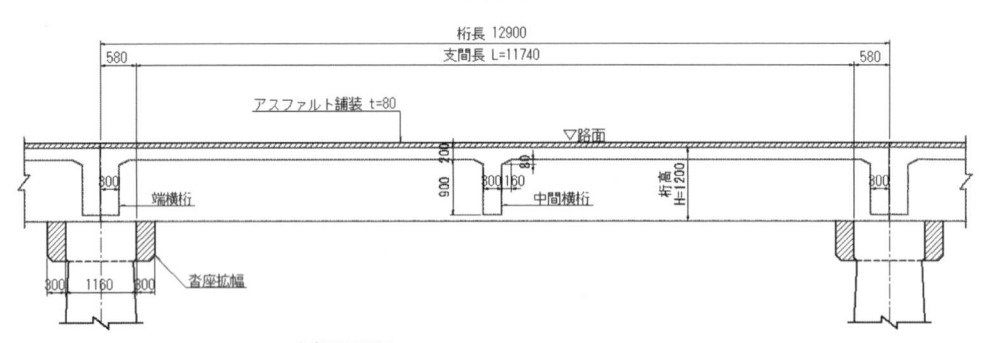

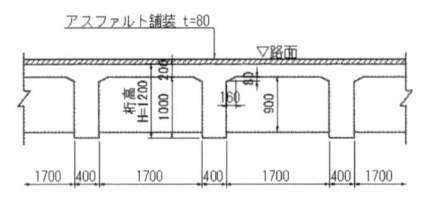

注）支間長：現況では橋座面に主桁が若干くい込んだ状態であったので、支承位置を橋台前面と仮定して支間長とした。なお、当初の図面は現存していない。

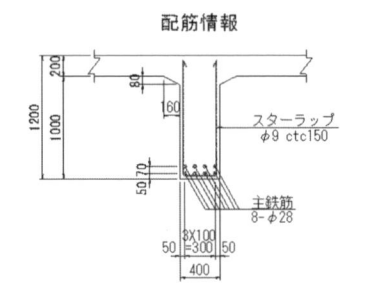

図 2.1.1　橋梁一般図（既設）

2.1.2 補強理由

本橋梁は、昭和 10 年代に竣工した RC 単純 T 桁橋である。現地調査の結果、図 2.1.2 に示すように主桁側面にひび割れが発生していることが確認された。ひび割れは支間全体に発生しており、曲げおよびせん断に伴うひび割れであると判断された。ひび割れ幅としては、概ね 0.05～0.2 mm のものが大半を占めている。桁端部付近のせん断ひび割れについては、0.1 mm 程度のひび割れ幅であるが、相当の応力度がせん断補強筋に作用している可能性があった。せん断破壊は脆性的であることから、桁の崩壊を防ぐためにせん断ひび割れの対策が必要と判断され、せん断補強対策を実施することとした。

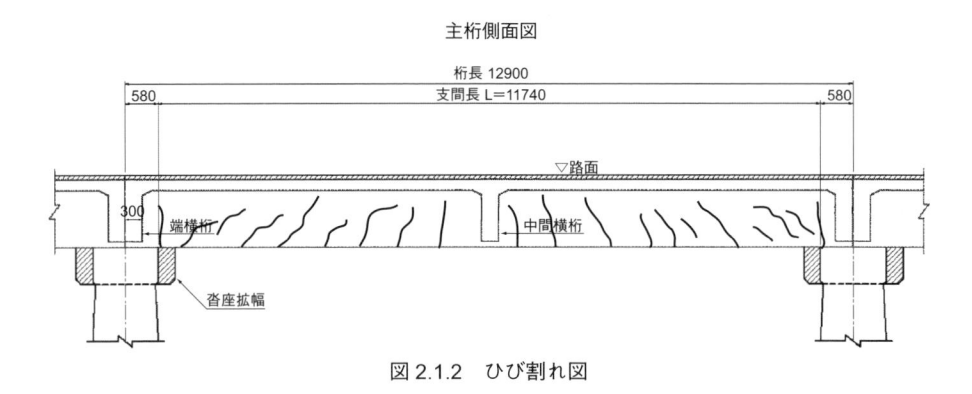

図 2.1.2 ひび割れ図

2.1.3 補強方法

（1） せん断補強工法の選定

主桁のせん断補強としては、連続繊維シート（炭素繊維シートなど）、鋼板接着や増厚工法が適用できる。ここでは、死荷重の増加が最も少なく、下部工への影響がない、連続繊維シートを用いて補強量の検討を実施することとする。

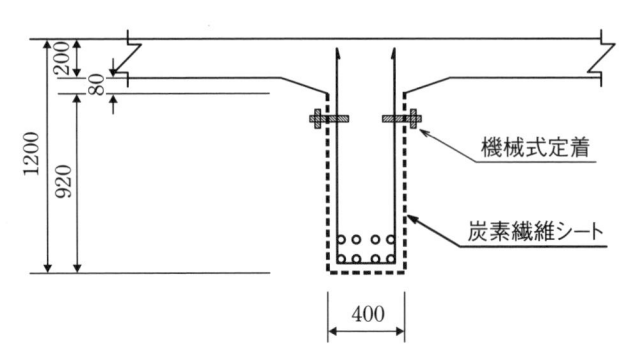

図 2.1.3 連続繊維シートを用いた主桁の補強方法概念図

（2） 設計活荷重

一般的には、道路橋示方書Ⅰ共通編「2. 荷重」に準じて、死荷重および活荷重を設定する。本橋梁の設計活荷重は TL-12 であったこと、当該橋梁の現況交通状況を加味すると、TL-25 相当の車両が通行することはほとんどなく、支間長も 13 m 程度であることから、1 支間当り T 荷重が上下線で各 1 台載荷するという条件にて照査を行うものと

する。また、載荷方法としては、最も厳しい状況を加味し、主桁中央に輪荷重を載荷するものとする。

2.1.4 補強設計
（1） 設計方針

設計手順を図 2.1.4 に示す。

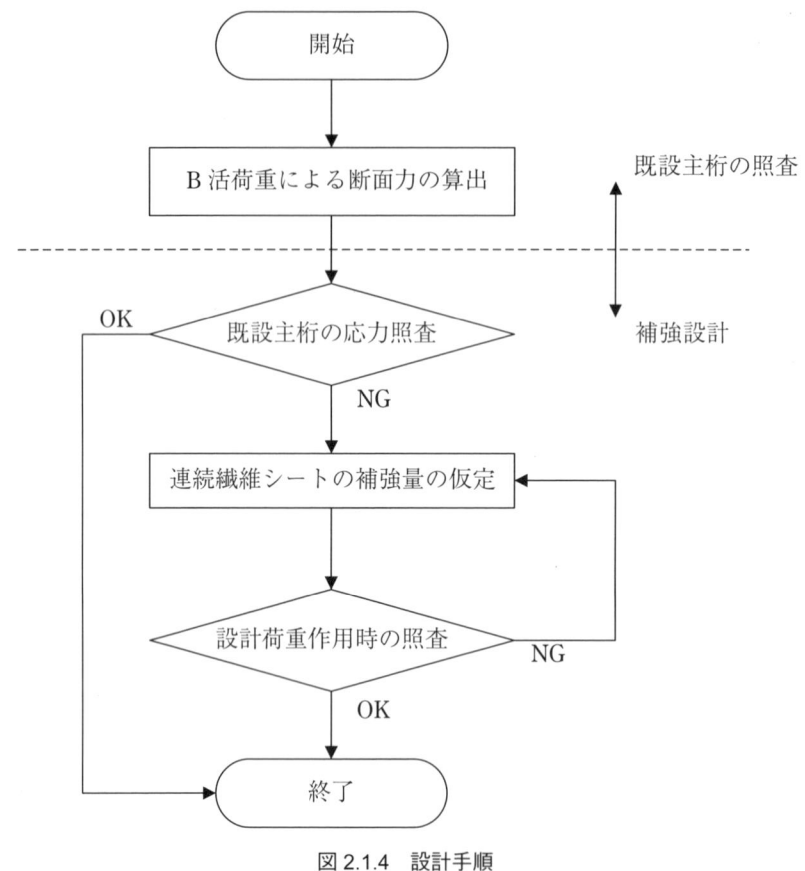

図 2.1.4 設計手順

（2） 設計条件

コンクリート、鉄筋、炭素繊維シートの材料強度の諸元を表 2.1.1 ～表 2.1.3 に示す。

(a) コンクリート

表 2.1.1 コンクリートの材料強度

	主桁（既設）
設計基準強度 σ_{ck}	21 N/mm²
許容曲げ圧縮応力度	7.0 N/mm²
許容せん断応力度	0.36 N/mm²

注） 平成 24 年度 道示Ⅲ より

(b) 鉄筋

表 2.1.2 鉄筋の材料強度

	主桁（既設）
鉄筋の種類	丸鋼
許容引張応力度	120 N/mm²
弾性係数	200 N/mm²

(c) 炭素繊維シート

表 2.1.3 炭素繊維シートの材料強度

	主桁（補強）
炭素繊維シートの種類	高強度型
引張強度	3400 N/mm²
弾性係数	245000 N/mm²
厚さ	0.167 mm

注) コンクリート部材の補修・補強に関する共同研究報告書(Ⅲ)－炭素繊維シート接着工法による道路橋コンクリート部材の補修・補強に関する設計・施工指針(案)

(3) B 活荷重による既設橋の応力照査

補強前の構造に対し、B 活荷重載荷時のせん断応力度を算出する。

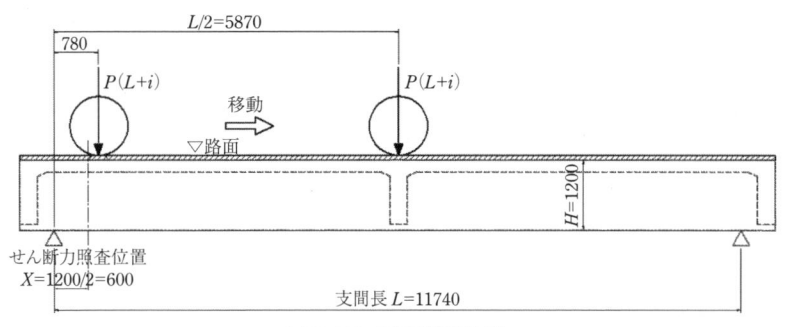

(a) 照査断面位置

図 2.1.5 照査断面位置

主桁のせん断力に対する照査は、平成 24 年版 道示Ⅲ「4.3 せん断力が作用する部位の照査」に基づき計算を行う。本計算事例では、等断面の桁の場合であるので、照査断面を道示に準拠し、以下の位置とした。

設計支間長：$L = 11.740$ m

桁高：$H = 1.200$ m

せん断力照査位置：$X = H/2 = 1.2/2 = 0.6$ m

(b) せん断応力度

せん断力照査位置近傍（支点から 0.6 m 付近）の既設の斜め引張鉄筋が塩害の影響を受け、当初 $\phi 9$ mm であったものが、$\phi 6.5$ mm まで断面減少していたことから、鉄筋腐食による断面減少量を考慮した鉄筋径を用いて、せん断応力度の照査を実施した。

① 平均せん断応力度の照査

主桁のせん断応力度照査結果を**表 2.1.4** に示す。支点から 0.6 m の照査断面において、死荷重時においては許容値を満足するが、B 活荷重作用時には $\tau_m > \tau_a$ となることから斜め引張鉄筋の照査を行う。

鉄筋コンクリート構造では、設計荷重作用時に部材断面に生じるコンクリートの平均せん断応力度が規定の許容値を超える場合には、せん断力による有害な斜めひび割れの発生を抑えるために、斜め引張鉄筋の応力度が規定する許容応力度以下となることを照査することとしている。

$$\tau_m = \frac{S}{b_w \cdot d} < \tau_a$$

ここに、S：設計せん断力（kN）
　　　　b_w：部材断面のウェブ厚（= 400 mm）
　　　　d：部材断面の有効高（= 1150 mm）
　　　　τ_a：許容せん断応力度（= 0.36 N/mm²）

表 2.1.4　主桁のせん断応力度照査（既設）

（支点から 0.6m）		死荷重時	B 活荷重作用時
S	kN	129.0	273.2
b_w	mm	400	400
d	mm	1150	1150
τ_m	N/mm²	0.28	0.59
τ_a	N/mm²	0.36	0.36
判定		OK（$\tau_m < \tau_a$）	NG（$\tau_m > \tau_a$）

注）τ_a は平成 24 年版 道示Ⅲ 表 -4.3.1 より

② 斜め引張鉄筋の照査（B 活荷重時）

平均せん断応力度が許容せん断応力度を超過する、B 活荷重作用時を対象として、コンクリートが負担する平均せん断力と斜め引張鉄筋が負担するせん断力から抵抗せん断力 S_r を以下の式から求め照査を行う。

$$S_r = S_c + S_s > S$$

ここに、S_r：抵抗せん断力（kN）
　　　　S：設計せん断力（kN）
　　　　S_c：コンクリートが負担するせん断力（kN）

本計算事例では、斜め引張鉄筋や補強材以外で負担するせん断力は安全のため、以下とする。

$$S_c = \frac{1}{2}\tau_a \cdot b_w \cdot d$$

ここに、τ_a：コンクリートのみでせん断力を負担する場合の許容せん断応力度
  （$=0.36\,\text{N/mm}^2$）
  b_w：部材断面のウェブ厚（$=400\,\text{mm}$）
  d：部材断面の有効高（$=1150\,\text{mm}$）
  S_s：斜め引張鉄筋が負担するせん断力（kN）

$$S_s = \frac{\sigma_{sa} \cdot A_w \cdot d}{1.15a}$$

ここに、σ_{sa}：斜め引張鉄筋の許容引張応力度（$=120\,\text{N/mm}^2$）
  A_w：間隔 a で配筋される斜め引張鉄筋の断面積（mm^2）
   （腐食を考慮した斜め引張鉄筋の断面積：66.37 mm^2（$2-\phi 6.5$））
  a：斜め引張鉄筋の部材軸方向の間隔（$=150\,\text{mm}$）

　既設の主桁では、斜め引張鉄筋の照査を行った結果、表 2.1.5 に示すように B 活荷重時に生じるせん断力に対してせん断抵抗が不足していることが確認された。また、本橋梁の主桁にはウェブに曲げに伴うせん断ひび割れが散見されることから、主桁のせん断補強対策を実施する。

表 2.1.5　主桁のせん断応力度照査（既設）

（支点から 0.6m）		B 活荷重時
S	kN	273.2
b_w	mm	400
d	mm	1150
τ_a	N/mm^2	0.36
σ_{sa}	N/mm^2	120
A_w	mm^2	66.37
a	mm	150
S_c	kN	82.8
S_s	kN	53.1
$S_r = S_c + S_s$	kN	135.9
判　定		OUT（$S>S_r$）

（4）　炭素繊維シートによる補強計算（せん断に対する検討）
（a）　炭素繊維シート補強量

　炭素繊維シート接着工法による補修・補強は、「コンクリート部材の補修・補強に関する共同研究報告書（Ⅲ）－炭素繊維シート接着工法による道路橋コンクリート部材の補修・補強に関する設計・施工指針（案）－」（建設省土木研究所 共同研究報告書 第 235 号、平成 11 年 2 月）を適用する。
　炭素繊維シートの必要積層数は、既設の斜め引張鉄筋と炭素繊維シートが主桁に生じ

るせん断応力を負担するものとして次式により求める。

① 炭素繊維シートの許容引張応力度

炭素繊維シートの許容引張応力度は、指針（案）「4.5.2 コンクリートけた等のせん断補強設計」に準じて算出する。

$$\sigma_{cfa} = \sigma_{sa} \cdot \frac{E_{cf}}{E_s} = 120 \times \frac{245}{200} = 147 \, \text{N/mm}^2$$

ここに、 σ_{sa}：鉄筋の許容引張応力度（＝120 N/mm²）

E_{cf}：炭素繊維シートの弾性係数（＝245 N/mm²）

E_s：鉄筋の弾性係数（＝200 kN/mm²）

② 抵抗せん断力の不足分 S'（kN）

$$S' = S - S_r = 273.2 - 135.9 = 137.3 \, \text{kN}$$

ここに、 S：設計せん断力（死荷重＋活荷重）（＝273.2 kN）

S_r：抵抗せん断力（コンクリート＋斜め引張鉄筋が負担するせん断力）
（スターラップ老化部＝135.9 kN）

注）S および S_r については表2.1.5参照。

③ 単位長さ当り炭素繊維シート量（mm²/m）

せん断補強に用いる炭素繊維シート量 A_{cf} は、指針（案）「Ⅲ コンクリートげた編 4 章 4.5 せん断補強設計」に従い、以下のとおり求める。

$$A_{cf} = \frac{1.15 a \cdot S'}{\sigma_{cf} \cdot d \cdot a} = \frac{1.15 \times 1000 \times 137300}{147 \times 1150 \times 1000} = 934.0 \, \text{mm}^2/\text{m}$$

ここに、 a：炭素繊維シートの貼付け間隔（1000 mm）

S'：抵抗せん断力の不足分（＝137.3 kN）

d：部材断面の有効高（＝1150 mm）

σ_{cf}：炭素繊維シートの設計用引張強度（＝147 N/mm²）

④ 使用炭素繊維シートの総数

$$n = \frac{A_{cf}}{t_{cf} \cdot a} = \frac{934.0}{0.167 \times 1000} = 5.59 \risingdotseq 6 層／桁両面（3層／片面）$$

ここに、t_{cf}：使用炭素繊維シートの設計厚（0.167 mm：高強度型シート、繊維目付量 300 g/m²）

a：炭素繊維シートの貼付け間隔（1000 mm）

(b) 補強範囲

炭素繊維シートの定着は、「炭素繊維シート接着工法による道路橋コンクリート部材の補修・補強に関する設計・施工指針（案）」[1]より、炭素繊維シートの端部を鋼板とアンカーボルトなどで機械式に定着することとし、炭素繊維シートの剥離が生じないようにする。なお、本計算事例においては、高強度型シート、繊維目付量 300 g/m² を用いた補強計算事例を示した。補強量については、炭素繊維シートの種類および目付量をパラメータとして3案程度の試計算を行うとともに、概算工事費を算出し、最適となる補強量を決定した。

（5） 補強概要図

RC 単純 T 桁の主桁ウェブのせん断補強の概念図を図 2.1.6 に示す。

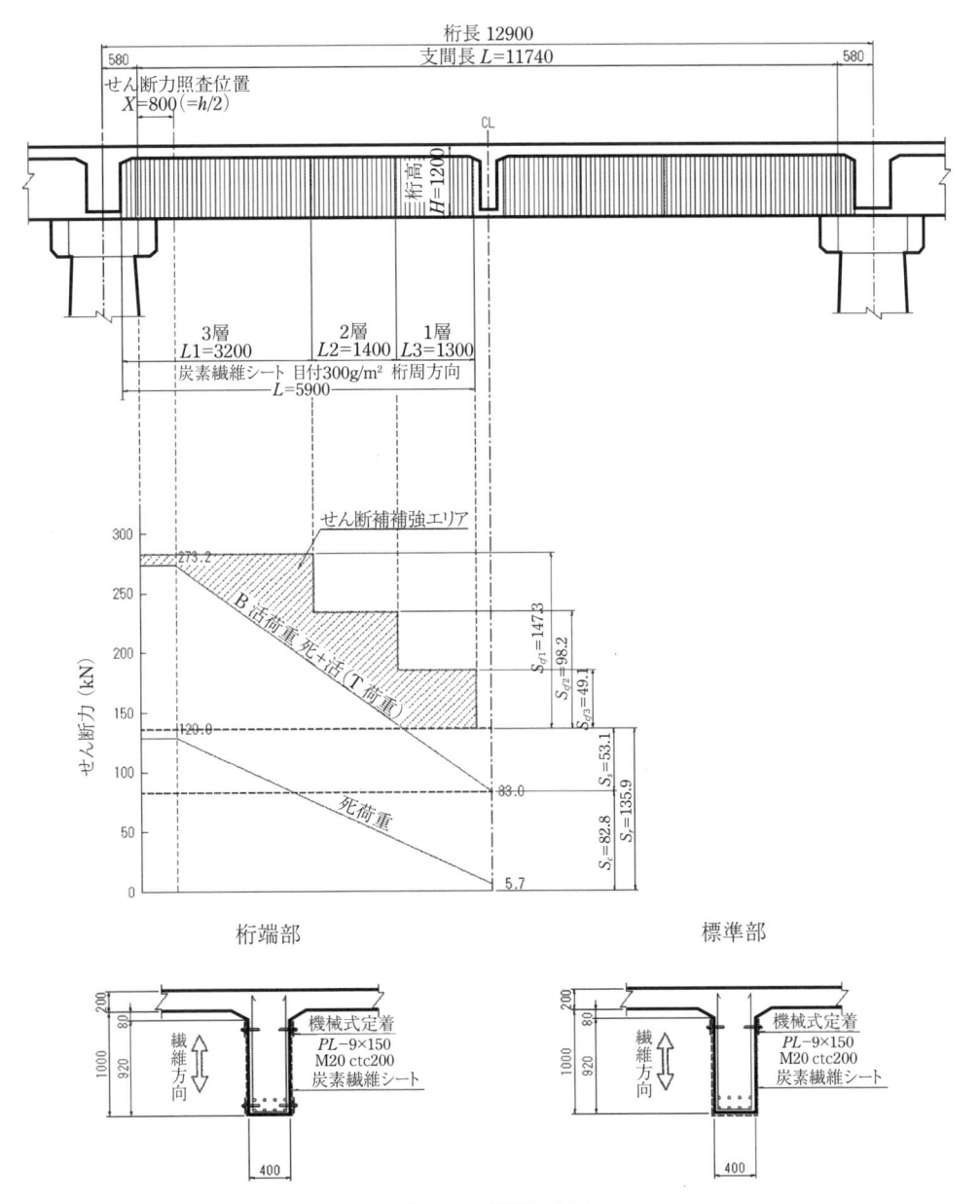

図 2.1.6 補強概念図

参考文献

1) 建設省土木研究所：共同研究報告書 第 235 号 コンクリート部材の補修・補強に関する共同研究報告書（Ⅲ）－炭素繊維シート接着工法による道路橋コンクリート部材の補修・補強に関する設計・施工指針（案）－、平成 11 年 12 月

2.2 コンクリート充填による RCT 桁の構造改良

2.2.1 構造諸元
（1） 橋梁形式：RC 単純 T 桁橋
（2） 支間長：8.150 m
（3） 橋長：8.750 m
（4） 幅員：6.700 m
（5） 斜角：90°
（6） 設計活荷重：TL-20
（7） 建設年：昭和 10 年代

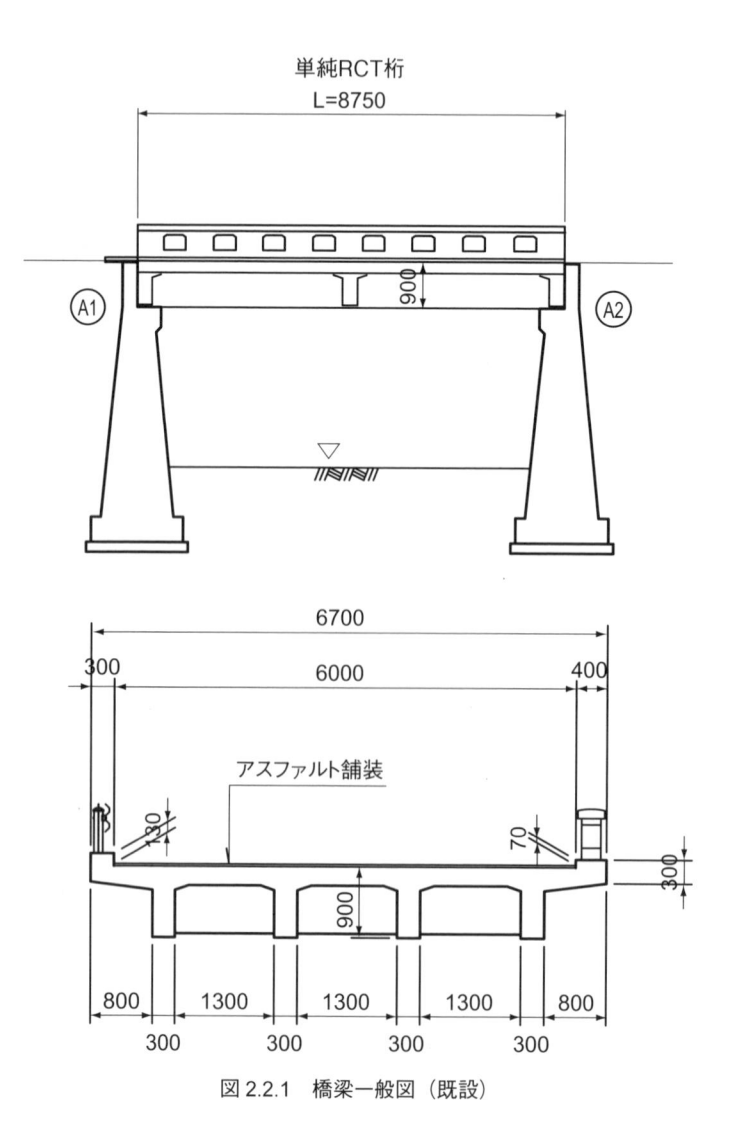

図 2.2.1 橋梁一般図（既設）

2.2.2　補強理由

本橋梁は、海岸線から100 m程度の位置に架橋されており、塩害の影響を受けて鉄筋の腐食膨張による橋軸方向のひび割れが発生するとともに、かぶりコンクリートが剥離し鉄筋露出が生じていた。鉄筋位置におけるコンクリート中の塩化物イオン濃度を調査した結果、塩化物イオン濃度が2.0 kg/m³以上となっており、鉄筋位置において発錆限界値を超過していた。また、表面状態が目視で健全とみられる箇所をはつり、鉄筋の腐食状況を確認したところ、スターラップが全体的に表面錆の状況であるとともに、中性化深さも60 mm以上となっていた。なお、本橋梁においては、コンクリート表面がポーラスな状態となり主桁で強度不足箇所が一部に認められたことから、主桁の補強対策を行うこととした。

2.2.3　補強方法
（1）　主桁補強対策の考え方

主桁の補強対策としては、一般的には連続繊維シート（炭素繊維シートなど）、鋼板接着や増厚工法が適用できる。ここでは、主桁のコンクリートの強度不足箇所があるため、主桁を直接補強することは難しいと判断された。したがって、主桁間にコンクリートを充填し、図2.2.2に示すような床版橋とすることで、構造形式の改良を行い、補強を実施することとした。既設RCT桁の死荷重は、新設するコンクリートを充填した桁（図2.2.2のハッチング箇所）で負担させるとともに、設計活荷重はB活荷重とした。なお、本橋梁の架橋位置は海岸に近く、塩害の影響があることから、補強後の耐久性の確保を目的として、超高強度繊維補強コンクリートを使用した厚さ25 mm薄肉埋設型枠を全面に設置することで長寿命化を図った。

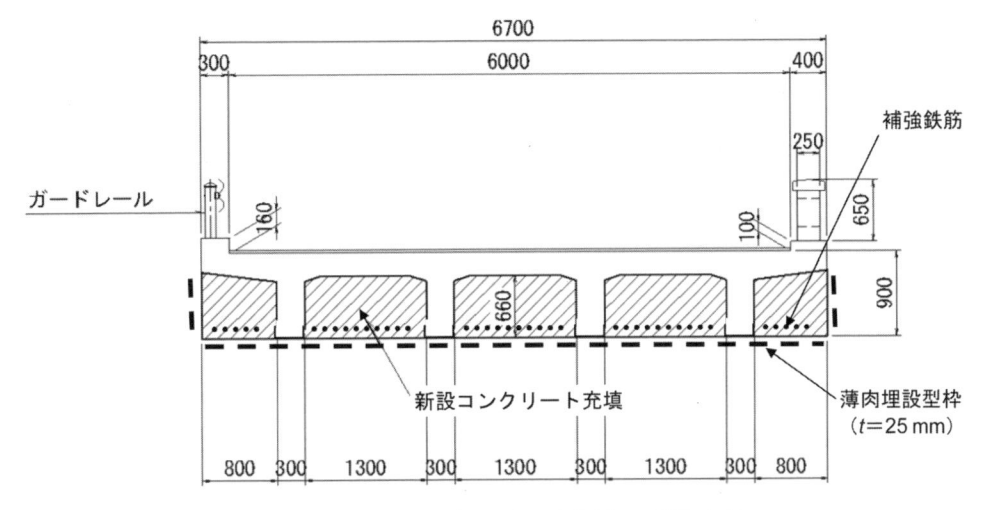

図2.2.2　補強概要図（RCT桁の床版橋への構造改良）

2.2.4 補強設計
（1） 設計方針

設計手順を図 2.2.3 に示す。

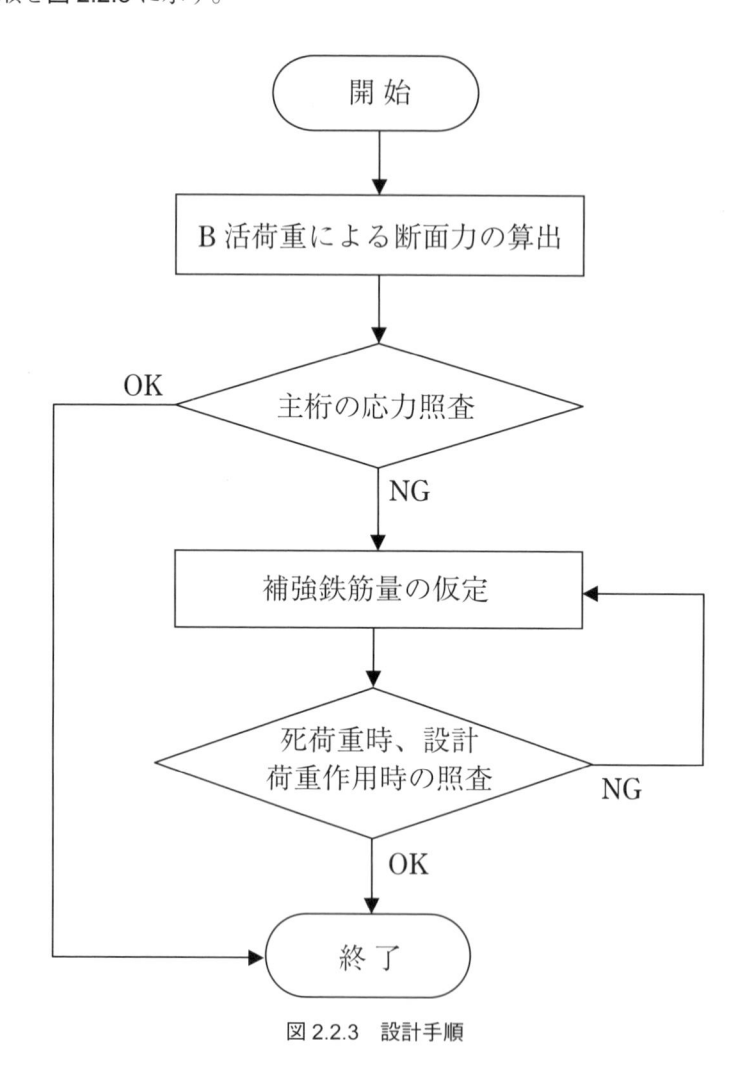

図 2.2.3　設計手順

（2） 設計条件

コンクリート、鉄筋の材料強度の諸元を表 2.2.1 と表 2.2.2 に示す。

（a） コンクリート

表 2.2.1　コンクリートの材料強度

	主桁（既設）
設計基準強度 σ_{ck}	24 N/mm²
許容曲げ圧縮応力度	8.0 N/mm²
許容せん断応力度	0.39 N/mm²

注）平成 24 年度 道示Ⅲ より

(b) 鉄筋

表 2.2.2 鉄筋の材料強度

	主桁（補強）
鉄筋の種類	SD345
許容引張応力度（死荷重）	100 N/mm²
許容引張応力度（死＋活荷重）	180 N/mm²
弾性係数	200 N/mm²

注）平成 24 年度 道示Ⅲ より

(3) 荷重の計算

図 2.2.4 の荷重図から、主桁の自重、橋面荷重及び活荷重を算出する。

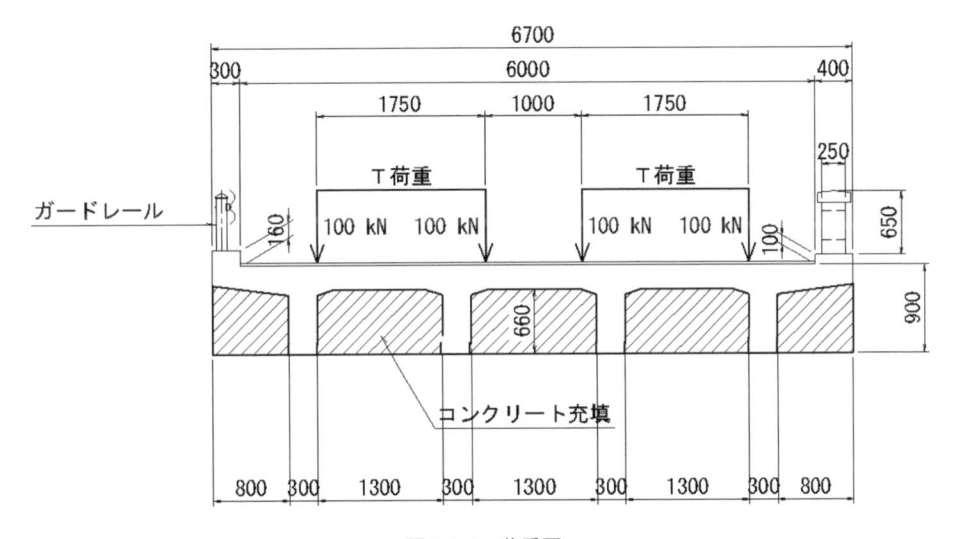

図 2.2.4 荷重図

(a) 死荷重

アスファルト舗装： $0.080 \text{ m} \times 6.000 \text{ m} \times 22.5 \text{ kN/m}^3$ = 10.8 kN/m

桁・床版自重： $0.900 \text{ m} \times 6.700 \text{ m} \times 24.5 \text{ kN/m}^3$ = 147.7 kN/m

（旧 T 桁部＋新設部）

地覆： $(0.300 \text{ m} \times 0.160 \text{ m} + 0.400 \text{ m} \times 0.100 \text{ m}) \times 24.5 \text{ kN/m}^3$ = 2.2 kN/m

高欄　壁高欄： $0.250 \text{ m} \times 0.650 \text{ m} \times 24.5 \text{ kN/m}^3$ = 4.0 kN/m

ガードレール： 0.6×1.0 = 0.6 kN/m

$W_d = 165.3 \text{ kN/m}$

(b) 活荷重および衝撃

$L < 15\text{m}$ より活荷重は T 荷重とし、横方向（橋軸直角方向）には 2 組を考慮する。

衝撃係数は、T 荷重を使用する場合、以下となる。

$$i = \frac{20}{50+L} = \frac{20}{50+8.150} = 0.344$$

ここに、i：衝撃係数
　　　　L：支間長（＝8.150 m）

$$P(1+i) = 2\,組 \times T\,荷重 \times (1+i) = 2 \times 2 \times 100 \times (1+0.344) = 537.6\ \mathrm{kN}$$

（4）断面力の計算

（a）死荷重による断面力

単純梁に等分布死荷重が載荷した状態における曲げモーメントおよびせん断力を以下のとおりに算出する。

① 曲げモーメント

$$M_d = \frac{W_d \times L^2}{8} = \frac{165.3 \times 8.150^2}{8} = 1372.5\ \mathrm{kN \cdot m}$$

② せん断力

$$S_d = \frac{W_d \times L}{2} - W_d \cdot x = \frac{165.3 \times 8.150}{2} - 165.3 \times 0.330 = 619.0\ \mathrm{kN}$$

ここに、x：新設コンクリート部分のみで死荷重を支えると仮定して、支点から部材高さの 1/2 離れた位置（＝0.660/2＝0.330 m）

（b）活荷重および衝撃による断面力

単純梁に輪荷重を集中荷重として載荷した場合の曲げモーメントとせん断力を以下のとおり算出する。本計算事例では、支間が 15 m 未満であり、T 荷重の影響が大きいことから、T 荷重を集中荷重として単純梁に載荷することとした。

① 曲げモーメント（支間中央の最大曲げモーメント）

$$M_\ell = \frac{P_{(1+i)} \times L}{4} = \frac{537.6 \times 8.150}{4} = 1095.4\ \mathrm{kN \cdot m}$$

② せん断力（支点から $H/2$ 位置の照査断面）

$$S_\ell = \frac{P_{(1+i)} \times (L-x)}{L} = \frac{537.6 \times (8.150-0.330)}{8.150} = 515.8\ \mathrm{kN}$$

（c）設計断面力の集計

死荷重、活荷重および衝撃による断面力を集計したものを表 2.2.3 に示す。

表 2.2.3　設計断面力

荷重ケース	曲げモーメント（kN·m）	せん断力（kN）
死荷重	1372.5	619.0
活荷重	1095.4	515.8
死＋活荷重	2467.9	1134.8

（5） 応力度の計算
（a） 主桁の曲げ応力、せん断応力度

死荷重および死＋活荷重における荷重ケースについて、応力度の照査を実施する。

なお、応力照査をするにあたっては、図 2.2.5 に示すように、補強断面（新設コンクリート）のみを有効断面として単鉄筋矩形断面として計算を行う。

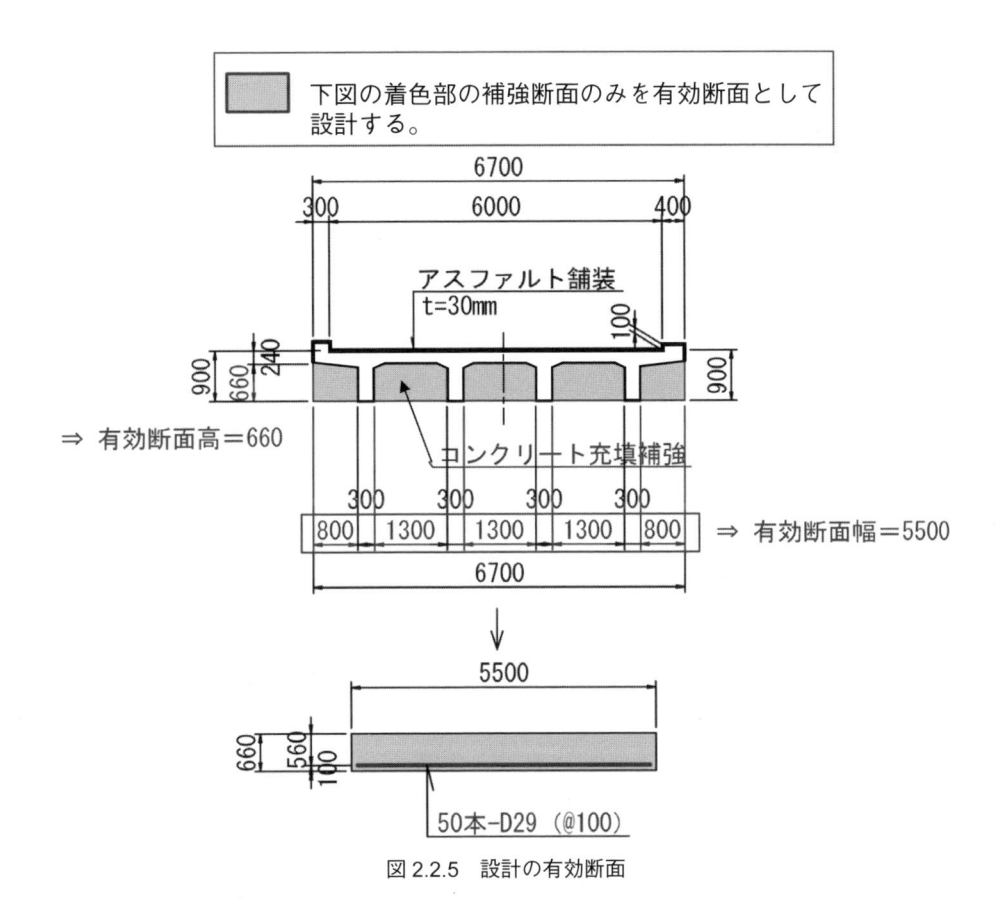

図 2.2.5　設計の有効断面

① 死荷重時

コンクリートの圧縮縁より中立軸までの距離 x

$$x = -\frac{n \cdot A_s}{b} + \sqrt{\left(\frac{n \cdot A_s}{b}\right)^2 + \frac{2n}{b} \cdot d \cdot A_s}$$

ここに、　A_s：引張側鉄筋面積（mm²）
　　　　　b　：有効断面幅（mm）
　　　　　n　：鉄筋とコンクリートのヤング係数比
　　　　　d　：コンクリートの圧縮縁より引張鉄筋中心までの距離（mm）

主鉄筋量（D29×50本）　$A_s = 642.4 \times 50 = 32120.0$ mm² （D29の断面積＝624.4 mm²）

弾性係数比　$n = 15$

有効断面幅　$b = 5500$ mm

コンクリートの圧縮縁より引張鉄筋中心までの距離（有効高さ）　$d = 560$ mm

$$x = -\frac{15 \times 32120}{5500} + \sqrt{\left(\frac{15 \times 32120}{5500}\right)^2 + \frac{2 \times 15}{5500} \times 560 \times 32120} = 237.6 \text{ mm}$$

・コンクリート断面係数 K_c

$$K_c = \frac{bx}{2}\left(d - \frac{x}{3}\right) = \frac{5500 \times 237.6}{2} \times \left(560 - \frac{237.6}{3}\right) = 314154000 \text{ mm}^3$$

・鉄筋断面係数 K_s

$$K_s = \frac{1}{n} \cdot \frac{x}{d-x} \cdot K_c = \frac{1}{15} \times \frac{237.6}{560 - 237.6} \times 314154000 = 15434000 \text{ mm}^3$$

・死荷重による設計曲げモーメント（表2.2.3より）

$M = 1372.5$ kN・m

$S = 619.0$ kN

・コンクリート圧縮応力度

$$\sigma_c = \frac{M}{K_c} = \frac{1372.5 \times 10^6}{314154000} = 4.4 \text{ N/mm}^2 < \sigma_{ca} = 8.0 \text{ N/mm}^2 \quad \text{OK}$$

・鉄筋引張応力度

$$\sigma_s = \frac{M}{K_s} = \frac{1372.5 \times 10^6}{15434000} = 89.0 \text{ N/mm}^2 < \sigma_{sa} = 100 \text{ N/mm}^2 \quad \text{OK}$$

・せん断応力度（コンクリートが負担する平均せん断応力度）

$$\tau_m = \frac{S}{b \cdot d} = \frac{619.0 \times 10^3}{5500 \times 560} = 0.20 \text{ N/mm}^2 < \tau_a = 0.39 \text{ N/mm}^2 \quad \text{OK}$$

② 死荷重＋活荷重時

・死荷重および活荷重による設計曲げモーメント（表2.2.3より）

$M = 2467.9$ kN・m

$S = 1134.8$ kN

・コンクリート圧縮応力度

$$\sigma_c = \frac{M}{K_c} = \frac{2467.9 \times 10^6}{314154000} = 7.9 \text{ N/mm}^2 < \sigma_{ca} = 8.0 \text{ N/mm}^2 \quad \text{OK}$$

・鉄筋引張応力度

$$\sigma_s = \frac{M}{K_s} = \frac{2467.9 \times 10^6}{15434000} = 159.9 \text{ N/mm}^2 < \sigma_{sa} = 180 \text{ N/mm}^2 \quad \text{OK}$$

・せん断応力度（コンクリートが負担する平均せん断応力度）

$$\tau_m = \frac{S}{b \cdot d} = \frac{1134.8 \times 10^3}{5500 \times 560} = 0.37 \text{ N/mm}^2 < \tau_a = 0.39 \text{ N/mm}^2 \quad \text{OK}$$

$\tau_m < \tau_a$ なので、斜め引張鉄筋の照査は実施しない。最小鉄筋量以上の斜め引張鉄筋を配置する。

(6) 既設部と補強部の一体化

(a) アンカー鉄筋（鉛直方向）の計算

既設 RCT 桁の床版にアンカー鉄筋を設置し、既設桁と補強部の一体化を図ることとする。

① 荷重（補強部の死荷重）

　　補強コンクリート　：$(0.800 \times 2 + 1.300 \times 3) \times 0.660 \times 8652 \times 24.5 = 769.5$ kN

　　横桁部控除　：厚さ×高さ×幅×格間×箇所× 24.5

　　　　　　　　　$= -0.308 \times 0.510 \times 1.300 \times 3$ 格間×3カ所×24.5 $= -45.0$ kN

　　　　　　　　　　　　　　　　　　　　　　　　　　　　　　　$W = 724.5$ kN

② アンカー鉄筋の計算

$$A_{sreq} = \frac{W}{\sigma_{sa}} = \frac{724.5 \times 1000}{180} = 4025.0 \text{ mm}^2$$

ここに、A_{sreq}：アンカー鉄筋の必要断面積（mm^2）

　　　　W：補強部の死荷重（= 724.5 kN）

　　　　σ_{sa}：鉄筋の許容応力度（= 180 N/mm^2）（SD345）

よって、D13 × 70 本（8869 mm^2）> A_{sreq} を配置する。

なお、本計算事例では、安全率が2程度を確保できるように、アンカー鉄筋の配置を決定した。

(b) アンカー鉄筋配置図（1-1 断面）

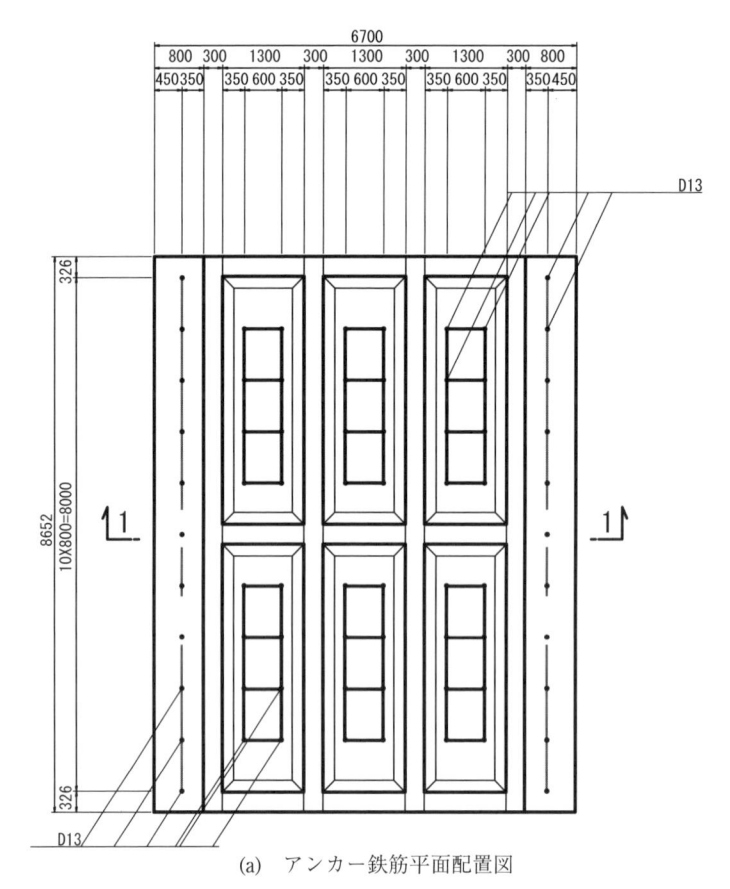

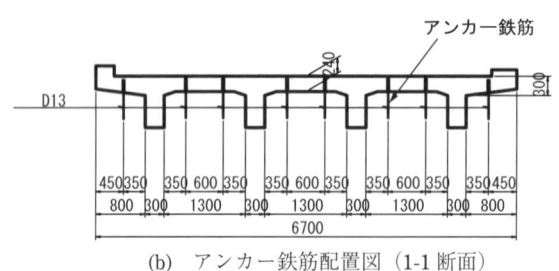

図 2.2.6　アンカー鉄筋（鉛直方向）配置概要（コンクリート充填前）

（7）アンカー鉄筋（水平方向）の計算

補強部の死荷重と活荷重を既設桁と補強桁で支えられるように、橋軸直角方向に鉄筋を配置する。

（a）荷重

　　　　補強部の死荷重 = 724.5 kN
　　　　活荷重 $P(1 + i)$ = 537.6 kN
　　　　――――――――――――――
　　　　　　W = 1262.1 kN

(b) アンカー鉄筋の計算

$$A_{sreq} = \frac{W}{\tau_{sa}} = \frac{1262.1 \times 1000}{80} = 15776 \text{ mm}^2$$

ここに、A_{sreq}：せん断鉄筋の必要断面積（mm²）

W：補強部の死荷重＋活荷重（＝1262.1 kN）

τ_{sa}：鉄筋の許容せん断応力度（$= \frac{\sigma_{sa}}{\sqrt{3}} \times 0.7 = \frac{200}{\sqrt{3}} \times 0.7 = 80 \text{ N/mm}$）

σ_{sa}：鉄筋の許容応力度（＝200 N/mm²）（SD345）

注）τ_{sa}としては、道示 II 3.2.3(3) の解説 1) に示されるアンカーボルトの許容せん断応力度を準用した。

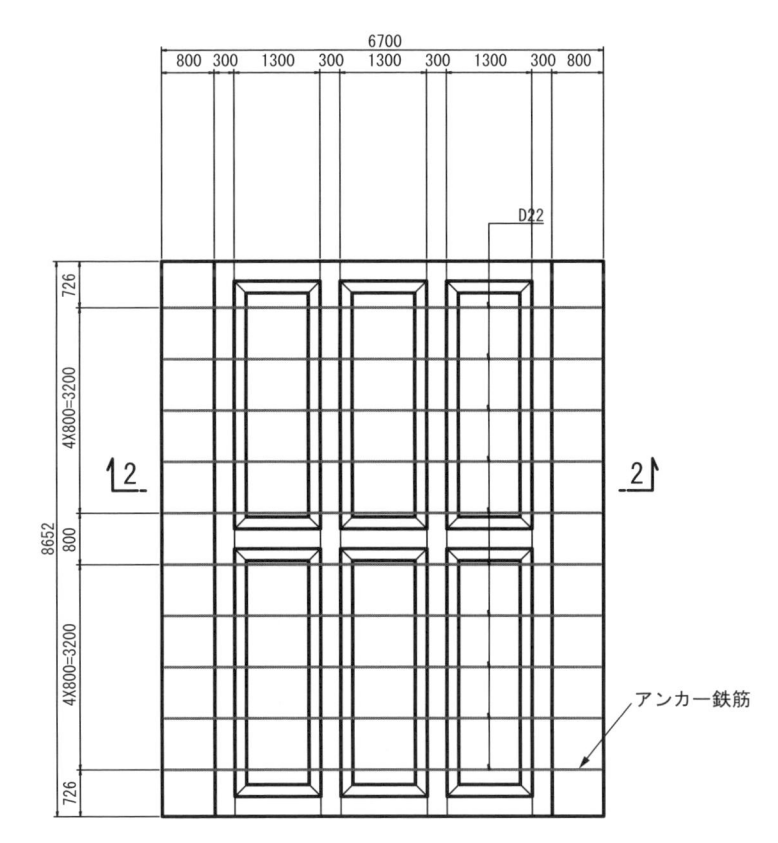

(a) アンカー鉄筋平面配置図

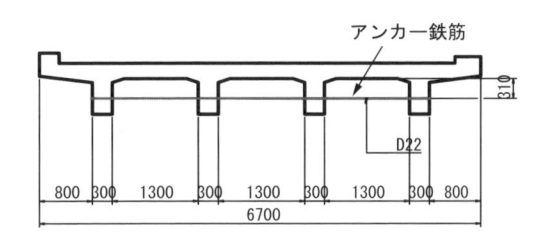

(b) アンカー鉄筋配置図（2-2 断面）

図 2.2.7 アンカー鉄筋（水平方向）配置概要（コンクリート充填前）

よって、D22 × 10 本 × 8 面（30970 mm²）> A_{sreq} を配置する。

なお、本計算事例では、安全率が 2 程度を確保できるように、アンカー鉄筋の配置を決定した。

第 3 章

下部工

3.1 コンクリート巻立て工法による橋脚の耐震補強
3.2 PC 巻立て工法による橋脚の耐震補強
3.3 鋼パイルベント腐食の鋼板溶接工法による補修
3.4 亜硝酸リチウム内部圧入による橋台の ASR 補修

3.1 コンクリート巻立て工法による橋脚の耐震補強

3.1.1 橋梁諸元
（1）橋梁形式
　　　　上部工：鋼3径間連続箱桁橋
　　　　下部工：張出式橋脚（小判型）
　　　　基礎工：鋼管矢板基礎（小判型）
（2）支間割：80.0 m + 80.0 m + 80.0 m
（3）幅員：全幅員 25.0 m
（4）斜角：90°
（5）設計活荷重：TL-20
（6）建設年：昭和60年代

全体図を図3.1.1に示す。本例の対象橋脚はP4橋脚である。

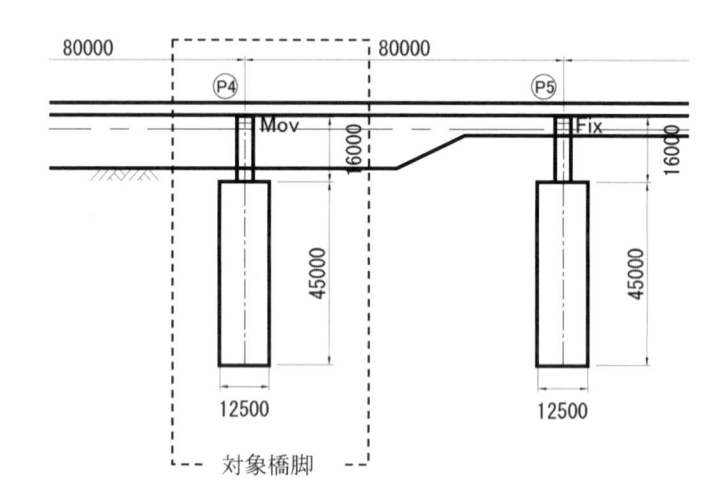

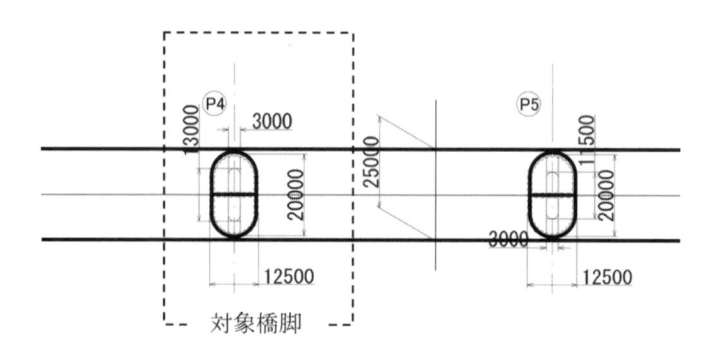

図 3.1.1　橋梁一般図

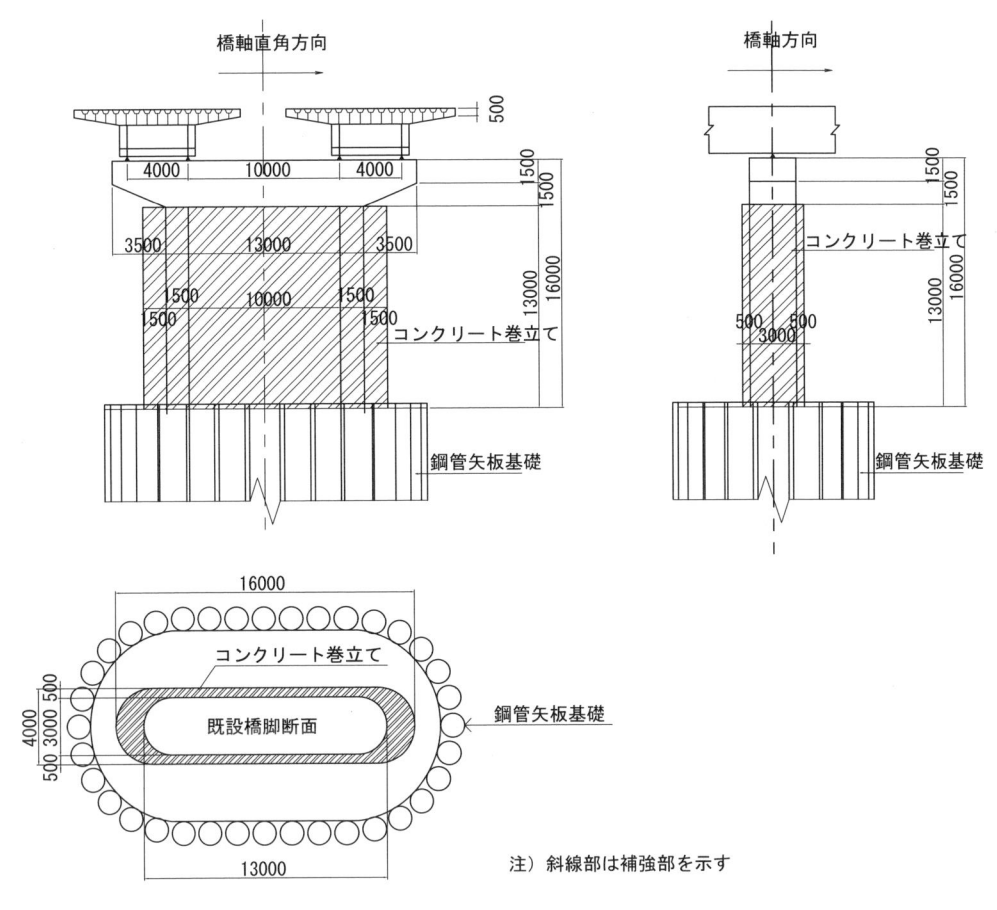

図 3.1.2　橋脚構造図

80　第3章　下部工

基部

段落し部

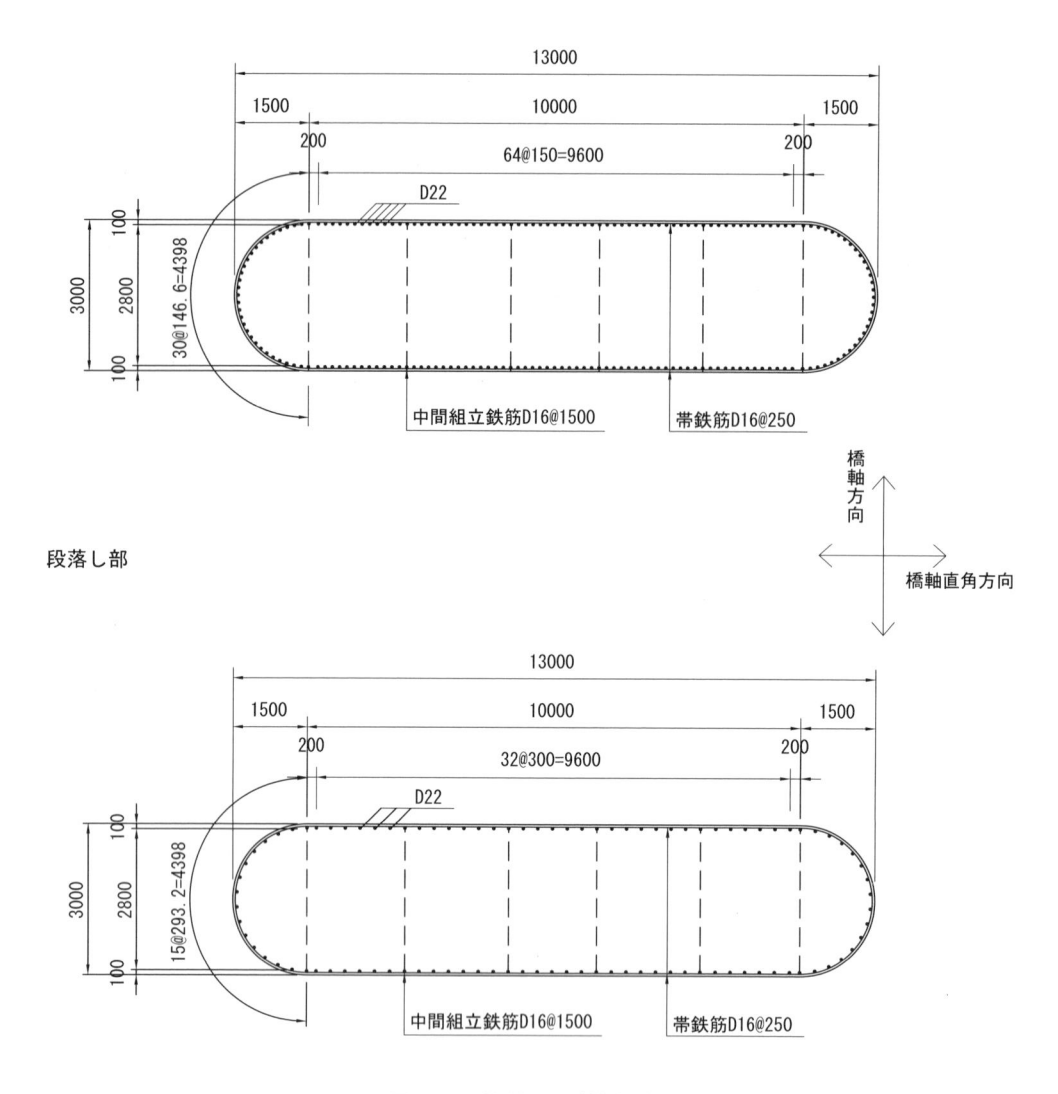

図3.1.3　柱断面図（補強前）

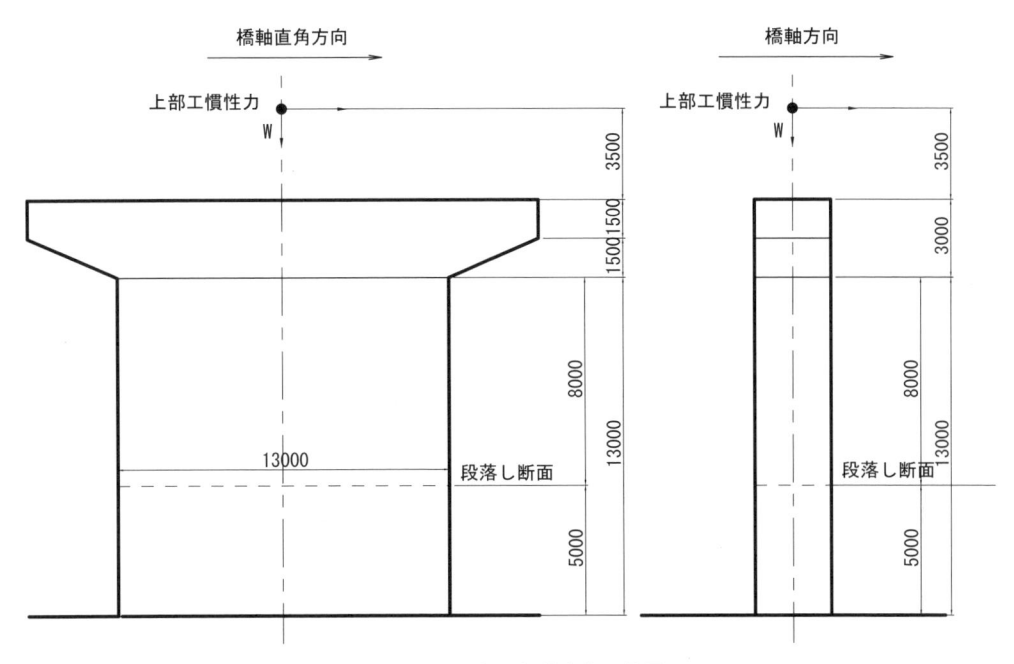

図 3.1.4　上部工慣性力作用位置

3.1.2　補強方法

　本橋脚では、建築限界の制約を受けないため、一般に工事費が安価となるコンクリート巻立て工法による補強方法を示す。コンクリート巻立て工法とは、鉄筋コンクリートを既設 RC 橋脚に巻立て、一体化を図ることにより橋脚の耐震性能を向上させる工法である。

3.1.3　設計手順

（1）　設計フロー

　一般的な鉄筋コンクリート橋脚の耐震補強設計フローを図 3.1.5 に示す。

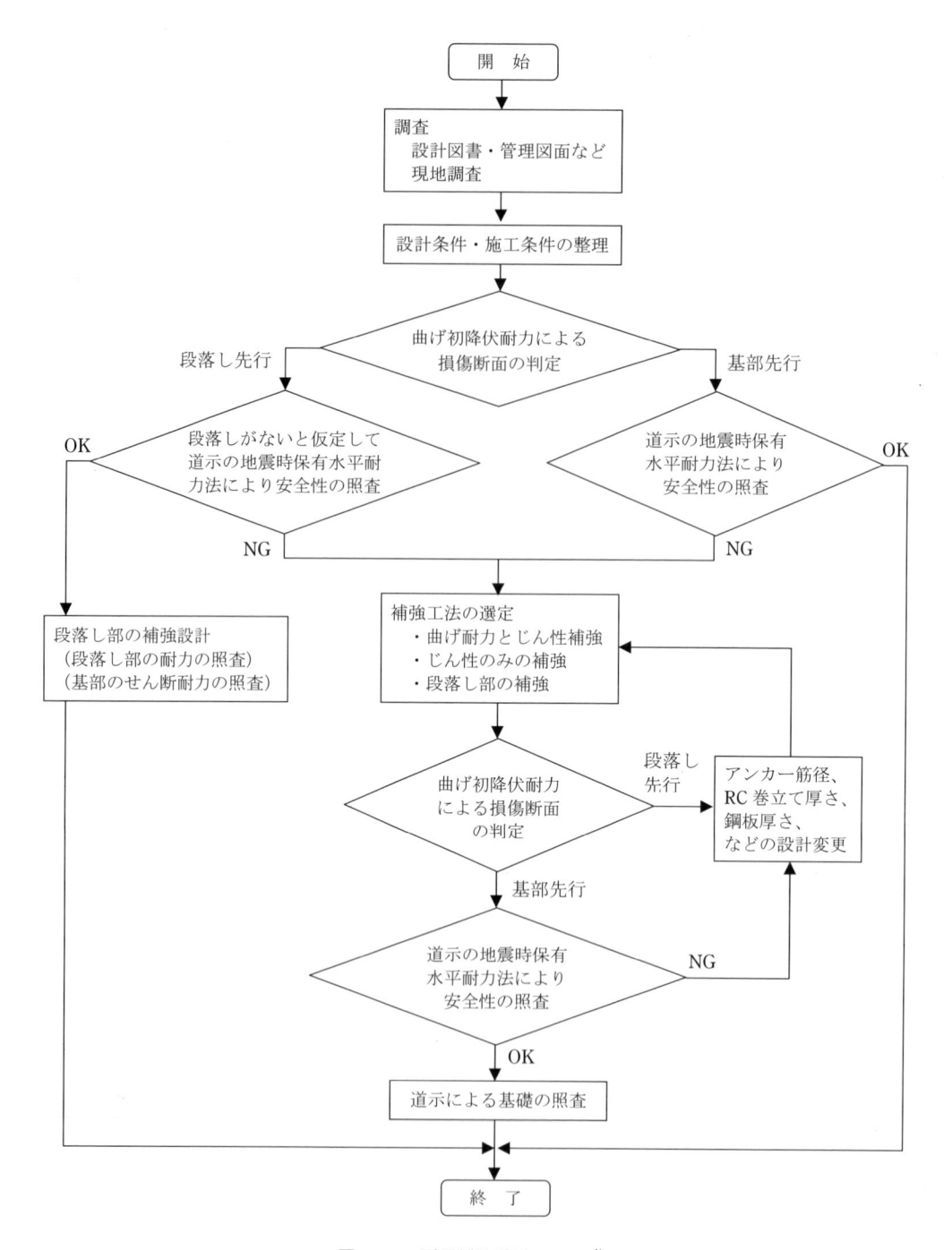

図 3.1.5　耐震補強設計フロー[1)]

（2） 設計条件
(a) 材料条件
① 既設材料

コンクリート： $\sigma_{ck} = 24 \text{ N/mm}^2$

鉄筋： SD295

② 補強材料

コンクリート： $\sigma_{ck} = 24 \text{ N/mm}^2$

鉄筋： SD345

(b) 構造条件
① 支承条件

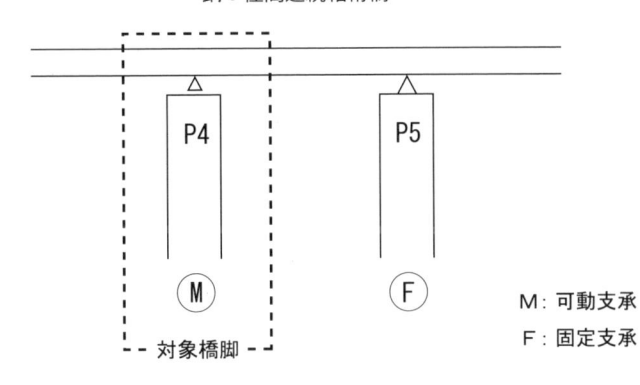

図 3.1.6 支承配置

本橋梁は鋼3径間連続箱桁であり、ここではP4橋脚を補強計算の対象とする。

② 荷重条件
・橋軸方向

上部工反力： $R_d = 11000$ kN

橋脚が支持する上部工重量： $W_u = 5500$ kN

・橋軸直角方向

上部工反力： $R_d = 11000$ kN

橋脚が支持する上部工重量： $W_u = 11000$ kN

③ 重要度の区分および地域区分

重要度の区分： B種の橋

地域区分： A2

④ 地盤種別

Ⅲ種地盤 （$0.6 \leq T_G$）

(c) 橋脚の固有周期

橋軸方向： 固有周期 $T = 0.500$ sec

橋軸直角方向： 固有周期 $T = 0.600$ sec

(d) 補強巻立て厚

　　巻立て厚： $t = 500$ mm

① 鉄筋配置

・基部

基部断面（基部より0.0～5.0m）

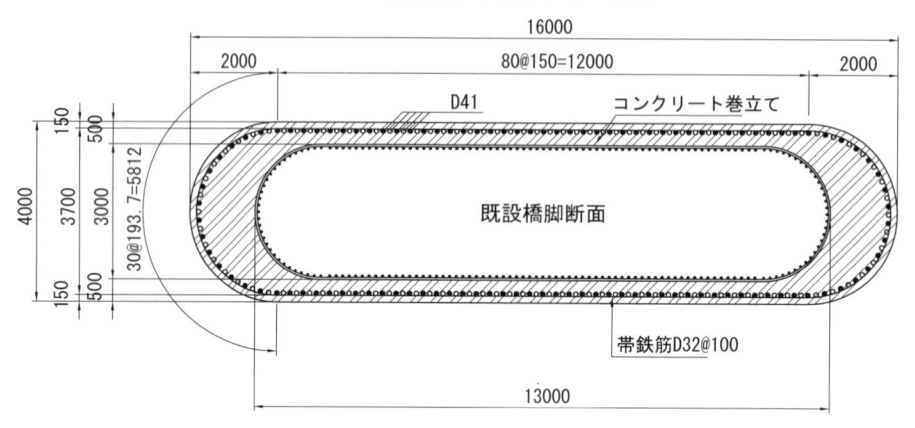

注）斜線部は補強部を示す。●印はフーチングにアンカー定着
図 3.1.7　補強鉄筋断面図

表 3.1.1　補強鉄筋

	既設断面		補強断面	
	直線部	円弧部	直線部	円弧部
鉄筋材料	SD295	SD295	SD345	SD345
鉄筋径	D22	D22	D41	D41
鉄筋間隔(mm)	200 + 64@150 + 200	30@146.6	80@150	30@193.7
かぶり(mm)	100	100	150	150
フーチングへの定着	すべての鉄筋を定着		鉄筋を交互に定着	

・段落し部

基部断面（基部より5.0～13.0m）

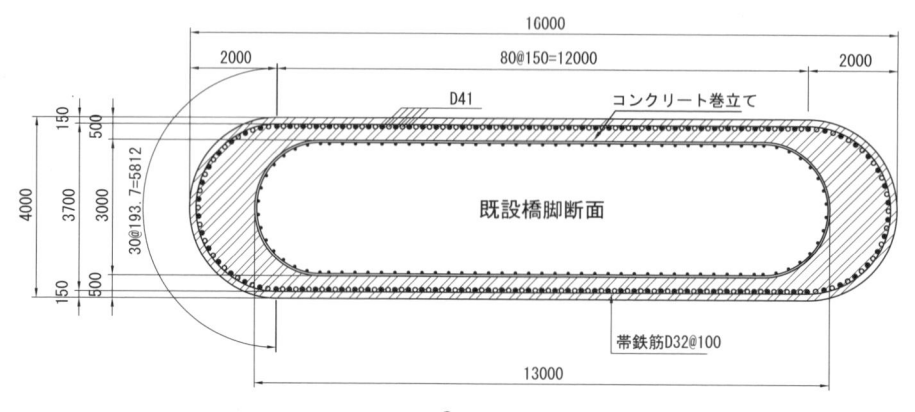

注）斜線部は補強部を示す。●印はフーチングにアンカー定着
図 3.1.8　補強鉄筋断面図

表 3.1.2　補強鉄筋

	既設断面		補強断面	
	直線部	円弧部	直線部	円弧部
鉄筋材料	SD295	SD295	SD345	SD345
鉄筋径	D22	D22	D41	D41
鉄筋間隔(mm)	200＋32@300＋200	15@293.2	80@150	30@193.7
かぶり(mm)	100	100	150	150

② 帯鉄筋

表 3.1.3　帯鉄筋

		既設断面	補強断面
鉄筋材料		SD295	SD345
鉄筋径		D16	D32
鉄筋間隔(mm)		250	100
有効長(mm)	橋軸方向	12800	15700
	橋軸直角方向	2800	3700

（3）設計手法

参考文献[2]より、橋脚の地震時保有水平耐力および許容塑性率の算出方法は、参考文献[1]に示される算出方法に基づき算出する。なお、上記技術資料より、タイプⅠ地震動に対する許容塑性率は、タイプⅡ地震動に対する許容塑性率の値を使用する。

3.1.4　既設橋脚の耐震照査

（1）段落し部の照査

対象橋脚は、軸方向鉄筋に段落しがあるため、段落し部での損傷の判定を行わなくてはならない。参考文献[1]より、段落し部の損傷の可能性を次式で評価する。なお、破壊形態が基部で決まる場合は、段落し部の照査は行わなくてよい。

$$\frac{M_{Ty0}/h_t}{M_{By0}/h_B} \geq 1.2 : 基部損傷$$

$$\frac{M_{Ty0}/h_t}{M_{By0}/h_B} < 1.2 : 段落し損傷$$

ここに、M_{Ty0}：段落し断面[注]における初降伏曲げモーメント（kN·m）
　　　　h_t：段落し断面[注]から上部構造の慣性力の作用位置までの高さ（m）
　　　　M_{By0}：基部断面における初降伏曲げモーメント（kN·m）
　　　　h_B：基部断面から上部構造の慣性力作用位置までの高さ（m）

注）段落し断面とは、実際に鉄筋が段落しされている位置から次式により算出される定着長 l に相当する長さだけ下げた断面

$$l = \frac{\sigma_{sa}}{4\tau_{oa}}\phi$$

σ_{sa}：軸方向鉄筋の許容引張応力度（N/mm^2）

τ_{oa}：コンクリートの許容付着応力度（N/mm^2）

ϕ：軸方向鉄筋の直径

$M_{Ty0} = 42775.8$ kN·m

$M_{By0} = 60841.6$ kN·m

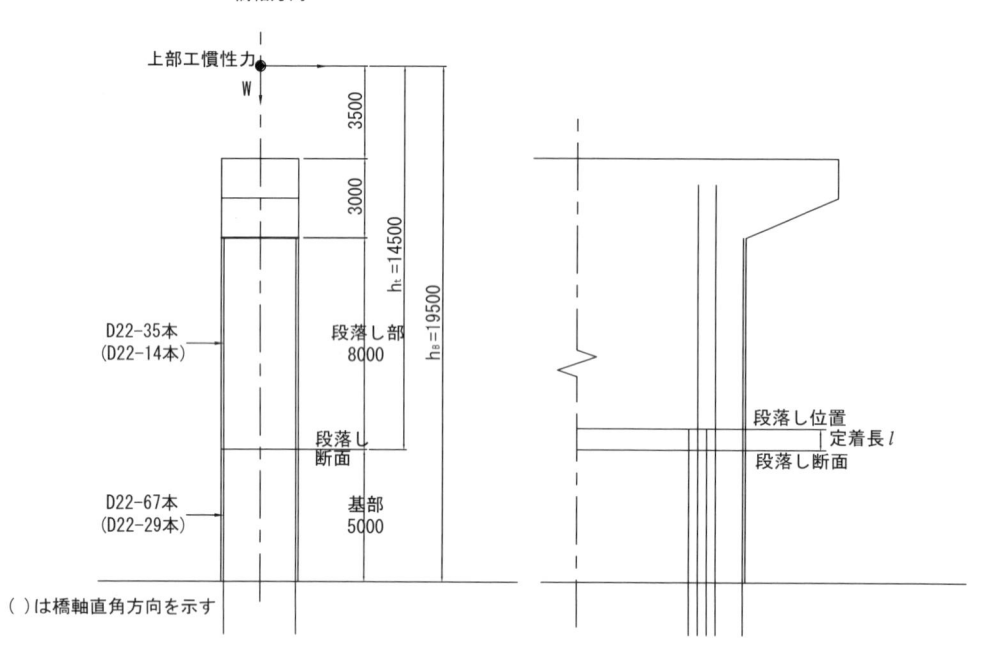

図 3.1.9　段落し位置と鉄筋配置

なお、初降伏曲げモーメントについては、道示Ⅴ編 10.3 より求める。

$$N_i = \sum_{i=1}^{n} \sigma_{ci} \Delta A_{ci} + \sum_{i=1}^{n} \sigma_{si} \Delta A_{si}$$

ここに、σ_{ci}, σ_{si}：i 番目の微小要素内のコンクリートおよび鉄筋の応力度（N/mm^2）

ΔA_{ci}, ΔA_{si}：i 番目の微小要素内のコンクリートおよび鉄筋の断面積（mm^2）

$$M_{y0} = \sum_{i=1}^{n} \sigma_{ci} x_i \Delta A_{ci} + \sum_{i=1}^{n} \sigma_{si} x_i \Delta A_{si}$$

ここに、M_{y0}：断面の最も外側に配置された軸方向鉄筋に生じるひずみが降伏ひずみに達したときの曲げモーメント（初降伏曲げモーメント）（N·mm）

x_i：i 番目の各微小要素内のコンクリートまたは鉄筋から断面の図心の位置までの距離（mm）

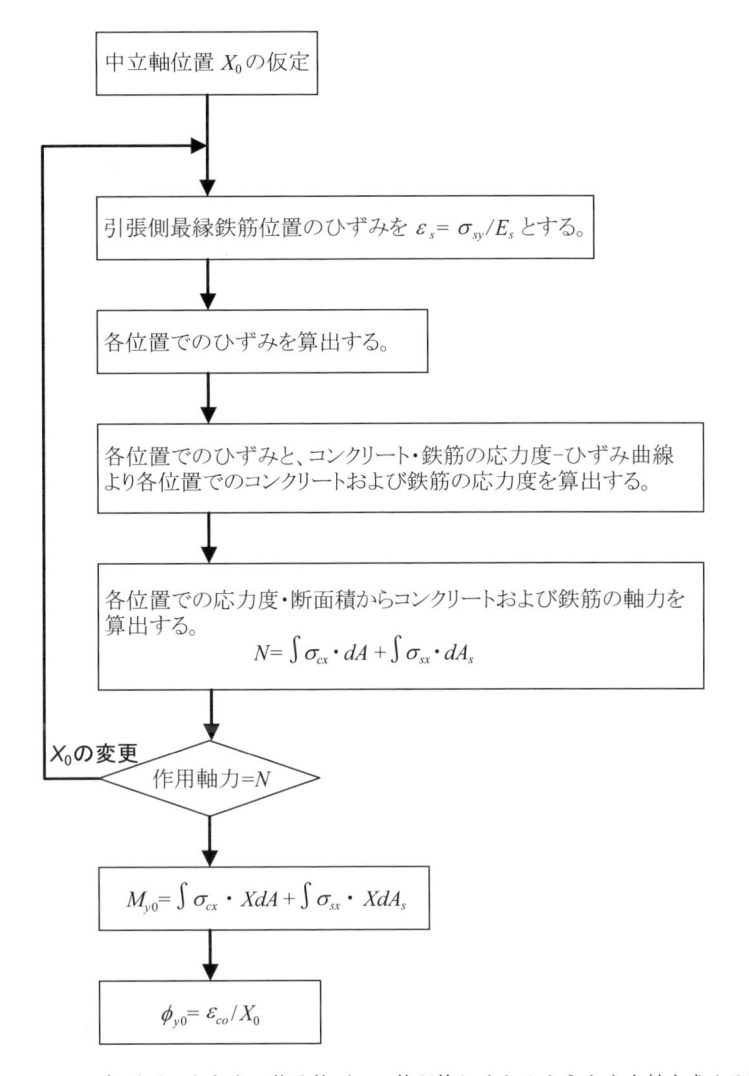

```
          ┌─────────────────────┐
          │ 中立軸位置 X₀ の仮定 │
          └──────────┬──────────┘
                     ↓
          ┌──────────────────────────────────────────┐
   ┌─────→│ 引張側最縁鉄筋位置のひずみを εₛ= σ_sy/Eₛ とする。│
   │      └──────────┬───────────────────────────────┘
   │                 ↓
   │      ┌──────────────────────────┐
   │      │ 各位置でのひずみを算出する。 │
   │      └──────────┬───────────────┘
   │                 ↓
   │      ┌──────────────────────────────────────────────┐
   │      │ 各位置でのひずみと、コンクリート・鉄筋の応力度-ひずみ曲線 │
   │      │ より各位置でのコンクリートおよび鉄筋の応力度を算出する。 │
   │      └──────────┬───────────────────────────────────┘
   │                 ↓
   │      ┌──────────────────────────────────────────────┐
   │      │ 各位置での応力度・断面積からコンクリートおよび鉄筋の軸力を │
   │      │ 算出する。                                      │
   │      │   N = ∫σ_cx・dA + ∫σ_sx・dA_s                   │
   │      └──────────┬───────────────────────────────────┘
   │                 ↓
   │ X₀の変更    ◇ 作用軸力=N ◇
   └────────────────┬
                    ↓
          ┌──────────────────────────────────────┐
          │ M_y0 = ∫σ_cx・XdA + ∫σ_sx・XdA_s       │
          └──────────┬───────────────────────────┘
                     ↓
          ┌──────────────────┐
          │ φ_y0 = ε_co/X₀    │
          └──────────────────┘
```

N：各断面の応力度の積分値（この値が等しくなるような中立軸を求める）
M：各断面の中立軸に作用する曲げモーメント $= P_h - N_e$
σ_{cx}, σ_{sx}：各位置での応力度（コンクリートの引張側は無視する）
x：各位置の中立軸までの距離
ε_{co}：コンクリートの縁ひずみ
x_0：コンクリート圧縮縁から中立軸までの距離

軸方向引張鉄筋のひずみが降伏時ひずみ ε_{sy} に達したときの曲げモーメントおよび曲率を求め、これらをそれぞれ M_{y0}、ϕ_{y0} とする。

図 3.1.10 初降伏曲げモーメントおよび曲率算出フロー

(a) **橋軸方向の照査**

〔判定結果〕

$$\dfrac{\dfrac{M_{Ty0}}{h_t}}{\dfrac{M_{By0}}{h_B}} = \dfrac{\dfrac{42775.8}{14.5}}{\dfrac{60841.6}{19.5}} = 0.946 < 1.2$$

基部

段落し部

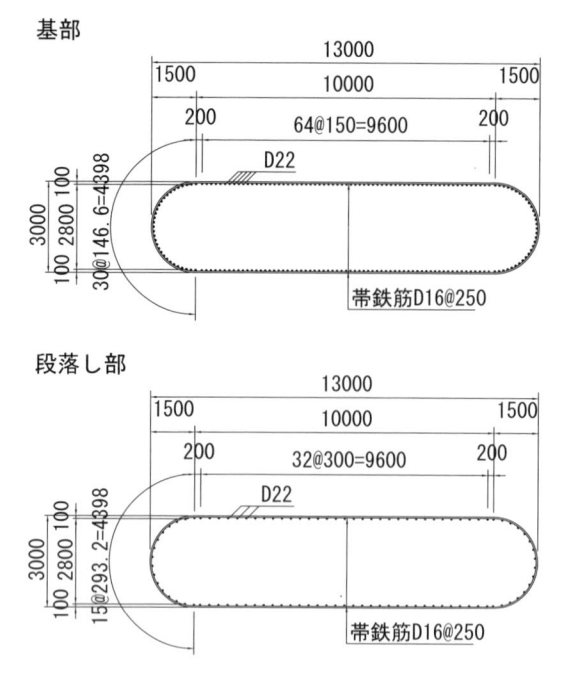

図3.1.11　主鉄筋配置図

表3.1.4　段落し部の照査（橋軸方向）

橋軸方向			単位	対象橋脚	
				タイプⅠ	タイプⅡ
段落し部の照査	段落し断面降伏モーメント	M_{Ty0}	kN·m	42775.8	
	段落し断面から慣性力作用位置までの高さ	h_t	m	14.5	
	基部初降伏モーメント	M_{By0}	kN·m	60841.6	
	基部から慣性力作用位置までの高さ	h_B	m	19.5	
	判　定			段落し損傷	

(b)　橋軸直角方向の照査

橋軸直角方向についても橋軸方向照査と同様に、道示Ⅴ編10.3より、求める。

$M_{Ty0} = 162414.0$ kN·m

$M_{By0} = 221514.2$ kN·m

〔判定結果〕

$$\frac{\dfrac{M_{Ty0}}{h_t}}{\dfrac{M_{By0}}{h_B}} = \frac{\dfrac{162414.0}{14.5}}{\dfrac{221514.2}{19.5}} = 0.986 < 1.2$$

表 3.1.5 段落し部の照査（橋軸直角方向）

橋軸直角方向			単位	対象橋脚 タイプⅠ	対象橋脚 タイプⅡ
段落し部の照査	段落し断面降伏モーメント	M_{Ty0}	kN·m	162414.0	
	段落し断面から慣性力作用位置までの高さ	h_t	m	14.5	
	基部初降伏モーメント	M_{By0}	kN·m	221514.2	
	基部から慣性力作用位置までの高さ	h_B	m	19.5	
	判定			段落し損傷	

橋軸方向および橋軸直角方向とも判定結果が 1.2 未満となり、基部より先に段落し部が損傷すると判断できる。段落し部が先に損傷する場合は、道示Ⅴ編 10 章に規定される躯体基部を塑性ヒンジとする設計計算方法が適用できない。そこで、図 3.1.5 のフローに基づき段落しがないと仮定して道示の地震時保有水平耐力法により安全性の照査を行う。

（2） 破壊形態の判定

参考文献[2] より、既設の鉄筋コンクリート橋脚の地震時保有水平耐力および許容塑性率の算出方法において、道示（平成 24 年版）Ⅴ編による方法を適用すると、許容変位を過小評価することが実験結果から明らかになり、許容塑性率の算出において合理的な推定精度を確保できない場合がある。したがって、既設橋の鉄筋コンクリート橋脚の地震時保有水平耐力および許容塑性率の算出方法については、参考文献[1] に示される算出方法を用いる。

（a） 終局水平耐力 P_u

参考文献[1] に従い計算を行う。例として、橋軸方向におけるタイプⅠ地震動に対する計算結果を示す。

① コンクリートの応力-ひずみ曲線

道示Ⅴ編（平成 14 年版）10.4 より、応力-ひずみ曲線を求める。

$$\sigma_c = E_c \varepsilon_c \left\{ 1 - \frac{1}{n}\left(\frac{\varepsilon_c}{\varepsilon_{cc}}\right)^{n-1} \right\} \quad (0 \leq \varepsilon_c \leq \varepsilon_{cc})$$

$$= \sigma_{cc} - E_{des}(\varepsilon_c - \varepsilon_{cc}) \quad (\varepsilon_{cc} < \varepsilon_c \leq \varepsilon_{cu})$$

$$n = \frac{E_c \varepsilon_{cc}}{E_c \varepsilon_{cc} - \sigma_{cc}}$$

$$\sigma_{cc} = \sigma_{ck} + 3.8\alpha\rho_s\sigma_{sy}$$

$$\varepsilon_{cc} = 0.002 + 0.033\beta\frac{\rho_s\sigma_{sy}}{\sigma_{ck}}$$

$$E_{des} = 11.2\frac{\sigma_{ck}^2}{\rho_s\sigma_{sy}}$$

$$\varepsilon_{cu} = \varepsilon_{cc} \quad (\text{タイプI 地震動})$$

$$= \varepsilon_{cc} + \frac{0.2\sigma_{cc}}{E_{des}} \quad (\text{タイプII 地震動})$$

$$\rho_s = \frac{4A_h}{sd} \leq 0.018$$

ここに、σ_c：コンクリート応力度（N/mm²）

　　　　σ_{cc}：横拘束筋で拘束されたコンクリートの強度（N/mm²）

　　　　σ_{ck}：コンクリートの設計基準強度　24.0 N/mm²

　　　　ε_c：コンクリートのひずみ

　　　　ε_{cc}：コンクリートが最大圧縮応力に達する時のひずみ

　　　　ε_{cu}：横拘束筋で拘束されたコンクリートの終局ひずみ

　　　　E_c：コンクリートのヤング係数　2.5×10^4 N/mm²

　　　E_{des}：下降勾配（N/mm²）

　　　　ρ_s：横拘束筋の体積比

　　　　A_h：横拘束筋1本当りの断面積　198.6 mm²

　　　　s：横拘束筋の間隔　250 mm

　　　　d：横拘束筋の有効長　$13000 - 100 \times 2 = 12800$ mm

　　　　　帯鉄筋や中間帯鉄筋により分割される内部コンクリートの辺長のうち最も長い値とする。

　　　　σ_{sy}：横拘束筋の降伏点　295 N/mm²

　　　　α, β：断面補正係数　$\alpha = 0.2, \beta = 0.4$

前述式より、応力-ひずみ曲線を求める。

$$\rho_s = \frac{4A_h}{sd} = \frac{4 \times 198.6}{250 \times 12800} = 2.483 \times 10^{-4} \leq 0.018$$

$$\sigma_{cc} = \sigma_{ck} + 3.8\alpha\rho_s\sigma_{sy} = 24.0 + 3.8 \times 0.2 \times 2.483 \times 10^{-4} \times 295.0 = 24.056 \text{ N/mm}^2$$

$$\varepsilon_{cc} = 0.002 + 0.033\beta\frac{\rho_s\sigma_{sy}}{\sigma_{cc}} = 0.02 + 0.033 \times 0.4 \times \frac{2.483 \times 10^{-4} \times 295}{24.056} = 2.04028 \times 10^{-3}$$

$$E_{des} = 11.2\frac{\sigma_{ck}^2}{\rho_s\sigma_{sy}} = 11.2 \times \frac{24.0^2}{2.483 \times 10^{-4} \times 295.0} = 88090.532 \text{ N/mm}^2$$

$$\varepsilon_{cuI} = \varepsilon_{cc} = 2.04028 \times 10^{-4} \quad (\text{N/mm}^2)$$

$$\varepsilon_{cuII} = \varepsilon_{cc} + \frac{0.2\sigma_{cc}}{E_{des}} = 2.04028 \times 10^{-4} + \frac{0.2 \times 24.056}{88090.532} = 2.09489 \times 10^{-3} \text{ N/mm}^2$$

$$n = \frac{E_c\varepsilon_{cc}}{E_c\varepsilon_{cc} - \sigma_{cc}} = \frac{25000 \times 2.04028 \times 10^{-3}}{25000 \times 2.04028 \times 10^{-3} - 24.056} = 1.898$$

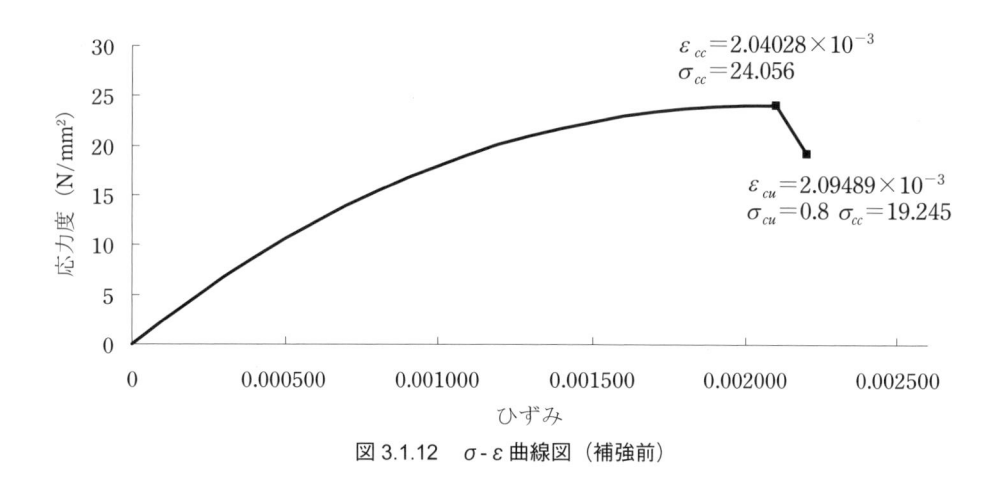

図 3.1.12　σ-ε曲線図（補強前）

$\varepsilon_{cc} = 2.04028 \times 10^{-3}$
$\sigma_{cc} = 24.056$

$\varepsilon_{cu} = 2.09489 \times 10^{-3}$
$\sigma_{cu} = 0.8\ \sigma_{cc} = 19.245$

終局水平耐力位置　Y：慣性力作用位置から　19.5 m

M_e：偏心モーメント　0.000 kN·m

x：中立軸位置（圧縮縁〜）　0.17021 m

ε_u：圧縮縁のひずみ　2.09489×10^{-3} m

参考文献[2]より、載荷の繰り返しの影響が顕著ではないことが明らかになったため、タイプⅠ地震動に対する許容塑性率を求める際にもタイプⅡ地震動に対する許容塑性率の値を用いる。したがって、タイプⅡ地震動時のコンクリートの終局ひずみを用いて計算を行う。

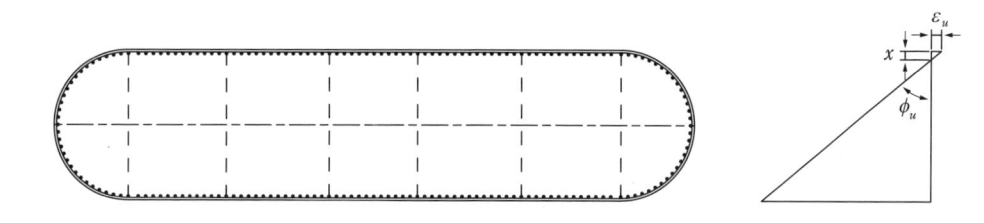

図 3.1.13　終局水平耐力位置

② 終局時の曲げモーメント

図心回り：　$M_u = 66062.6$ kN·m

終局時の曲率：　$\phi_u = \dfrac{\varepsilon_u}{x} = \dfrac{2.09489 \times 10^{-3}}{0.17021} = 1.2308 \times 10^{-2}$

終局水平耐力：　$P_u = \dfrac{M_u - M_e}{Y} = \dfrac{66062.6 - 0.000}{19.5} = 3387.83$ kN　$(= P_y)$

道示（平成14年版）Ⅴ編 10.3 より、終局変位と降伏変位を求める。

・初降伏時の曲げモーメント

前項(1)「段落し部の照査」より、$M_{y0} = 60841.6$ kN·m

初降伏時の曲率　　$\phi_{y0} = \dfrac{\varepsilon_{sy}}{x} = \dfrac{1.11239 \times 10^{-4}}{0.17021} = 6.5354 \times 10^{-4}\ 1/\text{m}$

・降伏曲率

$$\phi_y = \left(\dfrac{M_u}{M_{y0}}\right) \cdot \phi_{y0} = \left(\dfrac{66062.6}{60841.6}\right) \times 6.5354 \times 10^{-4} = 7.0962 \times 10^{-4}\ 1/\text{m}$$

・降伏変位

$$\delta_y = \left(\dfrac{M_u}{M_{y0}}\right) \cdot \delta_{y0} = \left(\dfrac{66062.6}{60841.6}\right) \times 0.03694 = 0.04011\ \text{m}$$

δ_{y0}：橋脚基部断面の最外縁にある軸方向引張鉄筋が降伏するときの水平変位（以下、初降伏変位とする）＝ 0.03694 m

上部構造の慣性力作用位置に初降伏水平耐力 P_{y0} をさせたときの曲率分布より、次式により算出する。

$$\delta_{yo} = \int \phi y\, dy \fallingdotseq \sum_{i=1}^{m}(\phi_i y_i + \phi_{i-1} y_{i-1})\Delta y_i / 2$$

・塑性ヒンジ長

　　$L_p = 0.2h - 0.1D = 0.2 \times 19.5 - 0.1 \times 3.0 = 3.6$

　　ただし、$0.3 \leqq L_p \leqq 1.5$（$0.1D \leqq L_p \leqq 0.5D$）

　　$L_p = 0.5D = 0.5 \times 3.0 = 1.5$ m

・終局変位

$$\begin{aligned}
\delta_u &= \delta_y + (\phi_u - \phi_y) \cdot L_p \cdot (h - L_p/2) \\
&= 0.04011 + (1.2308 \times 10^{-2} - 7.0962 \times 10^{-4}) \times 1.5 \times \left(19.5 - \dfrac{1.5}{2}\right) \\
&= 0.36631
\end{aligned}$$

　　D：断面高さ　3.0 m
　　h：橋脚基部から上部構造慣性力の作用位置までの距離　19.5 m

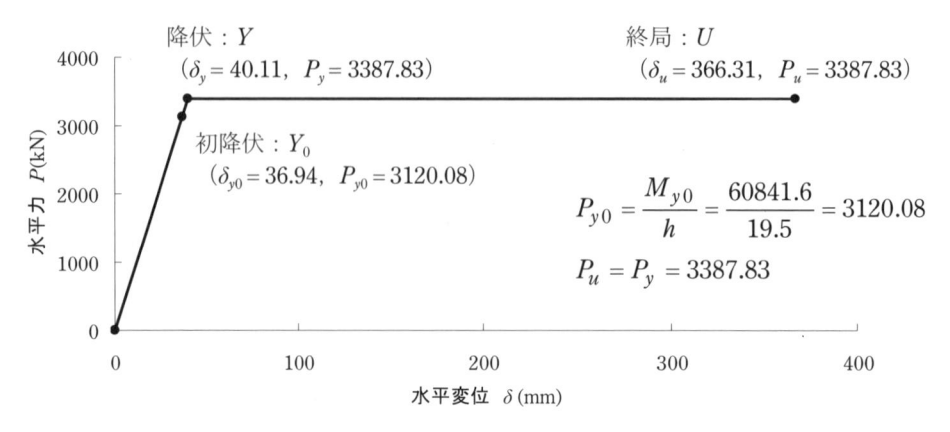

降伏：Y　　($\delta_y = 40.11$, $P_y = 3387.83$)
終局：U　　($\delta_u = 366.31$, $P_u = 3387.83$)
初降伏：Y_0　　($\delta_{y0} = 36.94$, $P_{y0} = 3120.08$)

$$P_{y0} = \dfrac{M_{y0}}{h} = \dfrac{60841.6}{19.5} = 3120.08$$

$$P_u = P_y = 3387.83$$

図 3.1.14　$P\text{-}\delta$ 曲線図

(b) せん断耐力 P_s

道示（平成14年版）V編10.5に従い計算を行う。例として、橋軸方向におけるタイプⅠ地震動に対する計算結果を示す。

・コンクリートが負担するせん断力

$$S_s = 1000 \cdot c_c \cdot c_e \cdot c_{pt} \cdot \tau_c \cdot b \cdot d$$
$$= 1000 \times 0.6 \times 0.724 \times 0.706 \times 0.35 \times 12.6587 \times 2.8383$$
$$= 3856.65 \text{ kN}$$

・帯鉄筋が負担するせん断力

$$S_s = \frac{A_w \cdot \sigma_{sy} \cdot d \ (\sin\theta + \cos\theta)}{1000 \times 1.15 \cdot a}$$
$$= \frac{595.80 \times 295 \times 2.8383 \times (\sin 90° + \cos 90°)}{1000 \times 1.15 \times 0.250}$$
$$= 1735.17 \text{ kN}$$

・せん断耐力

$$P_s = S_c + S_s = 3856.65 + 1735.17 = 5591.82 \text{ kN}$$

ここに、 τ_c：平均せん断応力度（表3.1.6） 0.35 N/mm²

c_c：荷重の正負交番作用の影響に関する補正係数 0.6

c_e：橋脚断面の有効高 d に関する補正係数（表3.1.7） 0.724

c_{pt}：引張主鉄筋比 p_t に関する補正係数（表3.1.8） 0.706

b：算定する方向に直角な方向の橋脚断面幅 12.659 m

矩形断面幅を b_1、円形断面幅を b_2 とする。

円形断面幅 b_2 の取り方は、面積の等しい正方形断面の幅とする。

$$b = b_1 + b_2 = 10.0 + \sqrt{\frac{\pi \times 3^2}{4}} = 12.659$$

d：算定する方向に平行な方向の橋脚断面有効高 2.8383 m

矩形断面では、圧縮縁から側方鉄筋を無視した引張鉄筋の重心位置までの距離とする。円形断面では、面積の等しい正方形断面に置き換え、置き換えられた正方形断面の圧縮縁から引張鉄筋の重心位置までの距離とする。

$$d = \frac{\sum A_i x_i}{\sum A_i}$$

p_t：引張主鉄筋比 0.103％

断面の中立軸よりも引張側にある鉄筋の断面積の総和から求めることを原則とするが、計算簡略化のため、断面の図心位置から引張側にある軸方向鉄筋の断面の総和より求める。

$A_s = 74323.2$ mm² より、

$$p_t = \frac{A_s}{2bd} = \frac{74323.2}{2 \times 12659 \times 2838.3} \times 100 = 0.103$$

A_w：帯鉄筋の断面積 595.80 mm²

帯鉄筋および中間組立鉄筋は、以下のとおりに配筋されている。
帯鉄筋：　　D16-ctc 250　2本（198.6×2＝397.2 mm²）
中間組立鉄筋：　D16-ctc 1500　6本（198.6×6＝1191.6 mm²）
中間組立鉄筋を250 mm間隔に換算する。

$$397.2 + 1191.6 \times \frac{250}{1500} = 595.80 \text{ mm}^2$$

σ_{sy}：帯鉄筋の降伏点　295 N/mm²
θ：帯鉄筋と鉛直軸のなす角度　90°
α：帯鉄筋の間隔　250 mm

表3.1.6　コンクリートの負担できる平均せん断応力度 τ_c

コンクリートの設計基準強度	σ_{ck} (N/mm²)	21	24	27	30	40
コンクリートの負担できる平均せん断応力度	τ_c (N/mm²)	0.33	0.35	0.36	0.37	0.41

表3.1.7　橋脚断面の有効高 d に関する補正係数 c_e

有効高 d	(m)	1.0以下	3.0	5.0	10.0以上
c_e	(N/mm²)	1.0	0.7	0.6	0.5

表3.1.8　軸方向引張鉄筋比 p_t に関する補正係数 c_{pt}

軸方向鉄筋比 p_t	(％)	0.1	0.2	0.3	0.5	1.0以上
c_{pt}	(N/mm²)	0.7	0.9	1.0	1.2	1.5

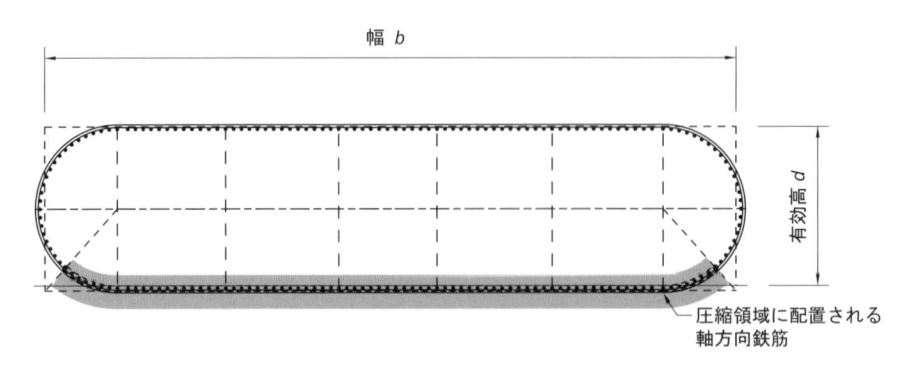

図3.1.15　有効高 d と幅 b の取り方

(c)　破壊形態の判定

道示（平成14年版）Ⅴ編10.2に従い、破壊形態は以下の式より判定する。
　　$P_u < P_s$　：曲げ破壊型
　　$P_u > P_s$　：せん断破壊型

対象橋脚は橋軸方向の場合、$P_u < P_s$ であり、曲げ破壊型となる（表3.1.9）。橋軸直角方向については、せん断破壊型となる（表3.1.10）。なお、参考としてタイプⅡのケースも合わせて示す（計算は省略）。

表 3.1.9 破壊形態の判定（橋軸方向）

橋軸方向	対象橋脚	
	タイプI	タイプII
終局水平耐力　P_u（kN）	3387.83	3387.83
せん断耐力　P_s（kN）	5591.82	6879.18
破壊形態の判定	$P_u<P_s$	$P_u<P_s$
	曲げ破壊型	曲げ破壊型

表 3.1.10 破壊形態の判定（橋軸直角方向）

橋軸直角方向	対象橋脚	
	タイプI	タイプII
終局水平耐力　P_u（kN）	9660.20	9660.20
せん断耐力　P_s（kN）	7848.57	8754.38
破壊形態の判定	$P_u>P_s$	$P_u>P_s$
	せん断破壊型	せん断破壊型

（3）**必要諸条件の算出**

（a）**許容塑性率 μ_a**

道示（平成14年版）V編 10.2 に従い、鉄筋コンクリート橋脚の許容塑性率 μ_a は、破壊形態に応じて以下により算出する。

① 曲げ破壊型

$$\mu_a = 1 + \frac{\delta_u - \delta_y}{\alpha \cdot \delta_y} = 1 + \frac{0.36631 - 0.04011}{1.5 \times 0.04011} = 6.422$$

② せん断破壊型

$\mu_a = 1.0$

ここに、μ_a：鉄筋コンクリート橋脚の許容塑性率
　　　　δ_u：鉄筋コンクリート橋脚の終局変位　0.36631 m
　　　　δ_y：鉄筋コンクリート橋脚の降伏変位　0.04011 m
　　　　α：安全係数　1.5

参考文献[2]より、載荷の繰り返しの影響が顕著でないことが明らかになったため、タイプIの許容塑性率を求める場合にもタイプIIの値を使用する（道示（平成14年版）V編 表-10.2.2）。

（b）**設計水平震度 k_{hc}**

道示（平成24年版）V編 6.4.3 に従い、計算を行う。

・構造物特性補正係数

$$c_s = \frac{1}{\sqrt{(2 \cdot \mu_a - 1)}} = \frac{1}{\sqrt{(2 \times 6.422 - 1)}} = 0.291$$

・地域別補正係数

$c_{IZ} = 1.000$　　地域区分A2

・固有周期（橋軸方向）

$T = 0.5$ sec

・設計水平震度の標準値

$k_{hc0} = 1.20$

・設計水平震度

$k_{hc} = c_s \cdot c_{IZ} \cdot k_{hc0}$

ただし、$c_{IZ} \cdot k_{hc0}(=k_{hc1})$ が 0.4 を下回る場合、$k_{hc} = 0.4 \cdot c_s$ とする。
また、$0.4 \cdot c_{IZ}(=k_{hc2})$ の場合、$k_{hc} = 0.4 \cdot c_{IZ}$ とする。

$k_{hc} = c_s \cdot c_{IZ} \cdot k_{hc0} = 0.291 \times 1.00 \times 1.20 = 0.35$

$k_{hc1} = c_{IZ} \cdot k_{hc0} = 1.00 \times 1.20 = 1.20$

$k_{hc2} = 0.4 \cdot c_{IZ} = 0.4 \times 1.000 = 0.40$

∴ $k_{hc} = k_{hc2} = 0.40$

許容塑性率の算出結果を以下に示す（表 3.1.11）。なお、参考として、橋軸直角方向の許容塑性率の算出結果を表 3.1.12 に示す（計算は省略）。

表 3.1.11　許容塑性率および設計水平震度（橋軸方向）

橋軸方向	対象橋脚	
	タイプ I	タイプ II
許容塑性率　μ_a	6.422	6.422
設計水平震度　k_{hc}	0.400	0.440

表 3.1.12　許容塑性率および設計水平震度（橋軸直角方向）

橋軸直角方向	対象橋脚	
	タイプ I	タイプ II
許容塑性率　μ_a	1.000	1.000
設計水平震度　k_{hc}	1.200	1.500

（4）地震時保有水平耐力の照査 P_a

道示（平成 14 年版）V 編 6.4.6 に従い、以下に示す式により安全性の判定を行う。曲げ破壊型のため、$P_a = P_u$ となる。

$k_{hc} \cdot W \leqq P_a$

$W = W_u + C_p \cdot W_p = 5500.00 + 0.5 \times 15830.47 = 13415.24$ kN

$k_{hc} \times W = 0.4 \times 13415.235 = 5366.09 \text{kN} > P_a = P_u = 3387.83$ kN　　　NG

ここに、P_u：終局水平耐力　3387.83 kN

　　　　　W：等価重量

　　　　　W_u：当該橋脚が支持している上部構造部分の重量　5500.00 kN

　　　　　W_p：橋脚の重量　15830.47 kN

　　　　　C_p：等価重量算出係数　0.5

　　　　　k_{hc}：設計水平震度　0.40

表 3.1.13　地震時保有水平耐力の照査（橋軸方向）

橋軸方向			対象橋脚	
			タイプI	タイプII
地震時保有水平耐力の照査	等価重量　　　　　　　　W（kN）		13415.23	13415.23
	設計水平震度　　　　　　k_{hc}		0.40	0.44
	$k_{hc} \times W$		5366.09	5902.70
	地震時保有水平耐力　　　P_a（kN）		3387.83	3387.83
	判定　　$k_{hc} \times W < P_a$ の場合　OK		NG	NG

表 3.1.14　地震時保有水平耐力の照査（橋軸直角方向）

橋軸直角方向			対象橋脚	
			タイプI	タイプII
地震時保有水平耐力の照査	等価重量　　　　　　　　W（kN）		26830.47	26830.47
	設計水平震度　　　　　　k_{hc}		1.20	1.50
	$k_{hc} \times W$		32196.56	40245.71
	地震時保有水平耐力　　　P_a（kN）		9660.20	9660.20
	判定　　$k_{hc} \times W < P_a$ の場合　OK		NG	NG

上記結果より、補強前の P4 橋脚は橋軸方向、橋軸直角方向とも必要な耐震性能を満たしていない。

（5）残留変位の照査

道示（平成 14 年版）V編 6.4.6 に従い、以下に示す式により残留変位の照査を行う。

$$\delta_R \leqq \delta_{Ra}$$

・応答塑性率

$$\mu_R = \frac{1}{2}\left\{\left(\frac{c_{2Z} \cdot k_{hc0} \cdot W}{P_a}\right)^2 + 1\right\} = \frac{1}{2}\left\{\left(\frac{1.00 \times 1.20 \times 13415.23}{3387.83}\right)^2 + 1\right\} = 11.790$$

ここに、c_{2Z}：レベル 2 地震動の地域別補正係数

　　　　　地震動のタイプに応じて c_{IZ} または c_{IIZ} を用いる。

・残留変位

$$\delta_R = c_R(\mu_R - 1)(1 - r)\delta_y$$
$$= 0.6 \times (11.79 - 1)(1 - 0) \times 0.04011 = 0.260 \text{ m} > \delta_{Ra} = 0.195 \text{ m} \quad \text{NG}$$

ここに、c_R：残留変位補正係数　0.6

　　　　　r：橋脚の降伏剛性に対する降伏後の二次剛性比　0.0

　　　　　μ_R：橋脚の最大応答塑性率　11.790

　　　　　δ_{Ra}：橋脚の許容残留変位　19.5/100 = 0.195 m

　　　　　　橋脚下端から上部構造の慣性力の作用位置までの高さの 1/100 とする。

　　　　　δ_y：降伏変位　0.04011 m

表 3.1.15　残留変位の照査（橋軸方向）

橋軸方向			対象橋脚	
			タイプI	タイプII
残留変位の照査	許容残留変位	δ_{Ra}	0.195	0.195
	残留変位	δ_R	0.260	0.412
	判定　$\delta_{Ra} > \delta_R$ の場合　OK		NG	NG

表 3.1.16　残留変位の照査（橋軸直角方向）

橋軸方向			対象橋脚	
			タイプI	タイプII
残留変位の照査	許容残留変位	δ_{Ra}	0.195	0.195
	残留変位	δ_R	0.023	0.037
	判定　$\delta_{Ra} > \delta_R$ の場合　OK		OK	OK

上記結果より、橋軸方向で耐震性能を満たしていない。

（6）結論

補強前の対象橋脚について耐震性能を照査すると、以下のような結果となる。
① 地震時保有水平耐力が不足している（表 3.1.13、表 3.1.14 参照）。
② 残留変位量が許容値より大きい（表 3.1.15、表 3.1.16 参照）。

上記より、橋軸方向および橋軸直角方向について、タイプIおよびタイプIIの地震動に対して耐震性能を満たしていないので、耐震補強が必要である。

3.1.5　補強後の耐震照査

補強後の対象橋脚の耐震照査については、補強前と同様に行う。

（1）段落し部の照査

軸方向鉄筋に段落しがあり、参考文献[1]に示される方法により、段落し部での損傷の判定を行わなくてはならない。段落し部の損傷の可能性を次式で評価する。破壊形態が基部で決まる場合、段落し部の照査は行わなくてよい。

$$\frac{M_{Ty0}/h_t}{M_{By0}/h_B} \geq 1.2 : 基部損傷$$

$$\frac{M_{Ty0}/h_t}{M_{By0}/h_B} < 1.2 : 段落し損傷$$

ここに、M_{Ty0}：段落し断面[注]における初降伏曲げモーメント（kN·m）
　　　　h_t：段落し断面[注]から上部構造の慣性力の作用位置までの高さ（m）
　　　　M_{By0}：基部断面における初降伏曲げモーメント（kN·m）
　　　　h_B：基部断面から上部構造の慣性力作用位置までの高さ（m）
　　　　注）段落し断面とは、実際に鉄筋が段落しされている位置から次式により算出される定着長 ℓ に相当する長さだけ下げた断面

$$\ell = \frac{\sigma_{sa}}{4\tau_{0a}}\phi$$

σ_{sa}：軸方向鉄筋の許容引張応力度（N/mm²）

τ_{0a}：コンクリートの許容付着応力度（N/mm²）

ϕ：軸方向鉄筋の直径

$M_{Ty0} = 226236.1$ kN·m

$M_{By0} = 171857.9$ kN·m

なお、初降伏曲げモーメントについては、3.1.4(1) より、中立軸位置を求める。

$$N_i = \sum_{i=1}^{n} \sigma_{ci}\Delta A_{ci} + \sum_{i=1}^{n} \sigma_{si}\Delta A_{si}$$

ここに、σ_{ci}、σ_{si}：i 番目の微小要素内のコンクリートおよび鉄筋の応力度（N/mm²）

ΔA_{ci}、ΔA_{si}：i 番目の微小要素内のコンクリートおよび鉄筋の断面積（mm²）

$$M_{y0} = \sum_{i=1}^{n} \sigma_{ci}x_i\Delta A_{ci} + \sum_{i=1}^{n} \sigma_{si}x_i\Delta A_{si}$$

ここに、M_{y0}：断面の最も外側に配置された軸方向鉄筋に生じるひずみが降伏ひずみに達したときの曲げモーメント（初降伏曲げモーメント）（N·mm）

x_i：i 番目の各微小要素内のコンクリートまたは鉄筋から断面の図心の位置までの距離（mm）

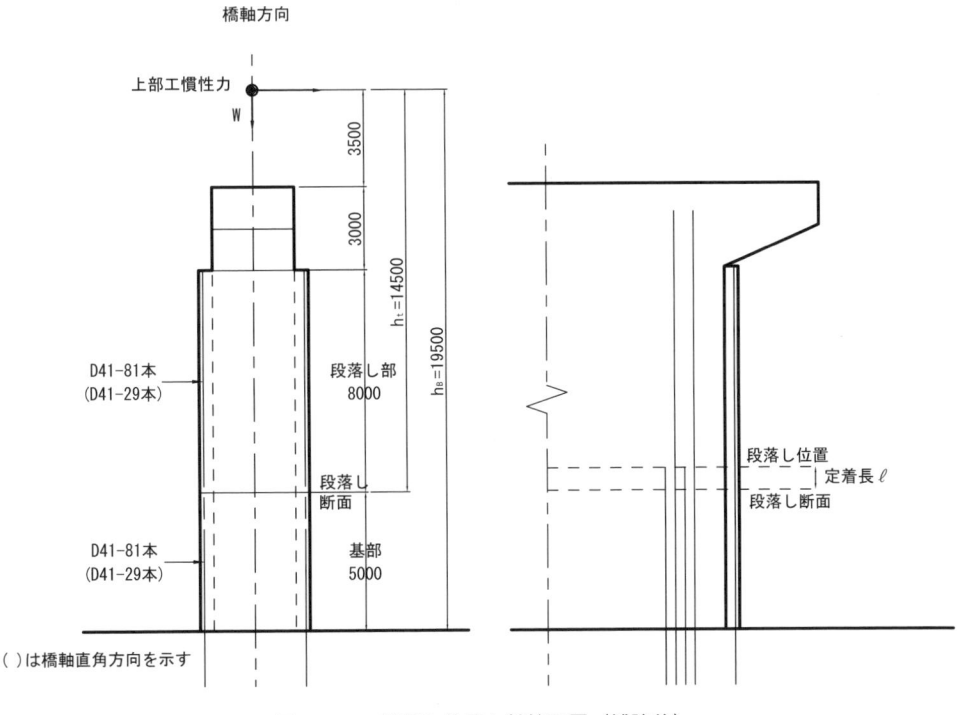

図 3.1.16　段落し位置と鉄筋配置（補強後）

(a) 橋軸方向の照査

〔判定結果〕

$$\frac{\dfrac{M_{Ty0}}{h_t}}{\dfrac{M_{By0}}{h_B}} = \frac{\dfrac{226274.0}{14.5}}{\dfrac{171894.5}{19.5}} = 1.770 \geq 1.2$$

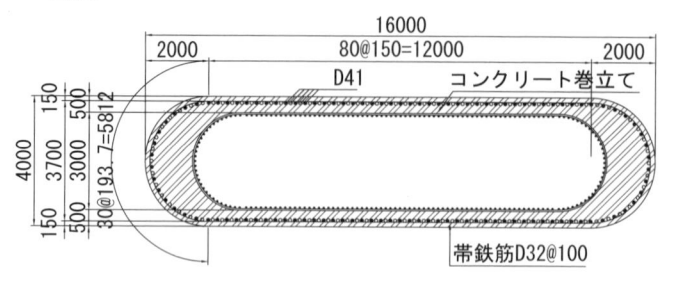

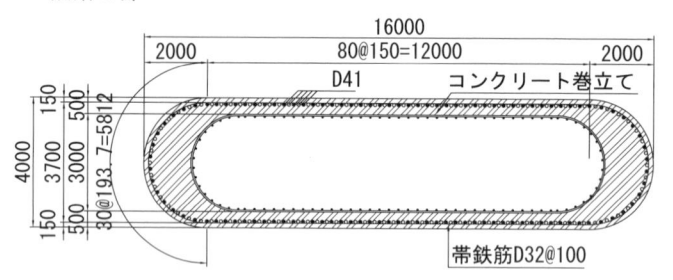

図 3.1.17 主鉄筋配置図

表 3.1.17 段落しの照査(橋軸方向)

橋軸方向		単位	対象橋脚 タイプⅠ	タイプⅡ
段落し部の照査	段落し断面降伏モーメント M_{Ty0}	kN·m	2262474.0	
	段落し断面から慣性力作用位置までの高さ h_t	m	14.5	
	基部初降伏モーメント M_{By0}	kN·m	171894.5	
	基部から慣性力作用位置までの高さ H_B	m	19.5	
判 定			基部損傷	

(b) 橋軸直角方向の照査

橋軸直角方向についても橋軸方向の照査と同様に、道示Ⅴ編 10.3 より求める。

$M_{Ty0} = 635151.5$ kN·m

$M_{By0} = 524557.6$ kN·m

〔判定結果〕

$$\frac{\dfrac{M_{Ty0}}{h_t}}{\dfrac{M_{By0}}{h_B}} = \frac{\dfrac{635151.5}{14.5}}{\dfrac{524557.6}{19.5}} = 1.628 \geq 1.2$$

表 3.1.18　段落しの照査（橋軸直角方向）

橋軸直角方向			単位	対象橋脚	
				タイプⅠ	タイプⅡ
段落し部の照査	段落し断面降伏モーメント	M_{Ty0}	kN·m	635812.9	
	段落し断面から慣性力作用位置までの高さ	h_t	m	14.5	
	基部初降伏モーメント	M_{By0}	kN·m	525098.3	
	基部から慣性力作用位置までの高さ	H_B	m	19.5	
	判　定			基部損傷	

上記の結果から、橋軸方向および橋軸直角方向とも計算結果が 1.2 以上となり、段落し部より先に基部が損傷すると判断できる。よって、段落し部の照査を行わなくてよい。

（2）　破壊形態の判定

（a）　終局水平耐力 P_u

道示（平成 14 年版）Ⅴ編 10.3 に従い計算を行う。例として、橋軸方向におけるタイプⅠ地震動に対する計算結果を示す。

【コンクリートの応力-ひずみ曲線】

道示（平成 14 年版）Ⅴ編 10.4 より、応力-ひずみ曲線を求める。

$$\sigma_c = E_c \varepsilon_c \left\{ 1 - \frac{1}{n}\left(\frac{\varepsilon_c}{\varepsilon_{cc}}\right)^{n-1} \right\} \quad (0 \leq \varepsilon_c \leq \varepsilon_{cc})$$

$$= \sigma_{cc} - E_{des}(\varepsilon_c - \varepsilon_{cc}) \quad (\varepsilon_{cc} < \varepsilon_c \leq \varepsilon_{cu})$$

$$n = \frac{E_c \varepsilon_{cc}}{E_c \varepsilon_{cc} - \sigma_{cc}}$$

$$\sigma_{cc} = \sigma_{ck} + 3.8\alpha\rho_s\sigma_{sy}$$

$$\varepsilon_{cc} = 0.002 + 0.033\beta\frac{\rho_s\sigma_{sy}}{\sigma_{ck}}$$

$$E_{des} = 11.2\frac{\sigma_{ck}^2}{\rho_s\sigma_{sy}}$$

$$\varepsilon_{cu} = \varepsilon_{cc} \quad \text{（タイプⅠ地震動）}$$

$$= \varepsilon_{cc} + \frac{0.2\sigma_{cc}}{E_{des}} \quad \text{（タイプⅡ地震動）}$$

$$\rho_s = \frac{4A_h}{sd} \leq 0.018$$

ここに、σ_c：コンクリート応力度（N/mm²）

σ_{cc}：横拘束筋で拘束されたコンクリートの強度 （N/mm²）
σ_{ck}：コンクリートの設計基準強度　　24.0 N/mm²
ε_c：コンクリートのひずみ
ε_{cc}：コンクリートが最大圧縮応力に達するときのひずみ
ε_{cu}：横拘束筋で拘束されたコンクリートの終局ひずみ
E_c：コンクリートのヤング係数　2.5×10^4 N/mm²
E_{des}：下降勾配 （N/mm²）
ρ_s：横拘束筋の体積比
A_h：横拘束筋1本当りの断面積　2520.63 mm²
s：横拘束筋の間隔　250 mm
d：横拘束筋の有効長　$16000 - 150 \times 2 = 15700$ mm
　帯鉄筋や中間帯鉄筋により分割される内部コンクリートの辺長のうち最も長い値とする。
σ_{sy}：横拘束筋の降伏点　295 N/mm²
α, β：断面補正係数　$\alpha = 0.2$、$\beta = 0.4$

前述式より、応力-ひずみ曲線を求める。

$$\rho_s = \frac{4A_h}{sd} = \frac{4 \times 2520.63}{250 \times 15700} = 2.569 \times 10^{-3} \leq 0.018$$

$$\sigma_{cc} = \sigma_{ck} + 3.8\alpha\rho_s\sigma_{sy} = 24.0 + 3.8 \times 0.2 \times 2.569 \times 10^{-3} \times 295.0 = 24.576 \text{ N/mm}$$

$$\varepsilon_{cc} = 0.002 + 0.033\beta \frac{\rho_s\sigma_{sy}}{\sigma_{cc}} = 0.02 + 0.033 \times 0.4 \times \frac{2.569 \times 10^{-3} \times 295.0}{24.576} = 2.41679 \times 10^{-3}$$

$$E_{des} = 11.2 \frac{\sigma_{ck}^2}{\rho_s\sigma_{sy}} = 11.2 \times \frac{24.0^2}{2.483 \times 10^{-4} \times 295.0} = 8513.141 \text{ N/mm}^2$$

$$\varepsilon_{cuI} = \varepsilon_{cc} = 2.41679 \times 10^{-3} \text{ N/mm}^2$$

$$\varepsilon_{cuII} = \varepsilon_{cc} + \frac{0.2\sigma_{cc}}{E_{des}} = 2.41679 \times 10^{-3} + \frac{0.2 \times 24.576}{8513.141} = 2.99415 \times 10^{-3} \text{ N/mm}^2$$

$$n = \frac{E_c\varepsilon_{cc}}{E_c\varepsilon_{cc} - \sigma_{cc}} = \frac{25000 \times 2.41679 \times 10^{-3}}{25000 \times 2.41679 \times 10^{-3} - 24.576} = 1.686$$

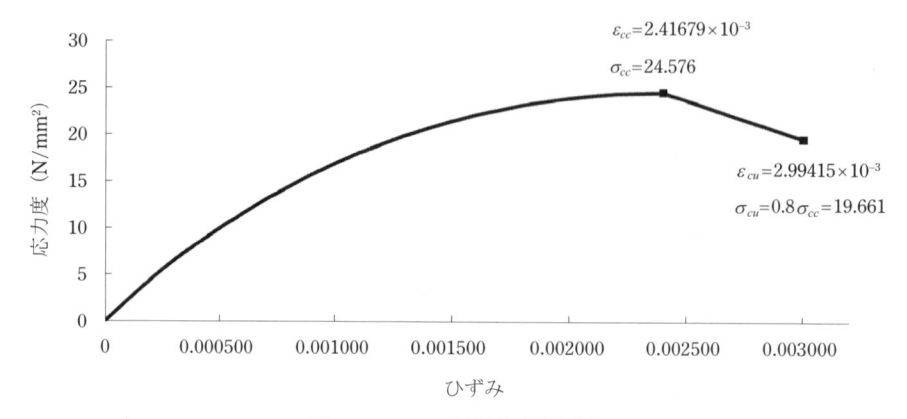

図 3.1.18　σ-ε 曲線図（補強後）

終局水平耐力位置
  Y：慣性力作用位置から 19.5 m
  M_e：偏心モーメント　0.000 kN·m
  x：中立軸位置　0.26246 m
  ε_u：圧縮縁のひずみ　2.99415×10^{-3} m

参考文献[2]より、載荷の繰り返しの影響が顕著ではないことが明らかになったため、タイプⅠ地震動に対する許容塑性率を求める際にもタイプⅡ地震動に対する許容塑性率の値を用いる。したがって、タイプⅡ地震動時のコンクリートの終局ひずみを用いて計算を行う。

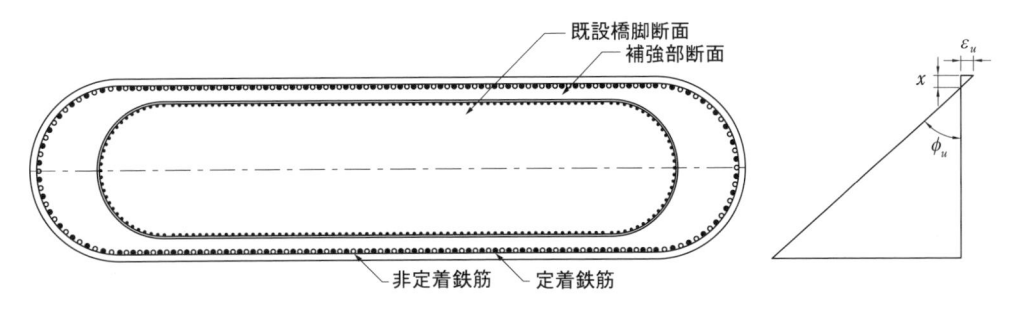

図 3.1.19　終局水平耐力位置（補強後）

【終局時の曲げモーメント】
  図心回り　　$M_u = 190633.7$ kN·m

  終局時の曲率　　$\phi_u = \dfrac{\varepsilon_u}{x} = \dfrac{2.99415 \times 10^{-3}}{0.26246} = 1.140812 \times 10^{-2}$

  終局水平耐力　　$P_u = \dfrac{M_u - M_e}{Y} = \dfrac{190633.7 - 0.000}{19.5} = 9776.09$ kN　$(= P_y)$

道示（平成 14 年版）Ⅴ編 10.3 より、終局変位と降伏変位を求める。

・初降伏時の曲げモーメント
  前項(1)「段落し部の照査」より、$M_{y0} = 171894.5$ kN·m

  初降伏時の曲率　　$\phi_{y0} = \dfrac{\varepsilon_{sy}}{x} = \dfrac{1.50469 \times 10^{-4}}{0.26246} = 5.7730 \times 10^{-4}$ (1/m)

・降伏曲率

$$\phi_y = \left(\dfrac{M_u}{M_{y0}}\right) \cdot \phi_{y0} = \left(\dfrac{190633.7}{171894.5}\right) \times 5.7730 \times 10^{-4} = 6.4024 \times 10^{-4} \text{ (1/m)}$$

・降伏変位

$$\delta_y = \left(\dfrac{M_u}{M_{y0}}\right) \cdot \delta_{y0} = \left(\dfrac{190633.7}{171894.5}\right) \times 0.04946 = 0.05485 \text{ m}$$

  ただし、δ_{y0}：初降伏変位（道示 Ⅴ編 10.3）0.04946 m

$$\delta_{y0} = \int \phi y dy \fallingdotseq \sum_{i=1}^{m} (\phi_i y_i + \phi_{i-1} y_{i-1}) \Delta y_i / 2 = 0.04946$$

・塑性ヒンジ長

$$L_p = 0.8(0.2h - 0.1D) = 0.8 \times (0.2 \times 19.5 - 0.1 \times 4.0) = 2.80$$

ただし、$0.32 \leq L_p \leq 1.6 \{0.8(0.1D) \leq L_p \leq 0.8(0.5D)\}$ より、

$$L_p = 0.8(0.5D) = 0.8 \times 0.5 \times 4.0 = 1.60 \text{ m}$$

・終局変位

$$\delta_u = \delta_y + (\phi_u - \phi_y) \cdot L_p \cdot (h - L_p/2)$$
$$= 0.05485 + (1.140802 \times 10^{-2} - 6.4024 \times 10^{-4}) \times 1.6 \times (19.5 - 1.6/2)$$
$$= 0.37702$$

ここに、D：断面高さ　4.0 m

　　　　　h：橋脚基部から上部構造慣性力の作用位置までの距離　19.5 m

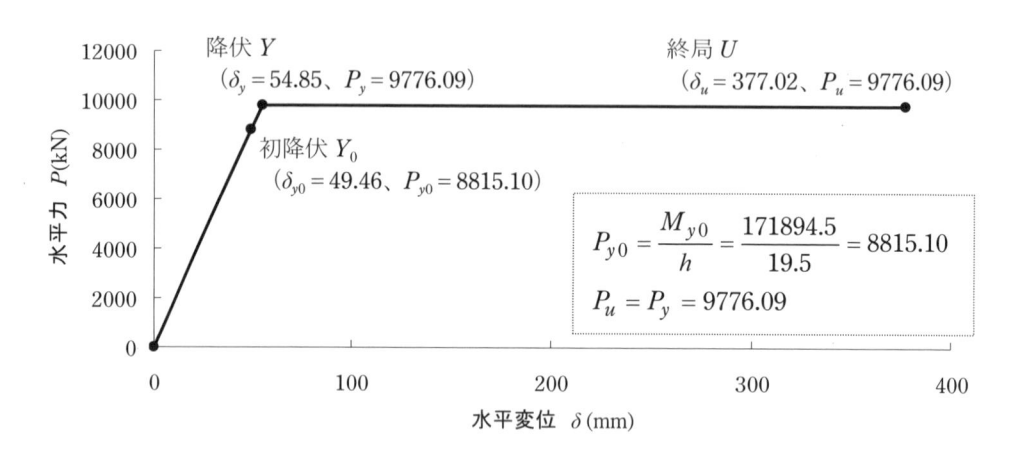

降伏 Y　　　　　　　　　　　　　　終局 U
($\delta_y = 54.85$、$P_y = 9776.09$)　　　($\delta_u = 377.02$、$P_u = 9776.09$)

初降伏 Y_0
($\delta_{y0} = 49.46$、$P_{y0} = 8815.10$)

$$P_{y0} = \frac{M_{y0}}{h} = \frac{171894.5}{19.5} = 8815.10$$
$$P_u = P_y = 9776.09$$

図 3.1.20　P-δ 曲線図

(b)　せん断耐力 P_s

道示（平成 14 年版）V 編 10.5 に従い計算を行う。例として、橋軸方向におけるタイプ I 地震動に対する計算結果を示す。

・コンクリートが負担するせん断力

$$S_s = 1000 \cdot c_c \cdot c_e \cdot c_{pt} \cdot \tau_c \cdot b \cdot d$$
$$= 1000 \times 0.6 \times 0.670 \times 0.896 \times 0.35 \times 15.5449 \times 3.6091$$
$$= 7072.76 \text{ kN}$$

・帯鉄筋が負担するせん断力

$$S_s = \frac{A_w \cdot \sigma_{sy} \cdot d (\sin\theta + \cos\theta)}{1000 \times 1.15 \cdot a}$$
$$= \frac{5239.85 \times 295 \times 3.6091 \times (\sin 90° + \cos 90°)}{1000 \times 1.15 \times 0.250}$$
$$= 19404.48 \text{ kN}$$

・せん断耐力
$$P_s = S_c + S_s = 7072.76 + 19404.48 = 26477.24 \text{ kN}$$

ここに、τ_c：平均せん断応力度（表 3.1.19） 0.35 N/mm^2
c_c：荷重の正負交番作用の影響に関する補正係数 0.6
c_e：橋脚断面の有効高 d に関する補正係数（表 3.1.20） 0.670
c_{pt}：引張主鉄筋比 p_t に関する補正係数（表 3.1.21） 0.896
b：算定する方向に直角な方向の橋脚断面幅 15.5449 m

矩形断面幅を b_1、円形断面幅を b_2 とする。
円形断面幅 b_2 の取り方は、面積の等しい正方形断面の幅とする。

$$b = b_1 + b_2 = 12.0 + \sqrt{\frac{\pi \times 4^2}{4}} = 15.5449$$

d：算定する方向に平行な方向の橋脚断面有効高 3.6091 m

矩形断面では、圧縮縁から側方鉄筋を無視した引張鉄筋の重心位置までの距離とする。
円形断面では、面積の等しい正方形断面に置き換え、置き換えられた正方形断面の圧縮縁から引張鉄筋の重心位置までの距離とする。

$$d = \frac{\sum A_i x_i}{\sum A_i} = 3.6091$$

p_t：引張主鉄筋比 0.198%

$A_s = 221723.2$ mm^2 より、

$$p_t = \frac{A_s}{2bd} = \frac{221723.2}{2 \times 15774.9 \times 3585.7} \times 100 = 0.196$$

A_w：帯鉄筋の断面積 5239.85 mm^2

既設部の帯鉄筋、補強部の帯鉄筋、および中間組立筋は、以下のとおり配筋されている。

既設部帯鉄筋（SD295） D16-ctc 250 3本分（198.6×3＝595.8 mm^2）
補強部帯鉄筋（SD345） D32-ctc 100 2本分（794.2×2＝1588.4 mm^2）
補強部を既設帯鉄筋の間隔 250 mm、降伏点強度 295 N/mm^2 に換算する。

$$595.80 + 1588.40 \times \frac{250}{100} \times \frac{345}{295} = 5239.85$$

σ_{sy}：帯鉄筋の降伏点 295 N/mm^2
θ：帯鉄筋と鉛直軸のなす角度 90°
α：帯鉄筋の間隔 150 mm

表 3.1.19 コンクリートの負担できる平均せん断応力度 τ_c

コンクリートの設計基準強度 σ_{ck} (N/mm^2)	21	24	27	30	40
コンクリートの負担できる平均せん断応力度 τ_c (N/mm^2)	0.33	0.35	0.36	0.37	0.41

表3.1.20 橋脚断面の有効高 d に関する補正係数 c_e

有効高 d (m)	1.0 以下	3.0	5.0	10.0 以上
c_e	1.0	0.7	0.6	0.5

表3.1.21 軸方向引張鉄筋比 p_t に関する補正係数 c_{pt}

軸方向鉄筋比 p_t (%)	0.1	0.2	0.3	0.5	1.0 以上
c_{pt}	0.7	0.9	1.0	1.2	1.5

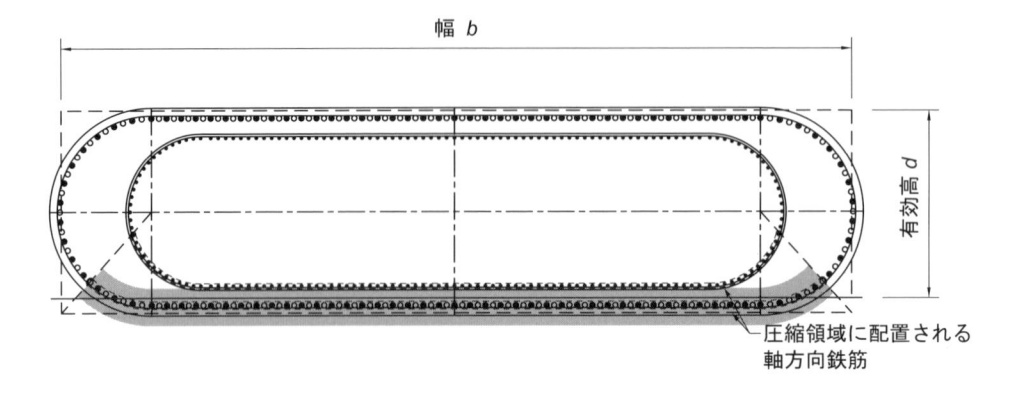

図3.1.21 有効高 d と幅 b の取り方（補強後）

(c) 破壊形態の判定

道示（平成14年版）V編10.2に従い、破壊形態は以下の式より判定する。

$P_u < P_s$ 　　曲げ破壊型

$P_u > P_s$ 　　せん断破壊型

対象橋脚は $P_u < P_s$ より、曲げ破壊型となる。

表3.1.22 破壊形態の判定（橋軸方向）

橋軸方向	対象橋脚	
	タイプI	タイプII
終局水平耐力 P_u (kN)	9776.09	9776.09
せん断耐力 P_s (kN)	26477.24	28828.42
破壊形態の判定	$P_u < P_s$	$P_u < P_s$
	曲げ破壊型	曲げ破壊型

表3.1.23 破壊形態の判定（橋軸直角方向）

橋軸方向	対象橋脚	
	タイプI	タイプII
終局水平耐力 P_u (kN)	39205.25	39205.25
せん断耐力 P_s (kN)	53938.04	59219.94
破壊形態の判定	$P_u < P_s$	$P_u < P_s$
	曲げ破壊型	曲げ破壊型

前述の結果より、補強後は橋軸方向、橋軸直角方向とも破壊形態が曲げ破壊型であることがわかる。ゆえに、曲げ破壊型の照査を行う。

(3) 必要諸条件の算出
(a) 許容塑性率 μ_a

道示（平成14年版）V編 10.2 に従い、鉄筋コンクリート橋脚の許容塑性率 μ_a は、破壊形態に応じて以下により算出する。

① 曲げ破壊型
$$\mu_a = 1 + \frac{\delta_u - \delta_y}{\alpha \cdot \delta_y} = 1 + \frac{0.37702 - 0.05485}{1.5 \times 0.05485} = 4.916$$

② せん断破壊型
$\mu_a = 1.0$

ここに、μ_a：鉄筋コンクリート橋脚の許容塑性率
δ_u：鉄筋コンクリート橋脚の終局変位　0.37702 mm
δ_y：鉄筋コンクリート橋脚の降伏変位　0.05485 mm
α：安全係数　1.5

参考文献[2]より、載荷の繰り返しの影響が顕著でないことが明らかになったため、タイプIの許容塑性率を求める場合にもタイプIIの値を使用する（道示 V編 表-10.2.2）。

(b) 設計水平震度 k_{hc}

道示（平成24年版）V編 6.4.3 に従い、以下のとおり計算を行う。

・構造物特性補正係数
$$c_s = \frac{1}{\sqrt{(2 \cdot \mu_a - 1)}} = \frac{1}{\sqrt{(2 \times 4.916 - 1)}} = 0.336$$

・地域別補正係数
$c_{IZ} = 1.000$　　　地域区分A2

・固有周期（橋軸方向）
$T = 0.5$ sec

・設計水平震度の標準値
$k_{hc0} = 1.20$

・設計水平震度
$k_{hc} = c_s \times c_{IZ} \times k_{hc0}$

ただし、$c_{IZ} \times k_{hc0}$（$= k_{hc1}$）が 0.4 を下回る場合、$k_{hc} = 0.4 \times c_s$ とする。
また、$0.4 \times c_z$（$= k_{hc2}$）の場合、$k_{hc} = 0.4 \times c_{IZ}$ とする。

$k_{hc} = c_s \times c_{IZ} \times k_{hc0} = 0.336 \times 1.00 \times 1.20 = 0.398$
$k_{hc1} = c_{IZ} \times k_{hc0} = 1.00 \times 1.20 = 1.20$
$k_{hc2} = 0.4 \times c_{IZ} = 0.4 \times 1.000 = 0.40$

∴ $k_{hc} = k_{hc2} = 0.40$

許容塑性率の算出結果を**表 3.1.24** に示す。なお、参考として、橋軸直角方向の許容塑性率の算出結果を**表 3.1.25** に示す（計算は省略）。

表 3.1.24 許容塑性率および設計水平震度（橋軸方向）

橋軸方向	対象橋脚	
	タイプⅠ	タイプⅡ
許容塑性率 μ_a	4.916	4.916
設計水平震度 k_{hc}	0.400	0.500

表 3.1.25 許容塑性率および設計水平震度（橋軸直角方向）

橋軸直角方向	対象橋脚	
	タイプⅠ	タイプⅡ
許容塑性率 μ_a	7.599	7.599
設計水平震度 k_{hc}	0.400	0.400

（4） 地震時保有水平耐力の照査 P_a

道示（平成 14 年版）Ｖ編 6.4.6 に従い、以下に示す式により安全性の判定を行う。曲げ破壊型のため、$P_a = P_u$ となる。

$$k_{hc} W \leq P_a$$
$$W = W_u + C_p \times W_p = 5500.00 + 0.5 \times 23314.51 = 17157.26 \text{ kN}$$
$$k_{hc} \times W = 0.4 \times 17157.26 = 6862.90 \text{ kN} < P_a = P_u = 9776.09 \text{ kN} \quad \text{OK}$$

ここに、 P_u：終局水平耐力 9776.09 kN
　　　　W：等価重量
　　　　W_u：当該橋脚が支持している上部構造部分の重量 5500.00 kN
　　　　W_p：橋脚の重量 23314.51 kN
　　　　C_p：等価重量算出係数 0.5
　　　　k_{hc}：設計水平震度 0.40

表 3.1.26 地震時保有水平耐力の照査（橋軸方向）

		対象橋脚	
橋軸方向		タイプⅠ	タイプⅡ
地震時保有水平耐力の照査	等価重量 W (kN)	17157.26	17157.26
	設計水平震度 k_{hc}	0.40	0.50
	$k_{hc} \times W$	6862.90	8578.63
	地震時保有水平耐力 P_a (kN)	9776.09	9776.09
	判定 $k_{hc} \times W < P_a$ の場合は OK	OK	OK

表 3.1.27 地震時保有水平耐力の照査（橋軸直角方向）

橋軸直角方向		対象橋脚	
		タイプI	タイプII
地震時保有水平耐力の照査	等価重量 W (kN)	22657.26	22657.26
	設計水平震度 k_{hc}	0.40	0.40
	$k_{hc} \times W$	9062.90	9062.90
	地震時保有水平耐力 P_a (kN)	39205.25	39205.25
	判定 $k_{hc} \times W < P_a$ の場合は OK	OK	OK

上記結果より、補強によりすべてのケースで「$k_{hc}W < P_a$」となり、地震時保有水平耐力については、安全であると判断できる。

（5） 残留変位の照査

道示（平成14年版）V編6.4.6に従い、以下に示す式により残留変位の照査を行う。

$$\delta_R \leq \delta_{Ra}$$

① 応答塑性率

$$\mu_R = \frac{1}{2}\left\{\left(\frac{c_{2Z} \cdot k_{hc0} \cdot W}{P_a}\right)^2 + 1\right\} = \frac{1}{2}\left\{\left(\frac{1.00 \times 1.20 \times 17157.26}{9776.09}\right)^2 + 1\right\} = 2.718$$

ここに、c_{2z}：レベル2地震動の地域別補正係数

（地震動のタイプに応じて c_{Iz} または c_{IIz} を用いる）

② 残留変位

$$\delta_R = c_R(\mu_R - 1)(1 - r)\delta_y$$
$$= 0.6 \times (2.718 - 1)(1 - 0) \times 0.05485 = 0.057 \text{ m} < \delta_{Ra} = 0.195 \text{ m} \quad \text{OK}$$

ここに、c_R：残留変位補正係数 0.6

　　　 r：橋脚の降伏剛性に対する降伏後の二次剛性比 0.0

　　　 μ_R：橋脚の最大応答塑性率 2.718

　　　 δ_R：橋脚の許容残留変位 19.5/100 = 0.195 m

　　　　（橋脚下端から上部構造の慣性力の作用位置までの高さの1/100とする）

　　　 δ_y：降伏変位 0.05485 m

表 3.1.28 残留変位の照査（橋軸方向）

橋軸方向		対象橋脚	
		タイプI	タイプII
残留変位の照査	許容残留変位 δ_{Ra}	0.195	0.195
	残留変位 δ_R	0.057	0.098
	判定 $\delta_{Ra} > \delta_R$ の場合は OK	OK	OK

表 3.1.29 残留変位の照査（橋軸直角方向）

橋軸直角方向		対象橋脚	
		タイプI	タイプII
残留変位の照査	許容残留変位 δ_{Ra}	0.195	0.195
	残留変位 δ_R	0.000	0.000
	判定 $\delta_{Ra}>\delta_R$ の場合は OK	OK	OK

上記結果より、補強によりすべてのケースで「$\delta_R<\delta_{Ra}$」となり、残留変位については安全であると判断できる。

(6) 結論

対象橋脚について、コンクリート巻立て工法による耐震補強を行うことにより、次の結果が得られる。

① 地震時保有水平耐力が増加し、地震水平力（$k_{hc}W$）より大きな値となる。
② 残留変位量が減少し、許容残留変位値より小さくなる。

上記より、橋軸方向および橋軸直角方向について、タイプIおよびタイプIIの地震動に対して、橋軸方向および橋軸直角方向ともに安全性が確保されると判断できる。

参考文献
1) 既設道路橋の耐震補強に関する参考資料、日本道路協会、平成9年8月
2) 既設橋の耐震補強設計に関する技術資料、国総研資料 第700号、土研資料 第4244号、平成24年11月

3.2 PC巻立て工法による橋脚の耐震補強

3.2.1 構造諸元
(1) 橋梁形式
　　上部工　　形式：鋼3径間連続鋼床版箱桁
　　下部工　　形式：RC円柱（中空）橋脚
　　　　　　　基礎：ケーソン基礎
(2) 径間長：73.500 m ＋ 100.000 m ＋ 73.500 m
(3) 橋長：248.200 m
(4) 幅員：14.650 m
(5) 橋格：一等橋（活荷重 TL-20）
(6) 建設年：昭和40年代

一般図を図3.2.1に示す。

3.2.2 設計方針
　橋脚の地震時保有水平耐力および許容塑性率の算出方法等について、「既設橋の耐震補強設計に関する技術資料」[1]に道路橋示方書（平成24年版）に基づいた既設橋の耐震補強に関する設計の考え方が整理されている。当該資料[1]より、既設の鉄筋コンクリート橋脚の地震時保有水平耐力および許容塑性率の算出方法においては、道示（平成24年版）V編による算出方法を適用すると許容変位を過小評価することが実験結果から明らかになり、許容塑性率の算出においては合理的な推定精度を確保できない場合があることが示されている。したがって、既設橋の鉄筋コンクリート橋脚の地震時水平耐力および許容塑性率の算出方法は、「既設道路橋の耐震補強に関する参考資料」[2]に示される算出方法を用いる。

3.2.3 補強理由
　本橋の橋脚の耐震性能を、「既設道路橋の耐震補強に関する参考資料」[2]の方法を用いて照査すると既設橋脚の地震時保有水平耐力は、等価水平震度による慣性力に対して橋軸方向で37％、橋軸直角方向で52％となっている。また、橋脚の破壊形態は、橋軸方向についてはせん断破壊型、橋軸直角方向については曲げ損傷からせん断破壊移行型と評価された。所要の耐震性能を満足しないため、橋脚のせん断補強を行うとともに、耐力が満足していないので基部の耐力を向上させる補強を行うこととした。

112　第3章　下部工

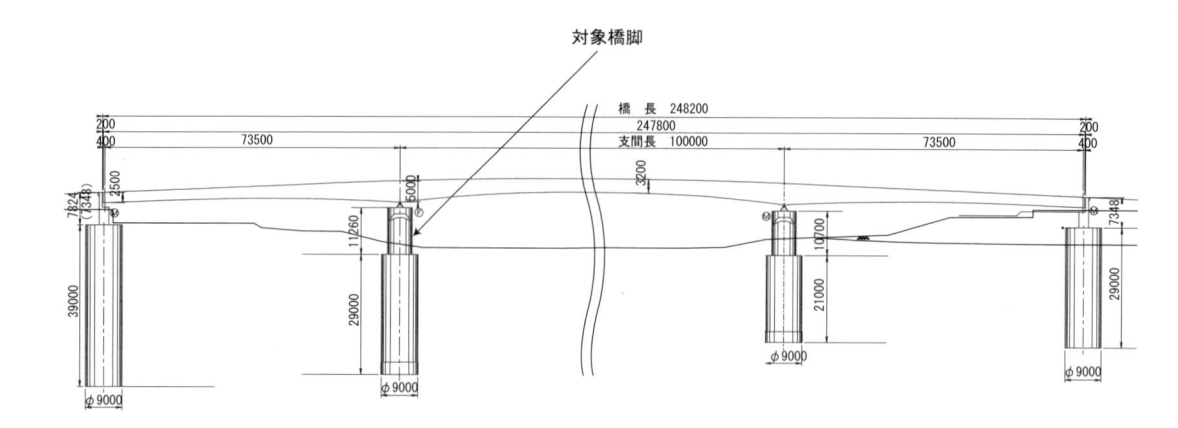

(a) 側面図

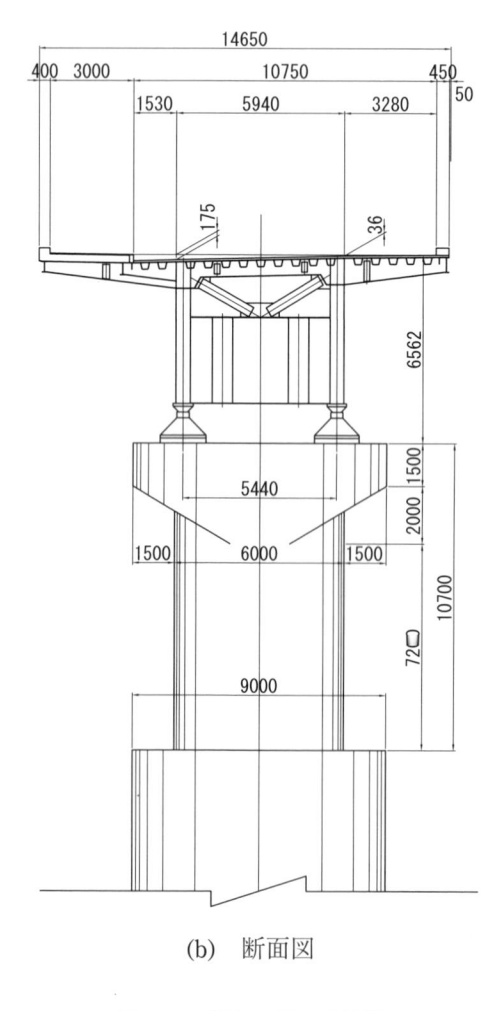

(b) 断面図

図 3.2.1　橋梁一般図（既設）

3.2.4 補強方法

橋脚の耐震補強工法は、鉄筋コンクリート巻立て工法、鋼板巻立て工法、繊維材巻立て工法およびPC巻立て工法などを用いた既設橋脚補強工法がある。本計算例では、図3.2.2に示すPC巻立て工法を用いた補強計算の一例を示す。

PC巻立て工法は、補強鉄筋を組み立て、それを取り囲むようにプレキャストパネルを建て込んだ後、パネルと橋脚の間にコンクリートを打設し、パネル内にスパイラル状に連続配置されたPC鋼材にプレストレスを導入して既設橋脚と一体化する工法である。

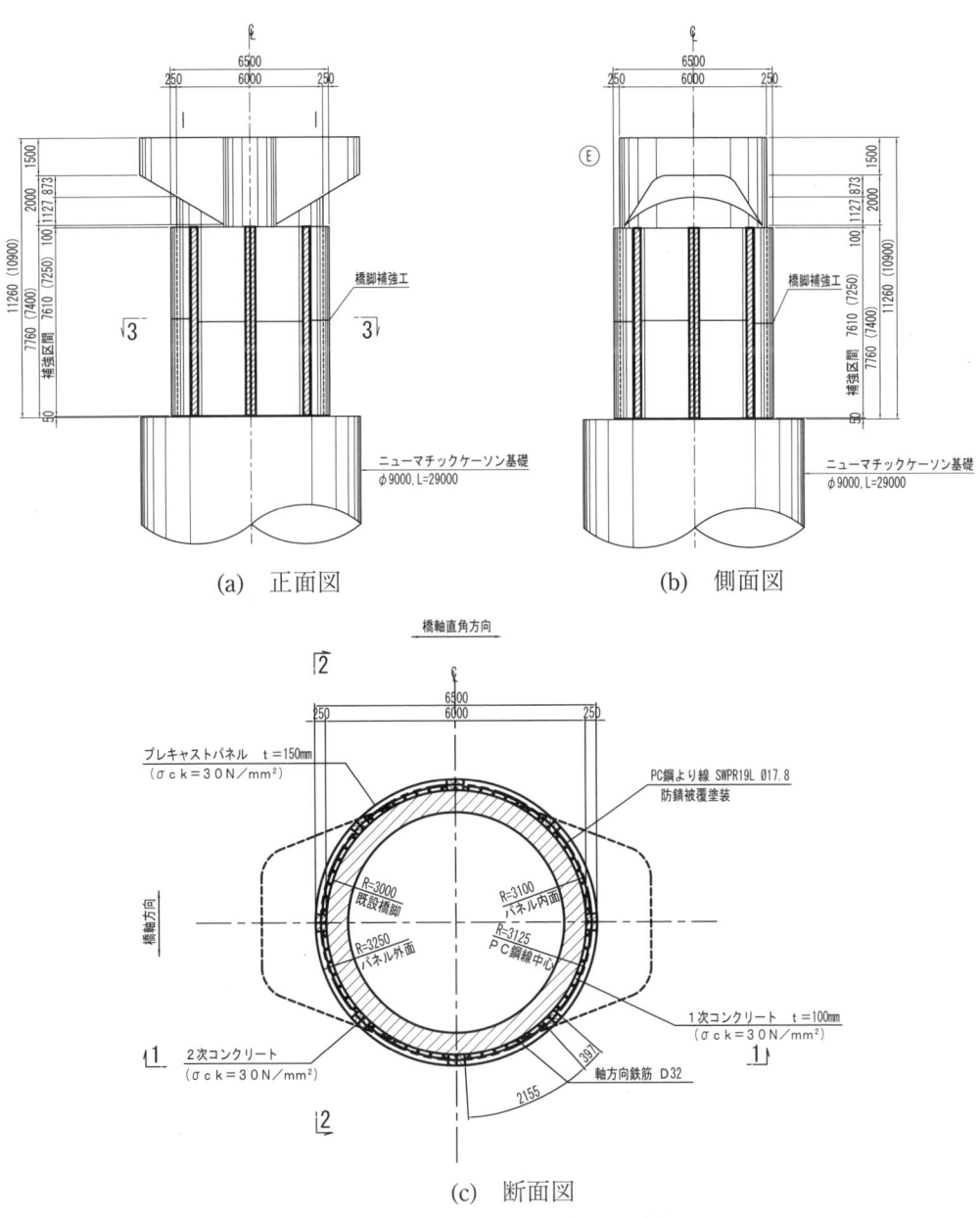

(a) 正面図　　(b) 側面図

(c) 断面図

図 3.2.2　補強図（PC 巻立て工法）

3.2.5 設計手順
（1） 設計の流れ

一般的な鉄筋コンクリート橋脚の耐震補強設計フローを図3.2.3に示す。

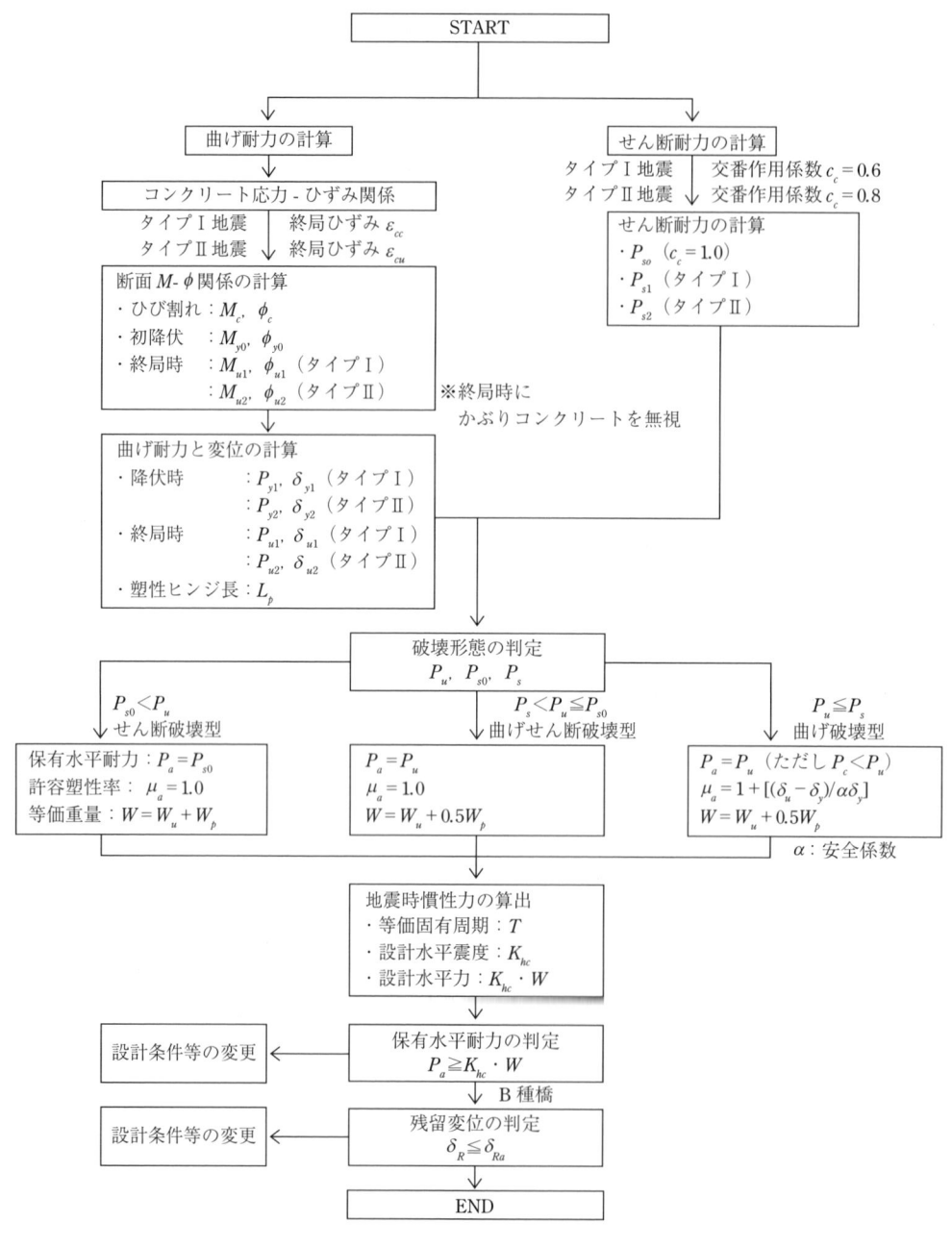

```
                              START
                                │
                ┌───────────────┴───────────────┐
                ▼                               ▼
         曲げ耐力の計算                    せん断耐力の計算
                │                   タイプⅠ地震 ↓ 交番作用係数 $c_c=0.6$
                ▼                   タイプⅡ地震 ↓ 交番作用係数 $c_c=0.8$
      コンクリート応力-ひずみ関係                │
       タイプⅠ地震  終局ひずみ $\varepsilon_{cc}$         ▼
       タイプⅡ地震  終局ひずみ $\varepsilon_{cu}$    せん断耐力の計算
                │                        ・$P_{so}$ ($c_c=1.0$)
                ▼                        ・$P_{s1}$ （タイプⅠ）
        断面 $M$-$\phi$ 関係の計算              ・$P_{s2}$ （タイプⅡ）
         ・ひび割れ ：$M_c$, $\phi_c$
         ・初降伏  ：$M_{y0}$, $\phi_{y0}$
         ・終局時  ：$M_{u1}$, $\phi_{u1}$ （タイプⅠ）
                 ：$M_{u2}$, $\phi_{u2}$ （タイプⅡ）   ※終局時に
                │                                かぶりコンクリートを無視
                ▼
         曲げ耐力と変位の計算
          ・降伏時 ：$P_{y1}$, $\delta_{y1}$ （タイプⅠ）
                 ：$P_{y2}$, $\delta_{y2}$ （タイプⅡ）
          ・終局時 ：$P_{u1}$, $\delta_{u1}$ （タイプⅠ）
                 ：$P_{u2}$, $\delta_{u2}$ （タイプⅡ）
          ・塑性ヒンジ長：$L_p$
                │
                ▼
         破壊形態の判定
          $P_u$, $P_{s0}$, $P_s$
   ┌────────────┼────────────┐
   ▼            ▼            ▼
$P_{s0}<P_u$    $P_s<P_u\leq P_{s0}$    $P_u\leq P_s$
せん断破壊型   曲げせん断破壊型    曲げ破壊型
保有水平耐力：$P_a=P_{s0}$   $P_a=P_u$   $P_a=P_u$（ただし $P_c<P_u$）
許容塑性率：$\mu_a=1.0$   $\mu_a=1.0$   $\mu_a=1+[(\delta_u-\delta_y)/\alpha\delta_y]$
等価重量：$W=W_u+W_p$   $W=W_u+0.5W_p$   $W=W_u+0.5W_p$
                                   $\alpha$：安全係数
                │
                ▼
         地震時慣性力の算出
          ・等価固有周期：$T$
          ・設計水平震度：$K_{hc}$
          ・設計水平力：$K_{hc}\cdot W$
                │
                ▼
設計条件等の変更 ← 保有水平耐力の判定
                  $P_a\geq K_{hc}\cdot W$
                        │ B種橋
                        ▼
設計条件等の変更 ← 残留変位の判定
                  $\delta_R\leq\delta_{Ra}$
                        │
                        ▼
                       END
```

図 3.2.3　耐震補強設計フロー

（2） 設計条件

本計算事例で対象とする既設の鉄筋コンクリート橋脚の設計条件と材料強度は、表 3.2.1～表 3.2.3 に示すとおりである。

① 基本条件
・構造形式：RC 円柱（中空）橋脚
・重要度区分：B 種
・地域区分：A
・地盤種別：Ⅱ種地盤

② 材料
・コンクリート

表 3.2.1　コンクリート材料

	既設部	補強部
設計基準強度　σ_{ck}(N/mm^2)	24	30
弾性係数（N/mm^2）	25000	28000
単位体積重量　γ(kN/mm^2)	24.5	24.5

・鉄筋

表 3.2.2　鉄筋材料

	既設部	補強部
鉄筋の種類	SD30（SD295）	SD345
降伏点強度　σ_{sy}（N/mm^2）	295	345
弾性係数（N/mm^2）	20000	20000

・PC 鋼材

表 3.2.3　PC 鋼材

		既設部	補強部
PC 鋼材の種類		——	SWPR19　1S17.8
弾性係数　E_p（N/mm^2）		——	200000
降伏点	σ_{py1}（N/mm^2）注1)	——	1600
	σ_{py2}（N/mm^2）注2)	——	830
	σ_{py3}（N/mm^2）注3)	——	930
有効緊張応力度　σ_{pe}（N/mm^2）注4)		——	530

注1)　材料の降伏点強度
　2)　コンクリートの応力-ひずみ曲線の最大圧縮応力度までの領域で応力度およびひずみを算出する際に用いる横拘束筋としての降伏点強度（＝σ_{pe}＋300 N/mm^2）
　3)　せん断耐力を算出する際に用いる帯鉄筋としての降伏点強度（＝σ_{pe}＋400 N/mm^2）
　4)　材料の降伏点強度の 1/3 程度とする

③ 荷重条件
　・橋軸方向
　　　　上部工反力：$R_d = 13600.0$ kN
　　　　橋脚が負担する上部工重量：$W_u = 19100.0$ kN
　　　　橋脚躯体の重量：$W_p = 7709.6$ kN
　　　　水平力作用高さ（基部より）：$H = 12.16$ m
　・橋軸直角方向
　　　　上部工反力：$R_d = 13600.0$ kN
　　　　橋脚が負担する上部工重量：$W_u = 5000.0$ kN
　　　　橋脚躯体の重量：$W_p = 7709.6$ kN
　　　　水平力作用高さ（基部より）：$H = 17.36$ m

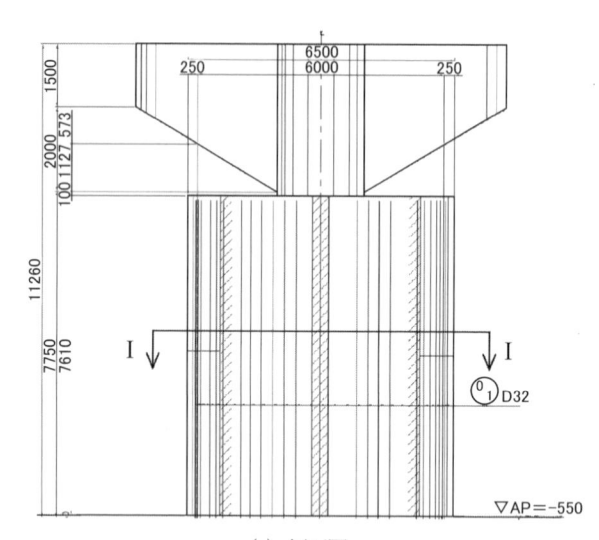

(a) 側面図

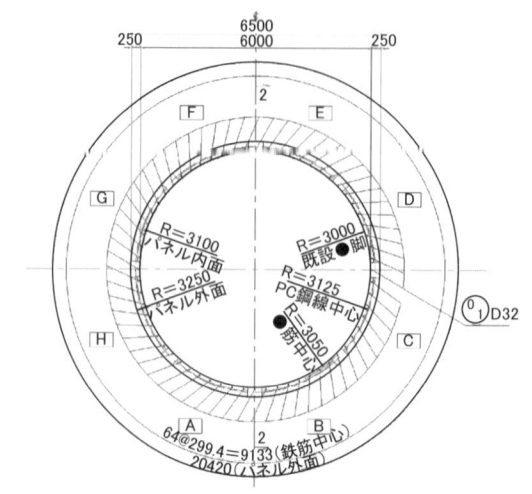

(b) 断面図（Ⅰ-Ⅰ断面）

図 3.2.4　橋脚の寸法・配筋図

(3) 計算方法
(a) 解析方法

設計方針のとおり、「既設道路橋の耐震補強に関する参考資料」(日本道路協会、平成9年)を参照し、「道路橋示方書Ⅴ 耐震設計編(平成14年版)」10章に示されている地震時保有水平耐力法に基づき対象橋脚の照査を行う(なお、道示の参照している章番号や図番号は、平成14年版の道路橋示方書Ⅴ耐震設計編のものである)。

(b) 解析モデル

検討に用いる解析モデルを図 3.2.5 に示す。また、下部構造の耐震設計における上部構造の慣性力の作用位置については、道示Ⅴ編6章(図-解6.2.3)に従って、橋軸方向については支承底面とし、橋軸直角方向は上部構造床版底面とすることとした。

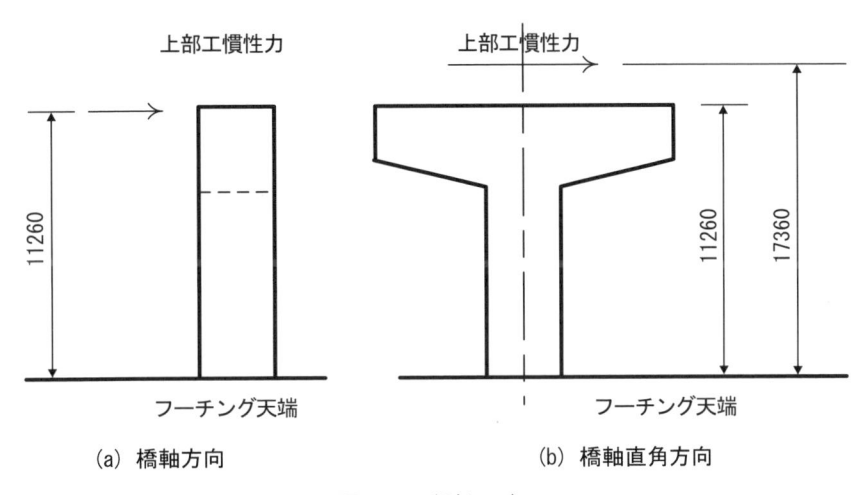

図 3.2.5　解析モデル

3.2.6　既設橋脚の耐震照査

道路橋示方書Ⅴ 耐震設計編(平成14年版)に基づき、ここでは、地震時保有水平耐力法によりタイプⅠおよびタイプⅡの地震動に対して既設橋脚の照査を行う。

設計当初は、昭和30年代の道路橋示方書で設計されていたため、帯鉄筋の定着方法が平成14年版の道路橋示方書Ⅴ耐震設計編の構造細目を満たしていない。したがって、「既設道路橋の耐震補強に関する参考資料」の「③ 構造細目を満足していない帯鉄筋の取り扱い」に従い、タイプⅡのコンクリートの終局ひずみ ε_{cu} も ε_{cc} と同値とする。中間帯鉄筋は、道示Ⅴ 図-解10.6.4 のように、40ϕ 以上の継手長を設け、なおかつフックを設けるか、機械継手を設けるべきである。本橋脚ではそれらの構造細目を満たしていない。したがって、既設橋脚の照査および補強後の照査の両検討において、中間帯鉄筋は考慮しないものとする。

その結果、既設の橋脚は表 3.2.4 および表 3.2.5 に示すように、橋軸方向についてはせん断破壊型、橋軸直角方向については曲げ損傷からせん断破壊移行型となるものと判定されるとともに、地震時保有水平耐力が不足することが判明したことから、せん断補強および基部の曲げ補強を行うこととした。

表 3.2.4　既設橋脚の地震時保有水平耐力の照査結果（橋軸方向）

		タイプⅠ	タイプⅡ
終局水平耐力 P_u		16276.9	16276.9
せん断耐力 P_s		10325.6	10988.4
破壊形態（$P_u > P_s$）		せん断破壊型	せん断破壊型
地震時保有水平耐力 P_a	(kN)	16276.9	16276.9
等価重量 W	(kN)	29075.5	29075.5
等価水平震度 k_{he}		1.00	1.50
（等価水平震度 k_{he}）×（等価重量 W）	(kN)	29075.5	43613.3
地震時保有水平耐力の照査		OUT	OUT
残留変位 δ_r	(m)	0.0128	0.0128
許容残留変位 δ_{ra}	(m)	0.1196	0.085
残留変位の判定		OK	OK

表 3.2.5　既設橋脚の地震時保有水平耐力の照査結果（橋軸直角方向）

		タイプⅠ	タイプⅡ
終局水平耐力 P_u		11213.8	11213.8
せん断耐力 P_s		10325.6	10988.4
破壊形態（$P_u \leq P_s$）		せん断破壊移行型	せん断破壊移行型
地震時保有水平耐力 P_a	(kN)	11213.8	11213.8
等価重量 W	(kN)	14425.5	14425.5
等価水平震度 k_{he}		1.00	1.50
（等価水平震度 k_{he}）×（等価重量 W）	(kN)	14425.5	21638.3
地震時保有水平耐力の照査		OUT	OUT
残留変位 δ_r	(m)	0.0078	0.0672
許容残留変位 δ_{ra}	(m)	0.1736	0.1736
残留変位の判定		OK	OK

3.2.7　補強後の橋脚の耐震照査（橋軸方向）

　所要の耐震性能が不足している橋脚を対象に、橋脚の耐震補強検討を行う。補強工法は耐震性能および耐久性の向上を図るために、鉄筋コンクリート巻立て工法、鋼板巻立て工法、PC 巻立て工法の 3 案で構造性、施工性、維持管理性、コスト等の観点で比較検討した。その結果、施工性およびコストの観点で PC 巻立て工法が適当な工法として

評価されたため、補強工法として採用した。

(1) コンクリートの応力-ひずみ曲線

　コンクリートの応力-ひずみ曲線は、道示（平成14年版）V 耐震設計編 10.4 に基づいて算出する。ただし、PC 巻立て工法においては、PC 鋼材を横拘束筋として用いてコンクリート断面にプレストレス力を導入できる効果を考慮した応力-ひずみ曲線を用いることとする[3]。

　道示（平成14年版）V編に示される横拘束筋に鉄筋を用いた場合のコンクリートの応力-ひずみ関係式に対しては、PC 巻立て工法では、鉄筋の降伏強度にかえて PC 鋼材の引張応力度 σ_{pt} を用いる。PC 鋼材の引張応力度 σ_{pt} は、性能確認実験による PC 鋼材の最大応力時の増加ひずみと導入プレストレスから設定されている。

$$\sigma_c = \begin{cases} E_c \left\{ 1 - \dfrac{1}{n}\left(\dfrac{\varepsilon_c}{\varepsilon_{cc}}\right)^{n-1} \right\} & 0 \leq \varepsilon_c \leq \varepsilon_{cc} \\ \sigma_{cc} - E_{des}\, \varepsilon_c - \varepsilon_{cc} & \varepsilon_{cc} \leq \varepsilon_c \leq \varepsilon_{cu} \end{cases} \quad (3.2.1)$$

〔道示V （10.4.1）式〕

$$n = \dfrac{E_c \cdot \varepsilon_{cc}}{E_c \cdot \varepsilon_{cc} - \sigma_{cc}}$$

$$\varepsilon_{cu} = \begin{cases} \varepsilon_{cc} & （タイプIの地震動） \\ \varepsilon_{cc} + \dfrac{0.2\sigma_{cc}}{E_{des}} & （タイプIIの地震動） \end{cases} \quad (3.2.2)$$

① 既設部

　既設部の応力-ひずみ曲線は、既設部の横拘束筋および補強部の PC 鋼材より下記の諸値を用いて求める。

$$\sigma_{cc} = \sigma_{ck1} + 3.8 \times \alpha \times (\rho_{s1} \times \sigma_{sy1} + \rho_{s2} \times \sigma_{pt1})\ (\text{N/mm}^2) \quad (3.2.3)$$

$$\varepsilon_{cc} = 0.002 + 0.033 \times \beta \times (\rho_{s1} \times \sigma_{sy1} + \rho_{s2} \times \sigma_{pt1}) / \sigma_{ck1} \quad (3.2.4)$$

$$E_{des} = 11.2 \times \sigma_{ck1}^{\ 2} / (\rho_{s1} \times \sigma_{sy1} + \rho_{s1} \times \sigma_{sy2})\ (\text{N/mm}^2) \quad (3.2.5)$$

② 補強部

　既設部の応力-ひずみ曲線は、既設部の横拘束筋および補強部の PC 鋼材より下記の諸値を用いて求める[3]。

$$\sigma_{cc} = \sigma_{ck2} + 3.8 \times \alpha \times (\rho_{s1} \times \sigma_{sy1} + \rho_{s2} \times \sigma_{pt1})\ (\text{N/mm}^2) \quad (3.2.6)$$

$$\varepsilon_{cc} = 0.002 + 0.033 \times \beta \times (\rho_{s1} \times \sigma_{sy1} + \rho_{s2} \times \sigma_{pt1}) / \sigma_{ck2} \quad (3.2.7)$$

$$E_{des} = 11.2 \times \sigma_{ck2}^{\ 2} / (\rho_{s1} \times \sigma_{sy1} + \rho_{s1} \times \sigma_{sy2})\ (\text{N/mm}^2) \quad (3.2.8)$$

　ここに、σ_c：コンクリート応力度（N/mm^2）

　　　　　σ_{cc}：横拘束鋼材で拘束されたコンクリートの強度（N/mm^2）

　　　　　σ_{ck1}：既設部のコンクリート設計基準強度 σ_{ck}（N/mm^2）

　　　　　σ_{ck2}：補強部のコンクリート設計基準強度 σ_{ck}（N/mm^2）

ε_c：コンクリートのひずみ

ε_{cc}：コンクリートが最大圧縮応力に達するときのひずみ

ε_{cu}：横拘束筋で拘束されたコンクリートの終局ひずみ

E_c：コンクリートのヤング係数（N/mm^2）

E_{des}：下降勾配（N/mm^2）

σ_{pt1}：PC 鋼材により拘束されたコンクリートの強度算定時の PC 鋼材の強度

$$\sigma_{pt1} = 300 + \sigma_{pe1} \text{ (N/mm}^2\text{)}$$

σ_{pe1}：導入された平均プレストレス

$$\sigma_{pt1} = \sigma_{sy2}/3 \text{ (N/mm}^2\text{)}$$

ρ_{s1}：既設部帯鉄筋の体積比

ρ_{s2}：補強部 PC 鋼材の体積比

σ_{sy1}：既設部帯鉄筋の降伏点強度（N/mm^2）

σ_{sy2}：補強部 PC 鋼材の降伏点強度（N/mm^2）

α, β：断面補正係数で円形断面の場合は $\alpha = 1.0, \beta = 1.0$、矩形断面および中空断面では $\alpha = 0.2, \beta = 0.4$ とする。

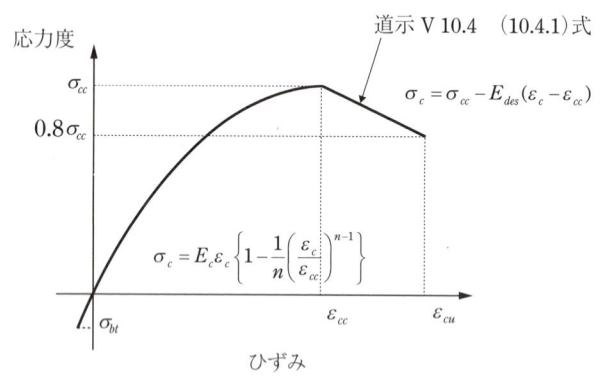

図 3.2.6　コンクリートの応力－ひずみ関係

　PC 巻立て工法を適用した場合の既設部コンクリートの応力-ひずみの関係を求めると、以下に示すとおりとなる。PC 巻立て工法による効果は、図 3.2.7 の応力-ひずみ曲線に示すとおり、最大圧縮応力度と最大応力時のひずみが改善されるとともに、最大応力後の下降勾配が相当程度緩やかになることである。

$$\begin{aligned}
\sigma_{cc} &= \sigma_{ck1} + 3.8 \times \alpha \times (\rho_{s1} \times \sigma_{sy1} + \rho_{s2} \times \sigma_{pt1}) \text{ N/mm}^2 \\
&= 24 + 3.8 \times 0.2 \times (0.002942 \times 345 + 0.0023995 \times 830) = 26.3 \text{ N/mm}^2 \\
\varepsilon_{cc} &= 0.002 + 0.033 \times \beta \times (\rho_{s1} \times \sigma_{sy1} + \rho_{s2} \times \sigma_{pt1}) / \sigma_{ck1} \\
&= 0.002 + 0.033 \times 0.4 \times (0.002942 \times 345 + 0.0023995 \times 830) / 24 = 0.0036536 \\
E_{des} &= 11.2 \times \sigma_{ck1}^2 / (\rho_{s1} \times \sigma_{sy1} + \rho_{s1} \times \sigma_{sy2}) \text{ N/mm}^2 \\
&= 11.2 \times 24^2 / (0.002942 \times 345 + 0.0023995 \times 830) = 2145.679 \\
\varepsilon_{cu} &= \varepsilon_{cc} + 0.2 \times \sigma_{cc} / E_{des} = 0.0036536 + 0.2 \times 26.3 / 2145.679 = 0.006105 \\
n &= E_c \times \varepsilon_{cc} / (E_c \times \varepsilon_{cc} - \sigma_{cc}) \\
&= 25000 \times 0.0036536 / (25000 \times 0.0036536 - 26.3) = 1.404
\end{aligned}$$

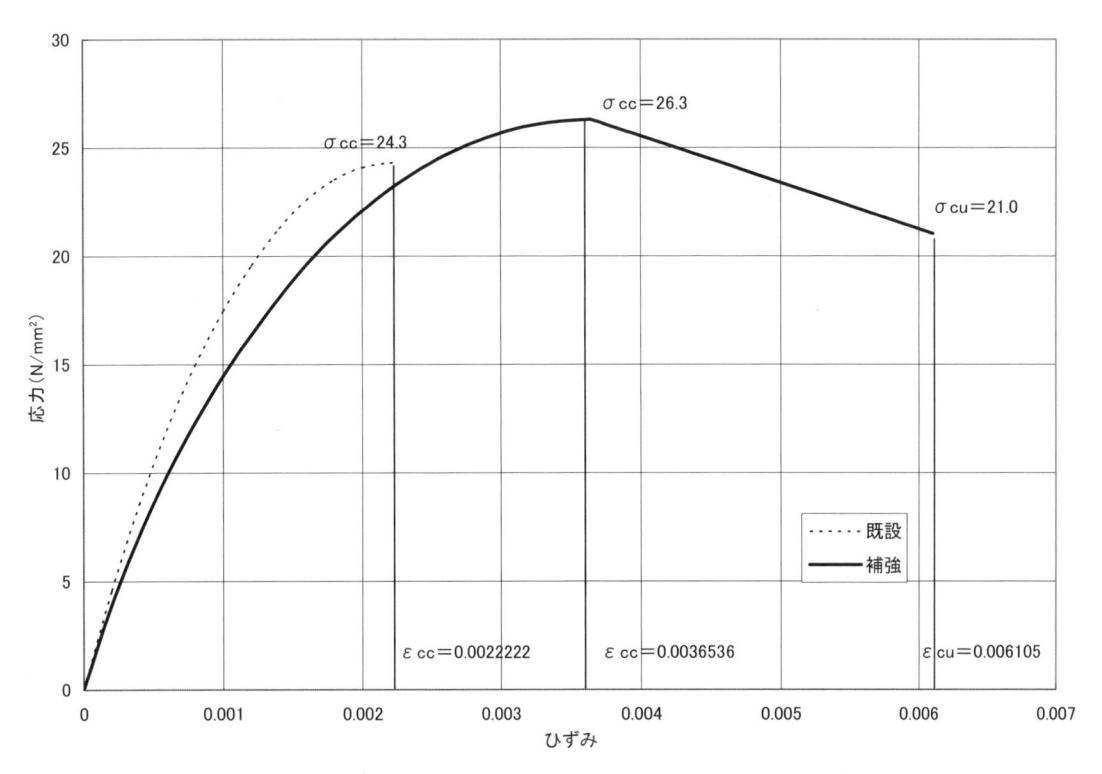

図 3.2.7 PC巻立て工法を適用した場合のコンクリートの応力-ひずみ関係の計算例

ここに、本設計事例の既設部のパラメータは以下のとおりである。

$\sigma_{ck1} = 24 \text{ N/mm}^2$　　　　$\sigma_{sy1} = 345 \text{ N/mm}^2$　　　　$\rho_{pt1} = 830 \text{ N/mm}^2$
$\rho_{s1} = 0.002942$　　　　$\sigma_{sy2} = 830 \text{ N/mm}^2$
$\rho_{s2} = 0.0023995$　　　　$\alpha = 0.2$
　　　　　　　　　　　　　　$\beta = 0.9$

（2） 上部構造の慣性力作用位置における水平力－水平変位の関係

本計算事例では、橋軸方向におけるタイプⅠ地震動に対する計算過程を示す。橋軸方向のタイプⅡ地震動については計算結果のみを表3.2.6に示す。また、橋軸直角方向については結果のみを表3.2.7に示す。

タイプⅠの地震動に対する終局ひずみは、図3.2.7のコンクリートの応力-ひずみ曲線より $\varepsilon_{cc} = \varepsilon_{cu} = 0.0036536$ となる。ここで、終局時とは、断面の最外縁の軸方向圧縮鉄筋位置において、コンクリートの圧縮ひずみが終局ひずみに達する時である。道示Ⅴ10.3に準拠して、ひび割れ時、初降伏時、降伏時、終局時における補強後の橋脚の上部構造の慣性力作用位置における水平力 P-水平変位 δ の関係は、図3.2.8に示すような関係となった。

【補強後】

ひび割れ時： $P_c = 6313.9$ kN
初降伏時： $P_{y0} = 12511.7$ N、$\delta_{y0} = 0.010$ m
降伏時： $P_y = 18051.6$ N、$\delta_y = 0.015$ m
終局時： $P_u = 18051.6$ kN、$\delta_u = 0.049$ m

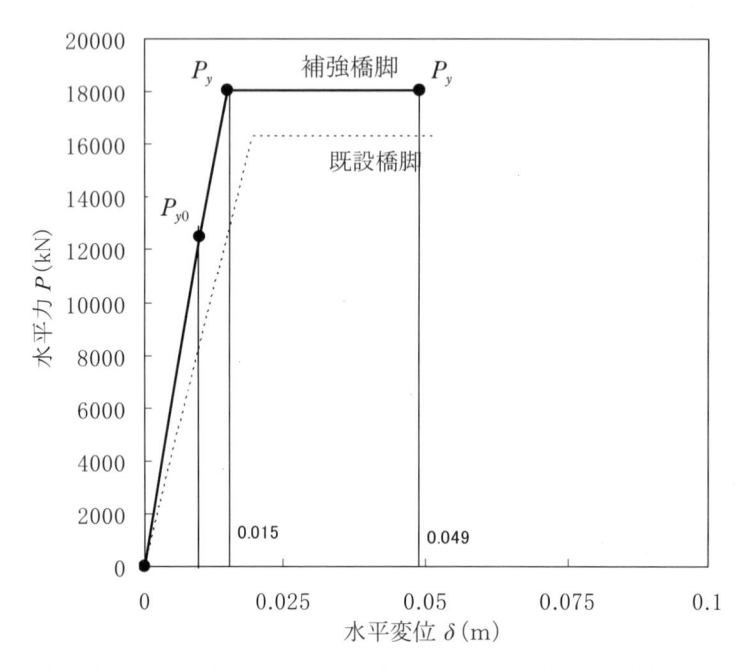

図 3.2.8 上部構造の慣性力の作用位置における水平力 P–水平変位 δ の関係（タイプⅠ地震動）

ここで、補強された橋脚基礎断面における曲げモーメント M–曲率 φ の関係および塑性ヒンジ長 L_p は以下となる。

ひび割れ時： $M_c = 76778$ kN·m、$\phi_c = 3.500 \times 10^{-5}$ （1/m）
初降伏時： $M_{y0} = 152140$ kN·m、$\phi_{y0} = 34.100 \times 10^{-5}$ （1/m）
降伏時： $M_y = 219509$ kN·m、$\phi_y = 49.200 \times 10^{-5}$ （1/m）
終局時： $M_u = 219509$ kN·m、$\phi_u = 257.1000 \times 10^{-5}$ （1/m）

(a) 降伏変位の算出（補強後）

・初降伏変位： $\delta_{y0} = 0.010$ mm
・降伏曲線： $\phi_y = (M_u / M_{y0}) \times \phi_{y0}$
  $= (219509/152140) \times 34.100 \times 10^{-5} = 49.200 \times 10^{-5}$ 1/m
・降伏変位： $\delta_y = (M_u / M_{y0}) \times \delta_{y0}$
  $= (219509/152140) \times 0.010 = 0.014$ m

(b) 終局変位の算出（補強後）

終局変位の算出は、道示Ⅴ編 10.3 を参照し、式（10.3.6）から求める。補強後の塑性ヒンジ長の取り扱いについては、道示Ⅴ編の式（10.3.7）から算出される値に補正係数

C_{LP} を乗じた値とする。既設橋脚を鋼板や鉄筋コンクリートで巻立てると、新設橋脚の場合と比較して塑性ヒンジ長が短くなることが実験によって確認されており、ここでは補正係数を 0.8 として塑性ヒンジ長を算定する。

・塑性ヒンジ長：

$$L_p = 0.2 \times h - 0.1 \times D \quad\quad\quad 道示V編　式(10.3.7)$$
$$= 0.2 \times 12.160 - 0.1 \times 6.5 = 1.782 \text{ m}$$

ここに、h：橋脚基部から上部構造の慣性力の作用位置までの距離（$=12.160$ m）
　　　　D：断面高さ（円形断面の直径：6.5 m）

$$L_p = C_{LP} \times (0.2h - 0.1D) = 0.8 \times 1.782 = 1.426 \text{ m}$$
$$< C_{LP}(0.5D) = 0.8 \times 0.5 \times 6.500 = 2.600 \text{ m}$$

したがって、$L_p = 1.426$ m とする。

・終局変位：

$$\delta_u = \delta_y + (\phi_u - \phi_y) \times L_p \times (h - L_p/2) \quad\quad\quad 道示V編　式(10.3.6)$$
$$= 0.014 + (257.100 - 49.200) \times 10^{-5} \times 1.426 \times (12.160 - 1.426/2) = 0.048 \text{ m}$$

ここに、δ_y：降伏変位（$=0.014$m）
　　　　ϕ_y：橋脚基部断面における降伏曲率（$=49.200 \times 10^{-5}$（1/m））
　　　　ϕ_u：橋脚基部断面における終局曲率（$=257.1000 \times 10^{-5}$（1/m））
　　　　L_p：塑性ヒンジ長（$=1.426$m）

（3）　破壊形態の判定（橋軸方向）

図 3.2.9 に示す橋脚断面について、破壊形態の判定は、道示V編 10.2 に従って、前記(1)で求めた終局耐力 P_u と、道示V編 10.5 の規定によるせん断耐力 P_s を比較することによって橋脚の破壊形態を判定する。なお、$P_u < P_s$ の場合は曲げ破壊型、$P_u > P_s$ の場合はせ

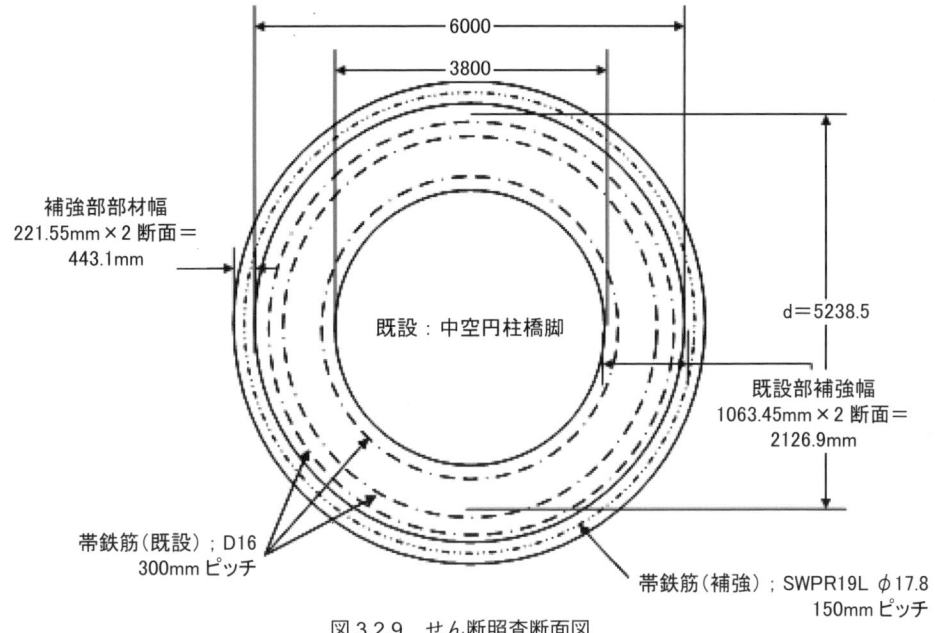

図 3.2.9　せん断照査断面図

ん断破壊型と判定する。

　本計算事例では、橋軸方向におけるタイプⅠ地震動に対するせん断耐力の計算結果を示す。また、破壊形態の判定結果を表 3.2.6 および表 3.2.7 に示す。

- 橋軸方向：　せん断耐力 P_s の計算（タイプⅠ）

　　　既設部の部材幅：　　$b = 2126.9$ mm
　　　補強部の部材幅：　　$b = 443.1$ mm
　　　有効高さ：　$d = 5238.5$ mm
　　　コンクリートの許容せん断応力度（既設部）：　$\tau_c = 0.35$ N/mm^2
　　　　　　　　（コンクリートの設計基準強度　24 N/mm^2 の場合）
　　　コンクリートの許容せん断応力度（補強部）：　$\tau_c = 0.37$ N/mm^2
　　　　　　　　（コンクリートの設計基準強度　30 N/mm^2 の場合）
　　　帯鉄筋の配置間隔（既設）：　$a = 300$ mm
　　　帯鉄筋の断面積（既設）：　$A_w = 1191.6$ mm^2（D16×6 本 = 198.6×6 本）
　　　鉄筋降伏強度（既設）：　$\sigma_{sy} = 295$ N/mm^2
　　　帯鉄筋の配置間隔（補強部 PC 鋼材）：　$a = 150$ mm
　　　帯鉄筋の断面積（補強部 PC 鋼材）：　$A_w = 416.8$ mm^2
　　　　　　　　（SWPR19　1S17.8 × 2 本 = 208.4 × 2）
　　　鉄筋降伏強度（補強部 PC 鋼材）：　$\sigma_{py} = 933.3$ N/mm^2
　　　引張主鉄筋比：　$p_t = 0.99$%

- コンクリートによるせん断耐力 S_c

$$S_c(既設) = C_c \times C_e \times C_{pt} \times \tau_c \times b \times d$$
$$= 0.6 \times 0.6 \times 1.49 \times 0.35 \times 2126.9 \times 5238.5$$
$$= 2091.7 \text{ kN}$$

$$S_c(補強) = C_c \times C_e \times C_{pt} \times \tau_c \times b \times d$$
$$= 0.6 \times 0.6 \times 1.49 \times 0.37 \times 443.1 \times 5238.5$$
$$= 460.6 \text{ kN}$$

　　ここに、C_c：荷重の正負交番繰返し作用の影響に関する補正係数。道示Ⅴ 10.5 の規定からタイプⅠの地震動の照査では 0.6

　　　　　　C_e：有効高さ d に関する補正係数（道示Ⅴ 表-10.5.3 より本計算事例では 0.6 と仮定した）

　　　　　　C_{pt}：軸方向引張鉄筋比に関する補正係数（道示Ⅴ 表-10.5.3 の関係を用いて線形補間によって補正係数を求めた（本計算事例では 1.49）

- 帯鉄筋によるせん断耐力 S_s

$$S_s = A_w \times \sigma_{sy} \times d / (1.15 \times a)$$
$$= 1191.6 \times 295 \times 5238.5 / (1.15 \times 300)$$
$$= 5337.5 \text{ kN}$$

- PC 鋼線によるせん断耐力 S_{pc}

$$S_{pc} = A_{pc} \times \sigma_{py} \times d / (1.15 \times a)$$
$$= 416.8 \times 933.3 \times 5238.5 / (1.15 \times 150)$$

$$= 11813.2 \text{ kN}$$

・補強後のせん断耐力 P_s

$$P_s = S_c(既設) + S_c(補強) + S_s + S_{pc}$$
$$= 2091.7 + 460.6 + 5337.5 + 11813.2$$
$$= 19702.8 \text{ kN}$$

・判定

　　曲げ耐力：　$P_u = 18051.6$ kN

　$P_u \leq P_s$ であるため、曲げ破壊が先行する。タイプⅡ地震動については、計算結果のみを**表 3.2.6** および**表 3.2.7** に示す。

表 3.2.6　破壊形態の判定（橋軸方向）

橋軸方向	単位	P1 橋脚 タイプⅠ	P1 橋脚 タイプⅡ
終局水平耐力 P_u	kN	18051.6	18213.5
せん断耐力 P_s	kN	19702.8	20529.4
破壊形態の判定 $P_u<P_s$：曲げ破壊型 $P_u>P_s$：せん断破壊型		曲げ破壊型	曲げ破壊型

表 3.2.7　破壊形態の判定（橋軸直角方向）

橋軸方向	単位	P1 橋脚 タイプⅠ	P1 橋脚 タイプⅡ
終局水平耐力 P_u	kN	12638.1	12751.4
せん断耐力 P_s	kN	19684.8	20529.4
破壊形態の判定 $P_u<P_s$：曲げ破壊型 $P_u>P_s$：せん断破壊型		曲げ破壊型	曲げ破壊型

　本計算事例では、橋軸方向および橋軸直角方向の破壊形態は、いずれの場合においても曲げ破壊型となることがわかる。

（4）　地震時保有水平耐力の照査

　本計算事例では、橋軸方向におけるタイプⅠ地震動に対する計算結果を示す。

（a）　**固有周期**

　固有周期 T は、設計振動単位が、1基の下部構造とそれが支持している上部構造部分からなる場合として求めた。

　　　$T = 0.261$ sec

（b）　**地震時保有水平耐力**

　橋脚の地震時保有水平耐力 P_a は、破壊形態が曲げ破壊型（$P_u \leq P_s$）であることから、

道示V 10.2 に従って、以下のように算出する。

$$P_a = P_u = 18051.6 \text{ kN}（曲げ破壊型の場合）$$

ここに、P_a：橋脚の地震時保有水平耐力（本計算事例では、曲げ破壊型）

(c) 許容塑性率

橋脚の許容塑性率μ_aは、橋脚の破壊形態が曲げ破壊型であることから、道示V 10.2 に従って、以下のように算出する。

$$\begin{aligned}\mu_a &= 1 + (\delta_u - \delta_y)/(\alpha \times \delta_y) \\ &= 1 + (0.049 - 0.015)/(3.000 \times 0.015) \\ &= 1.776\end{aligned}$$

ここで、δ_u：終局変位（0.049 m）

δ_y：降伏変位（0.015 m）

α：安全係数（タイプⅠの場合は 3.0）

(d) 構造物補正係数 C_s

$$C_s = \frac{1}{\sqrt{2\mu_a - 1}} = \frac{1}{\sqrt{2 \times 1.775 - 1}} = 0.626$$

(e) 地震時保有水平耐力法に用いる設計水平震度 k_{hc}

$$k_{hc} = C_E \cdot C_s \cdot C_z \times k_{hc0} = 1.0 \times 0.63 \times 1.00 \times 0.850 = 0.536$$

ここに、k_{hc0}：設計水平震度の標準値

（Ⅱ種地盤　固有周期 $T = 0.261$s の場合、$k_{hc0} = 0.85$）

C_z：地域別補正係数（本計算事例の場合：$C_z = 1.00$）

C_s：構造物特性補正係数（$C_s = 0.63$）

(f) 地震時保有水平耐力法に用いる重量 W

$$W = W_u + C_p \cdot W_p = 19100 + 0.5 \times 7710.0 = 22955 \text{ kN}$$

ここに、W_u：橋脚が支持している上部構造部分の重量（$W_u = 19100$ kN）

W_p：橋脚の重量（$W_p = 7710.0$ kN）

C_p：等価重量算出係数（0.5：曲げ破壊型）

(g) 地震時保有水平耐力の照査

道示V 6.4.6 に従って、地震時保有水平耐力の照査を行う。

$$k_{hc} \times W = 0.536 \times 22955 = 12302.9 \text{ kN} < P_a = 18051.6 \text{ kN}$$

以上から $P_a > k_{hc} \cdot W$ となり、所要の地震時保有水平耐力を有している。

地震時保有水平耐力の照査結果を表 3.2.8 および表 3.2.9 に示す。

本計算事例では、橋軸方向および橋軸直角方向のいずれの場合においても地震時保有水平耐力を満足する結果となった。すなわち、補強前の耐震性能（表 3.2.4 および表 3.2.5 参照）が改善された。

表 3.2.8　地震時保有水平耐力の照査（橋軸方向）

橋軸方向	単位	P1 橋脚	
		タイプⅠ	タイプⅡ
地震時作用力（$k_{hc} \times W$）	kN	12303.9	9182.0
地震時保有水平耐力 P_a	kN	18051.6	18213.5
判定 $k_{hc} \times W \leq P_a$:　OK $k_{hc} \times W > P_a$:　OUT		OK	

表 3.2.9　地震時保有水平耐力の照査（橋軸直角方向）

橋軸直角方向	単位	P1 橋脚	
		タイプⅠ	タイプⅡ
地震時作用力（$k_{hc} \times W$）	kN	4620.2	3541.9
地震時保有水平耐力 P_a	kN	12638.1	12751.4
判定 $k_{hc} \times W \leq P_a$:　OK $k_{hc} \times W > P_a$:　OUT		OK	

（5）　残留変位の照査

本計算事例では、橋軸方向におけるタイプⅠ地震動に対する計算結果を示す。

（a）　応答塑性率

$$\mu_R = \frac{1}{2}\left\{\left(\frac{k_{hc} \cdot W}{P_a}\right)^2 + 1\right\} = \frac{1}{2}\left\{\left(\frac{0.536 \times 22955}{18051.6}\right)^2 + 1\right\} = 0.732$$

（b）　残留変位

応答塑性率 μ_R が 1.0 以下であるので、橋脚の応答は弾性応答である。したがって、残留変位は生じないと判断される。

（c）　許容残留変位

本計算事例では、橋脚の許容残留変位を、道示Ⅴ 6.4.6 に規定されているとおり、橋脚下端から上部構造の慣性力の作用位置までの高さの 1/100 として求める。

$$\delta_{Ra} = h/100 = 12.16/100 = 0.122 \text{ m}$$

（d）　残留変位の照査

道示Ⅴ 6.4.6 に従って残留変位の照査を行う。残留変位は、許容残留変位より小さくなっている。残留変位の照査結果を**表 3.2.10** および**表 3.2.11** に示す。

本計算事例では、橋軸方向および橋軸直角方向のいずれの場合においても残留変位は許容値より小さく、所要の性能を満足する結果なった。

表 3.2.10　残留変位の照査（橋軸方向）

橋軸方向	単位	P1 橋脚 タイプ I	P1 橋脚 タイプ II
橋脚の応答塑性率 μ_R	——	0.732	0.627
橋脚の残留変位 δ_R	m	0（弾性応答）	0（弾性応答）
橋脚の許容残留変位 δ_{Ra}	m	0.122	0.122
判定　$\delta_R \leqq \delta_{Ra}$　：OK		橋脚の応答は弾性応答である。したがって、残留変位は生じないと判断される。	

表 3.2.11　残留変位の照査（橋軸直角方向）

橋軸直角方向	単位	P1 橋脚 タイプ I	P1 橋脚 タイプ II
橋脚の応答塑性率 μ_R	——	0.567	0.539
橋脚の残留変位 δ_R	m	0（弾性応答）	0（弾性応答）
橋脚の許容残留変位 δ_{Ra}	m	0.174	0.174
判定　$\delta_R \leqq \delta_{Ra}$　：OK		橋脚の応答は弾性応答である。したがって、残留変位は生じないと判断される。	

したがって、安全であると判断できる。

（6）　結論

　対象橋脚について、コンクリート巻立て工法による耐震補強を行うことにより、次の結果が得られる。
　①　地震時保有水平耐力が増加し、地震水平力（$k_{hc} \cdot W$）より大きな値となる。
　②　残留変位量が減少し、許容残留変位値より小さくなる。
　上記より、橋軸方向および橋軸直角方向について、タイプ I およびタイプ II の地震動に対して、橋軸方向および橋軸直角方向ともに安全性が確保されると判断できる。

参考文献
1) 既設橋の耐震補強設計に関する技術資料、国総研資料 第 700 号、土研資料 第 4244 号、平成 24 年 11 号
2) 既設道路橋の耐震補強に関する参考資料、日本道路協会、平成 9 年 8 月
3) 張、森：PC鋼材を帯鉄筋に用いた円柱コンクリートの応力-ひずみ関係、コンクリート工学年次論文報告集、Vol.19, No.2, pp.315〜320、1997年

3.3 鋼パイルベント腐食の鋼板溶接工法による補修

3.3.1 橋梁諸元
(1) 橋梁形式
　　上部工：2径間単純プレテンション方式 PC 床版橋
　　下部工：鋼管杭基礎鉄筋コンクリート逆 T 式橋台
　　　　　　鋼管杭基礎パイルベント式橋脚
(2) 支間長：14.0 m
(3) 幅員：20.0 m
(4) 斜角：90°
(5) 設計活荷重：TL-20
(6) 建設年：昭和 40 年代

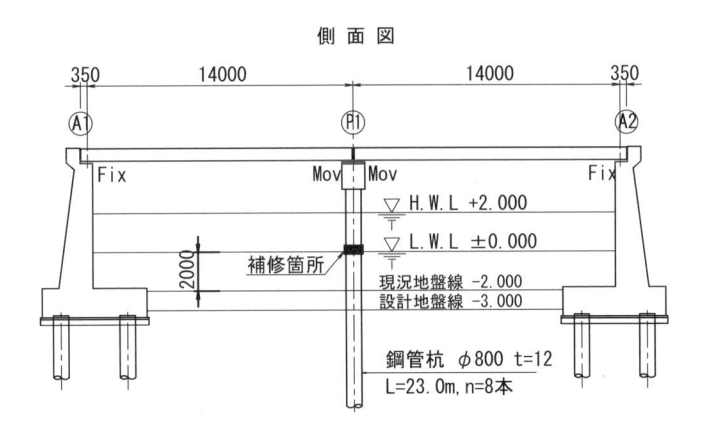

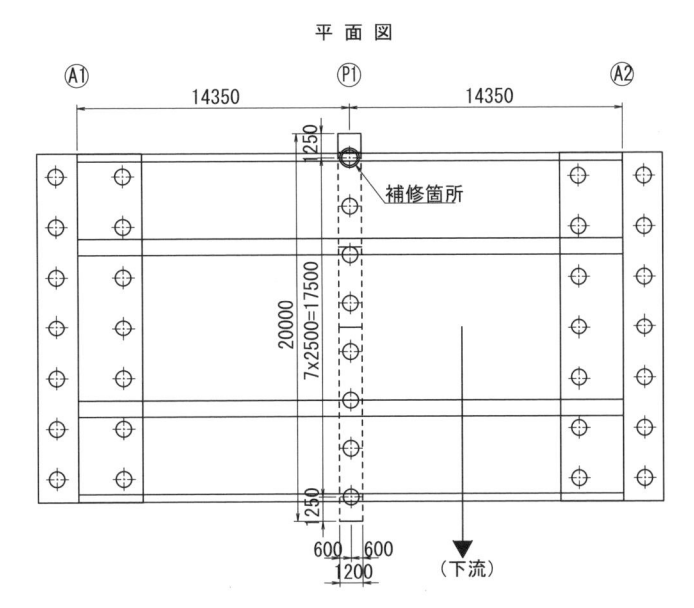

図 3.3.1　橋梁一般図

3.3.2 補修理由

　高度経済成長期およびそれ以降、効率的な橋脚形式としてパイルベント式橋脚が多く建設された。そのうち、沿岸地域に建設された鋼管を用いたパイルベント式橋脚については、近年、腐食による断面欠損が複数例発見されている。それらの中には、付着していた牡蠣ガラを叩き落とすと鋼管が完全に破断しており、直ちに通行止めにするという事例もあった。

　本計算例で対象とする橋梁は、昭和40年代に沿岸地域に建設され、2径間のPC桁を鋼管パイルベント式橋脚で支持する構造となっており、建設後約40年を経て、その橋脚上流側の朔望平均干潮面（L.W.L.）付近に腐食による断面減少が発見された。

　本橋は、平成24年版「道路橋示方書・同解説」（以下、道示という）に基づく性能照査において、常時鉛直荷重による軸力および地震時の水平力による曲げ応力度が許容値を超過すること、近い将来に架け替えが予定されていること、から本計算例は当面の間、建設当時の性能を確保・維持するための補修設計としている。

3.3.3 補修方法

　鋼管杭の腐食の補修では、大きく分けて以下の2種類に分類される（図3.3.2）。

(a)　鉄筋コンクリート被覆工法：鉄筋コンクリートを腐食部分に被覆する工法
　　　　　　　　　　　　　　（水中でスタッド溶接、コンクリート打設あり）

(b)　鋼板溶接工法：鋼板を腐食部分に溶接する工法（水中で鋼板溶接あり）

　ここでは、建設当時の性能を確保すること、施工性に優れること、から「鋼板溶接工法」を採用し、以下に計算例を示す。

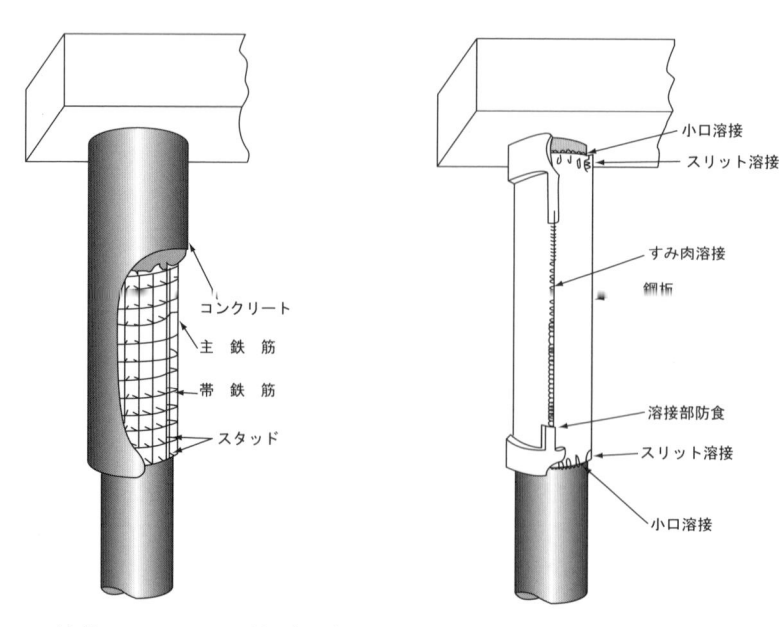

(a)　鉄筋コンクリート被覆工法　　　(b)　鋼板溶接工法

図3.3.2　補修対策工法概略図 [1]

3.3.4 補修設計

パイルベント式橋脚の鋼管補修の一般的な設計フローを図 3.3.3 に示す。

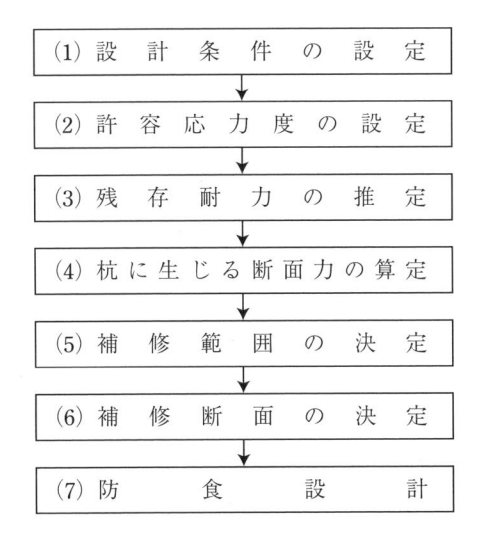

```
(1) 設 計 条 件 の 設 定
        ↓
(2) 許 容 応 力 度 の 設 定
        ↓
(3) 残 存 耐 力 の 推 定
        ↓
(4) 杭 に 生 じ る 断 面 力 の 算 定
        ↓
(5) 補 修 範 囲 の 決 定
        ↓
(6) 補 修 断 面 の 決 定
        ↓
(7) 防 食 設 計
```

図 3.3.3 パイルベント式橋脚の鋼管補修のフロー[1]

（1） 設計条件の設定

（a） パイルベント式橋脚の形状寸法（図 3.3.4）

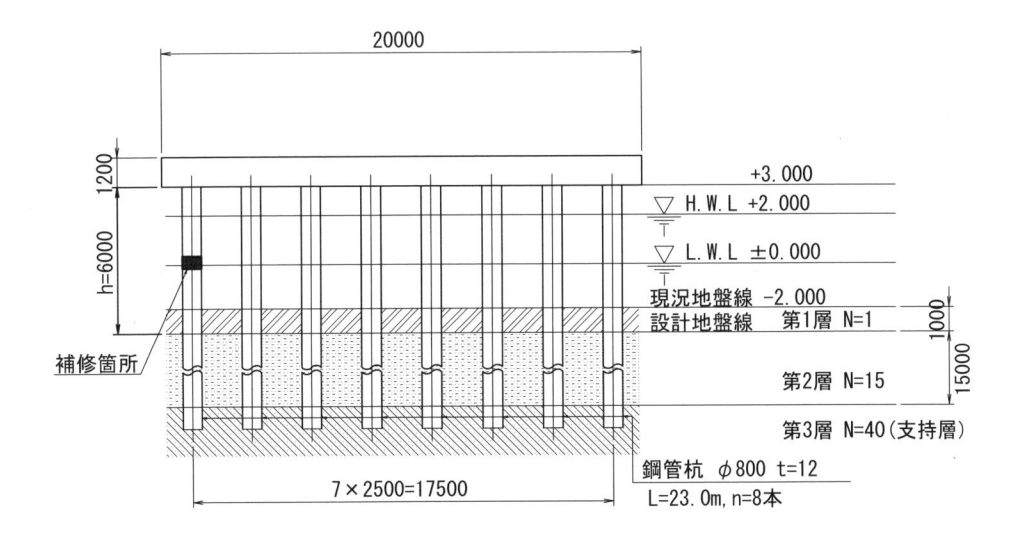

図 3.3.4 パイルベント式橋脚の形状寸法

（b） 土質条件

N 値： 各層の平均 N 値とする。

第 1 層（層厚 1.0 m） N 値 = 1
第 2 層（層厚 15.0 m） N 値 = 15
第 3 層（支持層） N 値 = 40

(c) 使用杭諸元
 材質、寸法： SKK400 相当品、ϕ 800 mm×t12 mm
 使用杭本数： $n = 8$ 本
 杭 1 本当りの断面係数： $Z = 5.770 \times 10^{-3} \mathrm{m}^3$
 杭 1 本当りの断面積： $A = 2.971 \times 10^{-2} \mathrm{m}^2$
 杭 1 本当りの断面二次モーメント： $I = 2.306 \times 10^{-3} \mathrm{m}^4$
 杭のヤング係数： $E = 2.0 \times 10^8 \mathrm{kN/m}^2$

(d) 水平方向地盤反力係数の計算
① 算出方法
 水平方向地盤反力係数 k_H は、道示Ⅳ 9.6.2 より算出する。

$$k_H = k_{H0} \left(\frac{B_H}{0.3}\right)^{-\frac{3}{4}}$$

ここに、k_{H0}：直径 0.3 m の剛体円板による平板載荷試験の値に相当する水平方向地盤反力係数で、各種土質試験または調査により求めた変形係数から推定する場合は、次式により求める。

$$k_{H0} = \frac{1}{0.3}\alpha E_0$$

 B_H：荷重載荷方向に直交する基礎の換算載荷幅（m）で、下式により求める。なお、B_H を算出する際の k_H は常時の値とする。
$$B_H = (D \times 1/\beta)^{\frac{1}{2}} \mathrm{m}$$
 E_0：標準貫入試験の N 値により推定した設計対象とする位置での地盤の変形係数。なお、E_0 は地盤面から $1/\beta$（m）までの平均値とする。
 α：地盤反力係数の換算係数　常時 $\alpha = 1$、地震時 $\alpha = 2$
 D：荷重載荷方向に直交する基礎の杭外径 = 0.800（m）
 β：基礎の特性値であり下式により求める。
$$\beta = \sqrt[4]{\frac{k_H D}{4EI}} \mathrm{m}^{-1}$$

② 基礎の換算載荷幅 B_H の算出
 道示Ⅳ 9.6.2 に基づく B_H 算出上の要点を以下に示す。
 ・B_H を求める際の k_H は常時の値とする。
 ・深さ方向に地層が変化する場合でも、B_H を算出する際の k_H は設計地盤線から $1/\beta$ の深さまでの平均値とする。また、各層の k_H 算出時もこの B_H を用いる。
 $1/\beta = 2.717$ m（$\beta = 0.368$ m^{-1}）と仮定し、収束計算により β を算出する。
 $E_0 = 2800 N = 2800 \times 15 = 4.200 \times 10^4 \mathrm{kN/m}^2$
 $B_H = (0.800 \times 2.717)^{1/2} = 1.474$ m
 B_H を求める際の k_H は常時の値であるため、$\alpha = 1$ とし、以下となる。

$$k_{H0} = \frac{1}{0.3} \times 1 \times 4.200 \times 10^4 = 1.400 \times 10^5 \mathrm{kN/m}^3$$

$$k_H = 1.400 \times 10^5 \times \left(\frac{1.474}{0.3}\right)^{-\frac{3}{4}} = 4.242 \times 10^4 \, \text{kN/m}^3$$

となり、β を計算すると下記となり、仮定した β に一致する。

$$\beta = \sqrt[4]{\frac{4.242 \times 10^4 \times 0.800}{4 \times 2.0 \times 10^8 \times 2.306 \times 10^{-3}}} = 0.368 \, \text{m}^{-1}$$

以上により、基礎の換算載荷幅 B_H は、$B_H = 1.474$ m となる。

③ 地震時の基礎の特性値 β の算出

地震時の基礎の特性値 β の算出であるため、$\alpha = 2$ とし、以下となる。

$$k_{H0} = \frac{1}{0.3} \times 2 \times 4.200 \times 10^4 = 2.800 \times 10^5 \, \text{kN/m}^3$$

$$k_H = 2.800 \times 10^5 \times \left(\frac{1.474}{0.3}\right)^{-\frac{3}{4}} = 8.484 \times 10^4 \, \text{kN/m}^3$$

$$\beta = \sqrt[4]{\frac{8.484 \times 10^4 \times 0.800}{4 \times 2.0 \times 10^8 \times 2.306 \times 10^{-3}}} = 0.438 \, \text{m}^{-1}$$

(e) 設計外力

本設計例は、建設当時の性能を確保することを目的としているため、設計外力（死荷重・活荷重による鉛直力、設計水平震度および地震時における水平力）は、本橋設計当時の示方書である「鋼道路橋設計示方書」（日本道路協会、昭和 39 年 6 月）に基づき算出する。

① 鉛直力

　　上部工死荷重反力（橋脚当り）　　　R_d：3500.0 kN
　　上部工活荷重反力（橋脚当り）　　　R_ℓ：1500.0 kN
　　橋脚コンクリート梁自重（橋脚当り）R_b：700.0 kN

よって、反力合計（橋脚当り）は以下となる。

$V_0 = R_d + R_\ell + R_b = 5700.0$ kN

② 水平力

　　設計水平震度 K_h：本橋設計当時の示方書から「大地震の起こったことのある良好な地盤を持った地域」として、0.2 とする。

地震荷重による水平力 H_0 は、以下のとおりとなる。

$H_0 = (R_d + R_b) \times K_h = 840$ kN → 850 kN

③ 杭頭に作用する曲げモーメント

【橋軸直角方向】

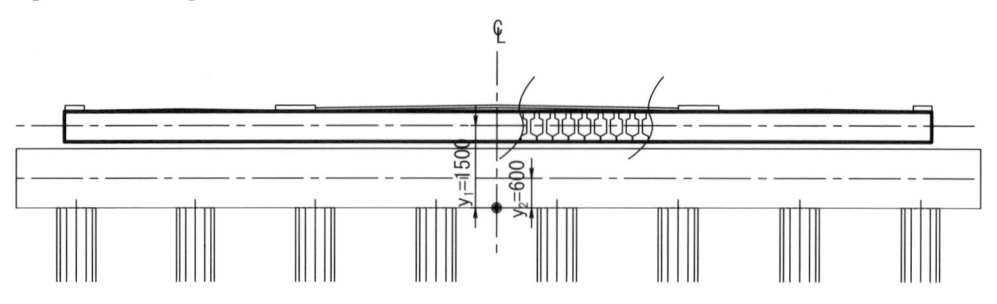

y_1 ：杭頭部（慣性力の作用位置）から
　　　上部工の重心位置までの距離

y_2 ：杭頭部（慣性力の作用位置）から
　　　橋脚梁の重心位置までの距離

図 3.3.5　慣性力の作用位置までの距離（橋軸直角方向）

地震時曲げモーメント M_0 は次式で算出する。

$$M_0 = R_d \times K_h \times y_1 + R_b \times K_h \times y_2$$

パイルベントの杭頭に作用する曲げモーメントの合計 M_0 は、以下のとおりとなる。

$$M_0 = 3500.0 \times 0.2 \times 1.500 + 700.0 \times 0.2 \times 0.600 = 1134.0 \text{ kN} \rightarrow 1150 \text{ kN}$$

【橋軸方向】

　本橋パイルベント式橋脚の橋軸方向の支承条件は可動のため、上部工の慣性力は通常支承の摩擦係数を用いて算定する。しかし、長期間供用された支承で、経年劣化により摩擦係数が増大していることが考えられるため、本設計例では橋軸方向の支承条件を固定とし断面力の算出を行う。

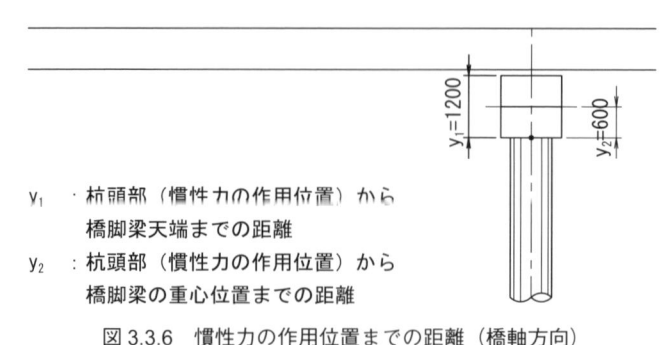

y_1 ：杭頭部（慣性力の作用位置）から
　　　橋脚梁天端までの距離

y_2 ：杭頭部（慣性力の作用位置）から
　　　橋脚梁の重心位置までの距離

図 3.3.6　慣性力の作用位置までの距離（橋軸方向）

地震時曲げモーメント M_0 は次式で算出する。

$$M_0 = R_d \times K_h \times y_1 + R_b \times K_h \times y_2$$

パイルベント式橋脚の杭頭に作用する曲げモーメントの合計 M_0 は、以下のとおりとなる。

$$M_0 = 3500.0 \times 0.2 \times 1.200 + 700.0 \times 0.2 \times 0.600 = 924.0 \text{ kN} \rightarrow 1000 \text{ kN}$$

(f) 杭の腐食状況

朔望平均干潮面（L.W.L.）付近では、ほぼ全周に腐食が生じている。

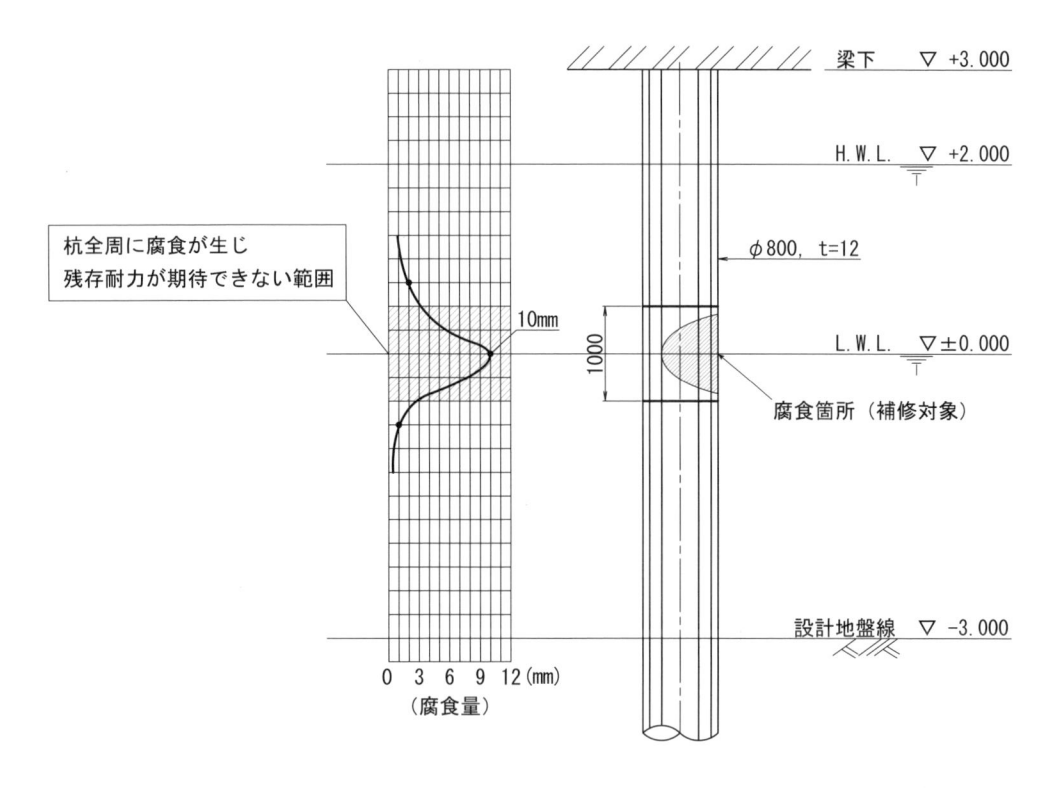

図 3.3.7　杭の腐食状況

(2) 許容応力度の設定
(a) 鋼管杭

パイルベント鋼管杭は SKK400 相当として、道示Ⅳ 4.4 より以下の値とする。

　　許容曲げ圧縮応力度：　$\sigma_{ca} = 140\,\text{N/mm}^2$
　　許容曲げ引張応力度：　$\sigma_{ba} = 140\,\text{N/mm}^2$
　　許容せん断応力度：　　$\tau_{ca} = 80\,\text{N/mm}^2$

(b) 溶接部（現場すみ肉溶接せん断応力度）

現場すみ肉溶接におけるせん断応力度は、道示Ⅳ 4.4 より以下の値とする。

　　気中：　$\tau_a = 80\,\text{N/mm}^2$

また、水中での現場すみ肉溶接におけるせん断応力度は、「港湾鋼構造物 防食・補修マニュアル 第Ⅳ部」[1] 3.3.2 解説より、以下の値とする。

　　水中：　$\tau_a = 48\,\text{N/mm}^2$（気中溶接の 60% とする）

(c) 許容応力度の割増し係数

設計に用いる許容応力度は、道示Ⅱ 3.1 により、1.50 の割増し係数を乗じる。

（3） 残存耐力の推定

腐食したパイルベント鋼管杭の損傷状況から、その残存耐力（常時許容曲げモーメント）を推定する。結果を、表 3.3.1 に示す。

断面二次モーメント　　$I_{sp} = \dfrac{\pi}{64}\{(D_1+2t)^4 - D_1^4\}$ mm^4

鋼管杭内径　　$D_1 = 800 - 12 \times 2 = 776$ mm

断面係数　　$Z_{sp} = \dfrac{2I_{sp}}{D_1+2t}$ mm^3

断面積　　$A_{sp} = \dfrac{\pi}{4}\{(D_1+2t)^2 - D_1^2\}$ mm^2

許容曲げモーメント　　$M_R = \sigma_{ba} \times Z_{sp}$ kN·m

表 3.3.1　残存耐力の推定

範囲（標高）	最大腐食深 (mm)	残存板厚 t (mm)	断面二次モーメント I_{sp} (mm^4)	断面係数 Z_{sp} (mm^3)	断面積 A_{sp} (mm^2)	許容曲げモーメント M_R (kN·m)
+0.5～+1.5	2	10	1.907×10^9	4.791×10^6	2.469×10^4	670.7
−0.5～+0.5	10	2	3.699×10^8	9.485×10^5	4.888×10^3	132.8
−1.5～−0.5	1	11	2.106×10^9	5.278×10^6	2.720×10^4	738.9

（4） 杭に生じる断面力の算定

道示Ⅳ 12.9 より、杭頭部の設計に用いる曲げモーメントは、「(a) 変位法で算出される杭頭曲げモーメント」と、「(b) 杭頭接合部をヒンジと仮定した地中部最大曲げモーメント」とを比較して大きい方を用いる。

(a)　変位法で算出される杭頭曲げモーメント
① 計算方法
【橋軸直角方向】
　　道示Ⅳ 12.7 の変位法により、橋脚梁を剛体、杭および地盤を杭の軸方向ばね定数および杭の直角方向ばね定数で評価した線形弾性体として設計する。
　　座標は、杭群中心を原点 0 とし、0 点に作用する外力を図 3.3.8 のように定める。

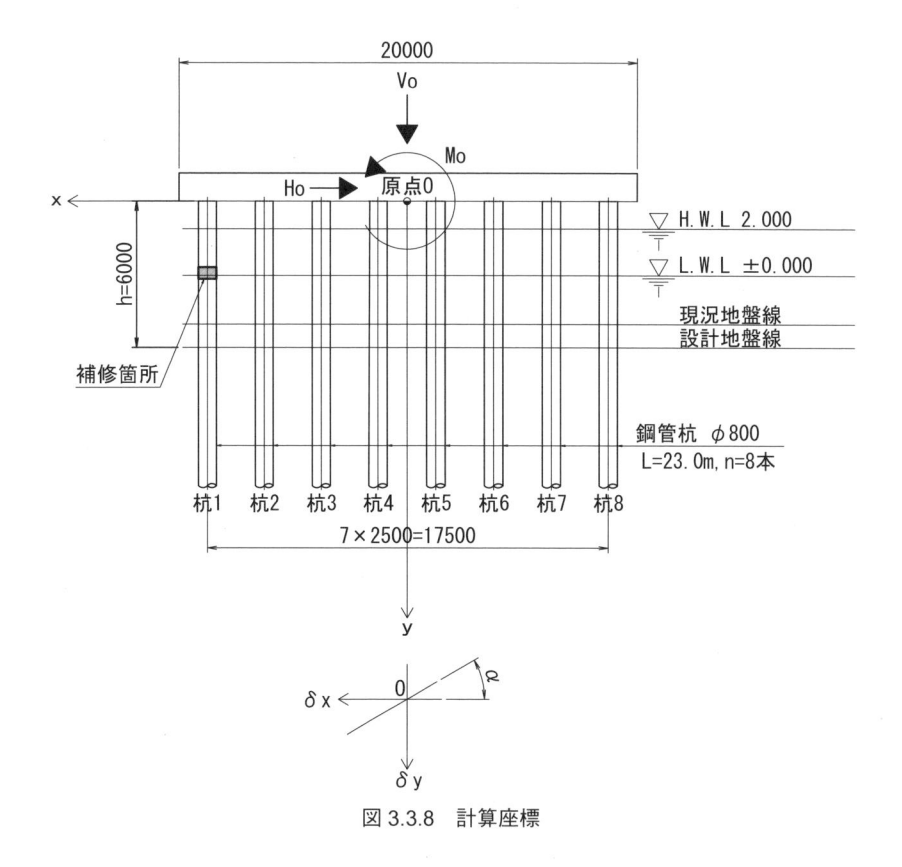

3.3 鋼パイルベント腐食の鋼板溶接工法による補修　　137

図3.3.8　計算座標

　杭配置が対称な鉛直杭で、ばね定数 K_1、K_2、K_3、K_4 および K_v が各杭とも等しいため、杭の変位 δ、梁の回転角 α、杭軸方向力 P_N、杭軸直角方向力 P_H、杭頭に分配されるモーメント M_t は、道示Ⅳ 解12.7.7、解12.7.8 より次式で与えられる。

$$\delta_x = \frac{H_0 + \left(\dfrac{nK_2}{(K_v \sum x_i^2 + nK_4)} M_0\right)}{nK_1 - \dfrac{nK_2^2}{K_v \sum x_i^2 + nK_4}} \qquad \delta_y = \frac{V_0}{nK_v} \qquad \alpha = \frac{M_0 + \dfrac{1}{2}\lambda H_0}{K_v \sum x_i^2 + n\left(K_4 - \dfrac{K_2^2}{K_1}\right)}$$

$$P_{Ni} = \frac{V_0}{n} + \frac{M_0 + \dfrac{1}{2}\lambda H_0}{\sum x_i^2 + \dfrac{n}{K_v}\left(K_4 - \dfrac{K_2^2}{K_1}\right)} x_i \quad \cdots(1)$$

$$P_{Hi} = \frac{H_0}{n} \quad \cdots(2)$$

$$M_{ti} = \frac{1}{n}(M_0 - \sum P_{Ni}x_i) \quad \cdots(3)$$

ここに、H_0：杭頭より上に作用する水平荷重（kN）
　　　　V_0：杭頭より上に作用する鉛直荷重（kN）
　　　　M_0：原点Oまわりの外力のモーメント（kN·m）
　　　　α：梁の回転角（rad）

$\lambda : h + 1/\beta$ (m)

h：設計上の地盤面から上の杭の杭軸方向の長さ (m)

x_i：i 番目の杭の杭頭の x 座標 (m)

K_v：杭の軸方向ばね定数 (kN/m)

$K_1、K_2、K_3、K_4$：杭の軸直角方向ばね定数（次項③を参照のこと）

【橋軸方向】

各外力を各杭で等分担した断面力が杭頭に作用すると仮定する。

② 杭の軸方向ばね定数の計算

杭の軸方向ばね定数 K_v は、道示Ⅳ 解 12.6.1 の推定式より算出する。

$$K_v = a \frac{A \times E}{L}$$

ここに、A：杭の純断面積 (mm²)

E：杭のヤング係数 (kN/mm²)

L：杭長 = 23.0 (m)

a：中掘杭の場合　$a = 0.010(L/D) + 0.36 = 0.648$

よって、

$$K_v = 0.648 \times \left(\frac{2.971 \times 10^{-2} \times 2.0 \times 10^8}{23.0} \right) = 1.674 \times 10^5 \text{kN/m}$$

③ 杭の軸直角方向ばね定数の計算

杭の軸直角方向ばね定数 $K_1、K_2、K_3、K_4$ は、次に示すように定義される。

$K_1、K_3$：杭頭部に回転を生じないようにして、杭頭部を杭軸直角方向に単位量だけ変位させるとき、杭頭部に作用させるべき軸直角方向力 (kN/m) および曲げモーメント (kN·m/m)

$K_2、K_4$：杭頭部に移動を生じないようにして、杭頭部を単位量だけ回転させるとき、杭頭部に作用させるべき軸直角方向力 (kN/rad) および曲げモーメント (kN·m/rad)

ここで、道示Ⅳ 9.2 より、基礎と地盤の相対的な剛性を評価する βL_e を算出し、半無限長（$\beta L_e \geq 3$）の杭であることを確認する。

$\beta L_e = 0.368 \times 17.0 = 6.256 > 3$

ここに、L_e：基礎の有効根入れ深さ = 23.0 m − 6.0 m = 17.0 m

半無限長の杭であること、すなわち、水平方向地盤反力係数が深さによらず一定で、杭の根入れの深さが十分に長い場合には、道示Ⅳ 表-解 12.6.1 により、杭の軸直角方向ばね定数を算出する。なお、ここでは杭頭接合部を剛結として算出する。

・常時

$$K_1 = \frac{12EI\beta^3}{(1+\beta h)^3 + 2} = \frac{12 \times 2.0 \times 10^8 \times 2.306 \times 10^{-3} \times 0.368^3}{(1+0.368 \times 6.0)^3 + 2}$$

$$= 7.887 \times 10^3 \text{kN/m}$$

$$K_2,\quad K_3 = K_1 \frac{\lambda}{2} = \frac{k_1}{2}\left(h + \frac{1}{\beta}\right) = \frac{7.887 \times 10^3}{2} \times \left(6.0 + \frac{1}{0.368}\right)$$
$$= 3.433 \times 10^4 \text{ kN/rad (kN·m/m)}$$

$$K_4 = \frac{4EI\beta}{1+\beta h} \times \frac{(1+\beta h)^3 + 0.5}{(1+\beta h)^3 + 2}$$
$$= \frac{4 \times 2.0 \times 10^8 \times 2.306 \times 10^{-3} \times 0.368}{1 + 0.368 \times 6.0} \times \frac{(1 + 0.368 \times 6.0)^3 + 0.5}{(1 + 0.368 \times 6.0)^3 + 2}$$
$$= 2.026 \times 10^5 \text{ kN·m/rad}$$

・地震時

$$K_1 = \frac{12EI\beta^3}{(1+\beta h)^3 + 2} = \frac{12 \times 2.0 \times 10^8 \times 2.306 \times 10^{-3} \times 0.438^3}{(1 + 0.438 \times 6.0)^3 + 2}$$
$$= 9.347 \times 10^3 \text{ kN/m}$$

$$K_2,\quad K_3 = K_1 \frac{\lambda}{2} = \frac{k_1}{2}\left(h + \frac{1}{\beta}\right) = \frac{9.347 \times 10^3}{2} \times \left(6.0 + \frac{1}{0.438}\right)$$
$$= 3.871 \times 10^4 \text{ kN/rad (kN·m/m)}$$

$$K_4 = \frac{4EI\beta}{1+\beta h} \times \frac{(1+\beta h)^3 + 0.5}{(1+\beta h)^3 + 2}$$
$$= \frac{4 \times 2.0 \times 10^8 \times 2.306 \times 10^{-3} \times 0.438}{1 + 0.438 \times 6.0} \times \frac{(1 + 0.438 \times 6.0)^3 + 0.5}{(1 + 0.438 \times 6.0)^3 + 2}$$
$$= 2.160 \times 10^5 \text{ kN·m/rad}$$

④ 杭頭に生じる断面力の算出

地震時の断面力が卓越すると考えられるため、設計断面力は地震時断面力とする。

【橋軸直角方向】

補修対象である「杭1」に生じる地震時の杭軸方向力 P_{N1}、杭軸直角方向力 P_{H1} を算出する。

式(1)より、

$$P_{N1} = \frac{5700}{8} + \frac{\left\{1150 + \frac{1}{2} \times \left(6.000 + \frac{1}{0.438}\right) \times 850\right\}}{262.500 + \frac{8}{1.674 \times 10^5} \times \left[2.160 \times 10^5 - \left\{\frac{(3.871 \times 10^4)^2}{9.347 \times 10^3}\right\}\right]} \times 8.750$$
$$= 866.6 \text{ kN}$$

式(2)より、

$$P_{H1} = \frac{850}{8} = 106.3 \text{ kN}$$

同様に、「杭2」〜「杭8」についても P_N、P_H を算出すると、**表3.3.2**を得る。

表 3.3.2 杭頭に生じる断面力（橋軸直角方向）の算出

	杭1	杭2	杭3	杭4	杭5	杭6	杭7	杭8	計
x_i (m)	8.750	6.250	3.750	1.250	－1.250	－3.750	－6.250	－8.750	0.000
x_i^2 (m²)	76.563	39.063	14.063	1.563	1.563	14.063	39.063	76.563	262.500
P_{Ni} (kN)	866.6	822.6	778.6	734.5	690.5	646.5	602.4	558.4	5700.0
P_{Hi} (kN)	106.3	106.3	106.3	106.3	106.3	106.3	106.3	106.3	850.0
$P_{Ni}\cdot x_i$ (kN·m)	7582.8	5141.1	2919.6	918.2	－863.1	－2424.2	－3765.1	－4885.9	4623.4

式(3)より、地震時に杭頭に分配されるモーメント M_{t1} は、

$$M_{t1} = \frac{1}{8}(1150.0 - 4623.4) = -434.2 \text{ kN}\cdot\text{m}$$

となり、杭頭モーメント M_{b1} は、道示Ⅳ「表-参11.1 一般式2）地上に突出している杭（h＞0）イ）基本形の式」を用いて算出する。

$$M_{b1} = -M_{t1} = 4.342 \times 10^2 \text{ kN}\cdot\text{m}$$

【橋軸方向】

地震時の杭に生じる杭軸方向力 P_{N1}、杭軸直角方向力 P_{H1}、杭頭に分配されるモーメント M_{b1} を算出する。

$$P_{N1} = \frac{V_0}{n} = \frac{5700}{8} = 712.5 \text{ kN}$$

$$P_{H1} = \frac{H_0}{n} = \frac{850}{8} = 106.3 \text{ kN}$$

$$M_{b1} = \frac{M_0}{n} = \frac{1000}{8} = 125.0 \text{ kN}$$

(b) 杭頭接合部をヒンジと仮定した地中部最大曲げモーメント
① 計算方法

地震時に杭に生じる地中部の最大曲げモーメントは、道示Ⅳ「表-参11.1 地上に突出している杭（h＞0）ロ）$M_t=0$ の場合の式」を用いて算出する。

② 最大曲げモーメントが生じる地中深さの算出

最大曲げモーメントが生じる深さ L_m は、下式によって与えられる。

$$L_m = \frac{1}{\beta}\tan^{-1}\left(\frac{1}{1+2\beta h}\right)$$

ここに、h：H_0 の作用する地上高＝6.000 m

よって、

$$L_m = \frac{1}{0.438}\tan^{-1}\left(\frac{1}{1+2\times 0.438\times 6.000}\right) = 0.362 \text{ m}$$

③ 地中部最大曲げモーメントの算出

最大曲げモーメントは下式で与えられる。

$$M_{m1} = -\frac{P_{H1}}{2\beta}\sqrt{(1+2\beta h)^2+1} \times \exp(-\beta L_m)$$

$$= -\frac{106.3}{2\times 0.438} \times \sqrt{(1+2\times 0.438\times 6.000)^2+1} \times \exp(-0.438\times 0.362)$$

$$= -655.8 \text{ kN}\cdot\text{m}$$

(c) 断面力の集計

(a)、(b) より「杭1」に生じる断面力の集計として、表3.3.3 を得る。

表3.3.3　地震時における「杭1」の断面力の集計

	杭軸方向力 P_{N1} (kN)	杭軸直角方向力 P_{H1} (kN)	杭頭モーメント M_{b1} (kN·m)	地中部最大曲げ モーメント M_m (kN·m)
橋軸直角方向	866.6	106.3	434.2	−655.8
橋軸方向	712.5		125.0	

設計に用いる断面力（杭軸方向力、杭頭モーメント）は、橋軸直角方向と橋軸方向の大きい値を用いる。曲げモーメントは、杭頭モーメントと地中部最大モーメントを比較し、大きい値を用いる。

　　杭軸方向力　　　　　P_{N1}：866.6 kN

　　杭軸直角方向力　　　P_{H1}：106.3 kN

　　最大曲げモーメント　M_m：−655.8 kN·m

（5）補修範囲の決定

（3）の表3.3.1で設定した各範囲において、地震時の断面計算を行い、応力が超過する範囲を補修する。

① 範囲：＋0.5～＋1.5

$$\sigma_1 = \frac{P_{N1}}{A_{sp}} + \frac{M_{m1}}{Z_{sp}} = \frac{866.6\times 10^3}{2.469\times 10^4} + \frac{655.8\times 10^6}{4.791\times 10^6}$$

$$= 172.0 \text{ N/mm}^2 \leq 140\times 1.50 = 210 \text{ N/mm}^2 \quad \text{OK}$$

② 範囲：−0.5～＋0.5

$$\sigma_2 = \frac{P_{N1}}{A_{sp}} + \frac{M_{m1}}{Z_{sp}} = \frac{866.6\times 10^3}{4.888\times 10^3} + \frac{655.8\times 10^6}{9.485\times 10^5}$$

$$= 868.7 \text{ N/mm}^2 > 140\times 1.50 = 210 \text{ N/mm}^2 \quad \text{NG}$$

③ 範囲：−1.5～−0.5

$$\sigma_3 = \frac{P_{N1}}{A_{sp}} + \frac{M_{m1}}{Z_{sp}} = \frac{866.6\times 10^3}{2.720\times 10^4} + \frac{655.8\times 10^6}{5.278\times 10^6}$$

$$= 156.1 \text{ N/mm}^2 \leq 140\times 1.50 = 210 \text{ N/mm}^2 \quad \text{OK}$$

上記結果より、残存耐力が期待できない範囲に対して、補修を行う。

（6） 補修断面の決定
（a） 断面の仮定

溶接鋼板の板厚（設計板厚）t_s を 10 mm（使用板厚は、本設計例では腐食しろ 2 mm を考慮し、12 mm とする）と仮定した場合の断面諸元を以下に示す。

補修範囲は −0.5 m〜+0.5 m の範囲であり、その上下の腐食の軽微な範囲で被覆鋼板を溶接により固定し応力を伝達するものとする。溶接する範囲の腐食深さは 1〜2 mm（図 3.3.7）であり、本計算例における断面諸元の計算は、補修鋼板を溶接する範囲が全周にわたり均一に 2 mm の腐食があるとして計算を行う。また、補修範囲（−0.5 m〜+0.5 m）の残存耐力は期待しないので、補修鋼板のみを抵抗断面として設計する。

腐食杭の外径： $R_p = 800 - 2 \times 2 = 796$ mm

補修鋼板の中心径： $R_m = R_p + t_s = 796 + 10 = 806$ mm

補修鋼板の外径： $R_0 = R_p + t_s \times 2 = 796 + 10 \times 2 = 816$ mm

補修鋼板の断面二次モーメント：

$$I_r = \frac{\pi}{64}(R_0^4 - R_p^4) = \frac{\pi}{64}(816^4 - 796^4) = 2.057 \times 10^9 \text{ mm}^4$$

補修鋼板の断面係数： $Z_r = \dfrac{2I}{R_0} = \dfrac{2 \times 2.057 \times 10^9}{816} = 5.042 \times 10^6 \text{ mm}^3$

補修鋼板の断面積： $A_r = \dfrac{\pi}{4}(R_0^2 - R_p^2) = \dfrac{\pi}{4}(816^2 - 796^2) = 2.532 \times 10^4 \text{ mm}^2$

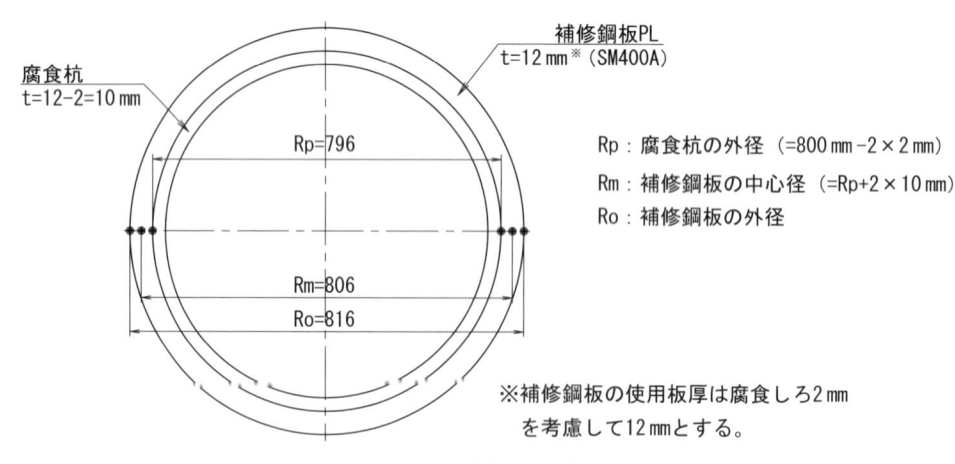

図 3.3.9 補修断面の仮定

（b） 応力の照査

断面の決定にあたっては、溶接による増厚補修鋼板のみを抵抗断面とし、地震時における断面力（表 3.3.3）により照査する。

$$\sigma = \frac{P_{N1}}{A_r} + \frac{M_m}{Z_r} = \frac{866.6 \times 10^3}{2.532 \times 10^4} + \frac{655.8 \times 10^6}{5.042 \times 10^6}$$
$$= 164.3 \text{ N/mm}^2 \leq 140 \times 1.50 = 210 \text{ N/mm}^2 \quad \text{OK}$$

よって、補修板の板厚は腐食しろ 2 mm を考慮して 12 mm とする。

(c) 溶接の計算

鋼板の上下端付近の円周上に縦方向のすみ肉溶接（スリット溶接、図 3.3.11）を施して力の伝達を行う。溶接部には曲げモーメントとせん断力が働くため、溶接部に働く断面力は下式で与えられる。なお、溶接の計算では水中溶接を考慮し、設計することとする。

$$\tau_a = \frac{P_{N1}}{\Sigma aL} + \frac{M_{m1}}{Z_w} \quad \text{ここで、} Z_w = \frac{1}{2}\Sigma aL \times \frac{1}{2}R_p$$

ここに、 τ_a：水中での現場溶接すみ肉せん断許容応力度 = 48 N/mm²
　　　　　　地震時での照査につき、1.50 の許容応力度の割増しを考慮する。
　　　　a：溶接のど厚（mm）
　　　　L：必要現場溶接長（mm）
　　　　Z_w：溶接部の断面係数

上記の式より、

$$\tau_a \Sigma aL = \frac{P_{N1} \times R_P + 4M_{m1}}{R_P}$$

$$= \frac{866.6 \times 10^3 \times 796 + 4 \times 655.8 \times 10^6}{796} = 416.2 \times 10^4 \text{ N}$$

溶接サイズを 9 mm（有効のど厚 a = 6.4 mm）とすると

$$\Sigma L = \frac{416.2 \times 10^4}{\tau_a \times 1.5 \times a} = \frac{416.2 \times 10^4}{48 \times 1.50 \times 6.4} = 9.032 \times 10^3 \text{ mm}$$

溶接条数は、鋼管杭径と溶接スリット形状から 18 条とする（図 3.3.11）。

1 条当り　$\dfrac{\Sigma L}{18} = 501.8 \text{ mm} \rightarrow 550 \text{ mm}$　とする。

(7) 防食設計
(a) 防食方法

本設計例では、防食対策として実績が多く信頼性も確認されている「塗覆装」および「電気防食」を行うこととする。なお、実際の防食設計においては、耐用年数等を考慮した上で防食方法を検討する必要がある。

① 塗覆装工法の選定

防食箇所は朔望平均干潮面付近であるため、海上・海中の双方で防食効果が期待される塗覆装工法が適している。

塗覆装工法の種類[1]
　・塗装
　・有機ライニング
　・ペトロラタムライニング
　・無機ライニング

本設計例では、既設橋で実績が多く防食効果が海上と海中で期待できる「ペトロラタムライニング工法」を採用する。

ペトロラタムライニングとは、ペトロラタムを主成分とするペトロラタム系防食

材料(注)により鋼材を被覆する防食工法であり、施工法により以下の2種類がある。

・分離型：素地調整した被防食体に、下塗り材のペーストを塗布、またはペーストテープを巻き付けた後、ペトロラタム系防食テープを巻き付けその上に保護カバー、または緩衝材付き保護カバーを装着する工法。一般に鋼管杭に用いられる。

・一体型：素地調整した被防食体に、あらかじめ防食層、緩衝材、保護カバーを一体化した防食材を装着する工法。一般に鋼矢板に用いられる。

本計算例では、ペトロラタム系防食テープ（JIS Z 1902: 2009）を巻き付け、保護カバーを装着する分離型工法とする（図 3.3.10）。

注）ペトロラタム系防食材料：ペトロラタムを主成分として腐食抑制剤等を添加してあり、防食機能をもつほか、不活性な材料を使用しているので、海水、酸、アルカリに強く長時間硬化することなく耐低温性にも優れている。

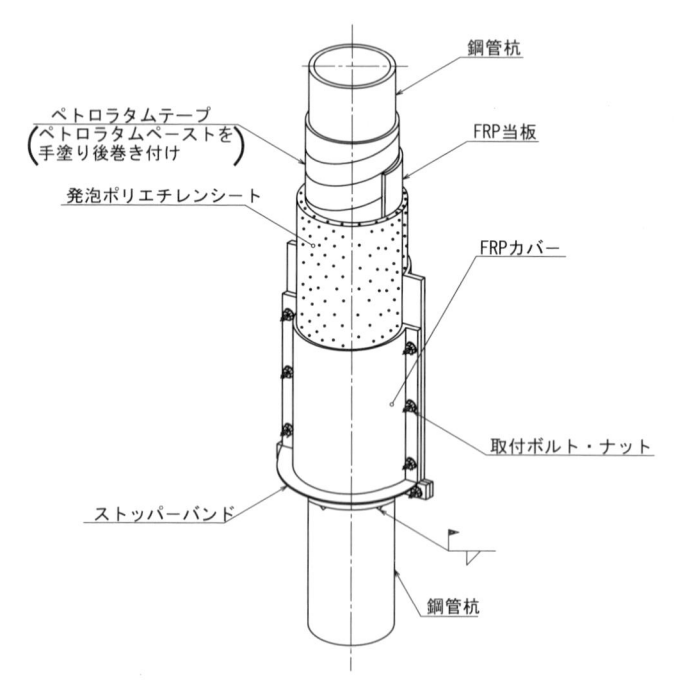

図 3.3.10　ペトロラタム系防食テープと保護カバーによる防食工法の概念図

② 電気防食工法の選定

電気防食工法は、コンクリートに設置した陽極システムから鋼材へ電流を流すことにより鋼材の電位をマイナス方向へ変位させ、鋼材の腐食を電気化学的に抑制する工法である。電気防食工法は、防食電流の供給方法により、以下の2種類に大別される。

・外部電源方式：直流電流の（＋）極にコンクリート表面もしくはその近傍に設置した陽極システムを、（－）極に防食対象鋼材を接続し、両者間に防食電流を流し、電気防食を行う工法である。

・流電陽極方式：コンクリート内部の鋼材よりも電気的に卑な金属からなる陽極システムをコンクリート表面あるいはその近傍に設置し、鋼材と短絡させることで両者間の電位差を利用して防食電流を流し、防食する工法である。

　外部電源方式は、水質が季節等で大きく変化するような環境でも、電圧を変えることにより防食電流をコントロールできる利点があるが、維持管理に専門知識をもった技術者が必要であることや、運転維持していくために電気料金が必要なことなどの欠点があるため、現在では特別な場合を除いて流電陽極方式が用いられている[1]。

　本設計例で示した場合においては、塗覆装と併用して用いる電気防食に「流電陽極方式」を用いることも検討する必要がある。

（b）防食範囲

　防食の範囲は「朔望平均干潮面（L.W.L.）の1m下部から上」を塗覆装、「平均干潮面（M.L.W.L.）から下」を電気防食とすることが多いが、現地状況をよく調査して、その範囲を決定する必要がある。

（8）補修図

　鋼管杭基礎パイルベント式橋脚の鋼板溶接工法による補修設計に基づく補修図を図3.3.11に示す。

　施工性から、補修鋼板は5つに分割している。

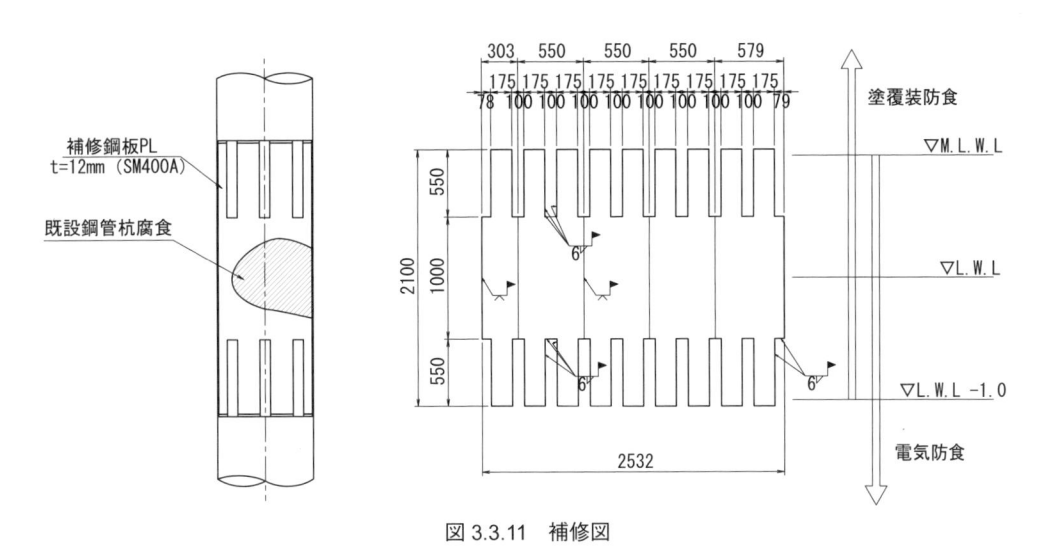

図 3.3.11　補修図

参考文献
1）沿岸開発技術研究センター：港湾鋼構造物 防食・補修マニュアル、平成9年4月

3.4 亜硝酸リチウム内部圧入による橋台の ASR 補修

3.4.1 橋梁諸元
(1) 橋梁形式
　　　上部工：鋼鈑桁橋
　　　下部工：逆 T 式橋台
(2) 竣工年：昭和 54 年
(3) 補修対象：A1 橋台（幅 15.0 m、高さ 4.25 m、壁厚 0.6 m）
(4) 劣化要因：アルカリシリカ反応（ASR）

補修対象とする A1 橋台の形状を図 3.4.1 に示す。

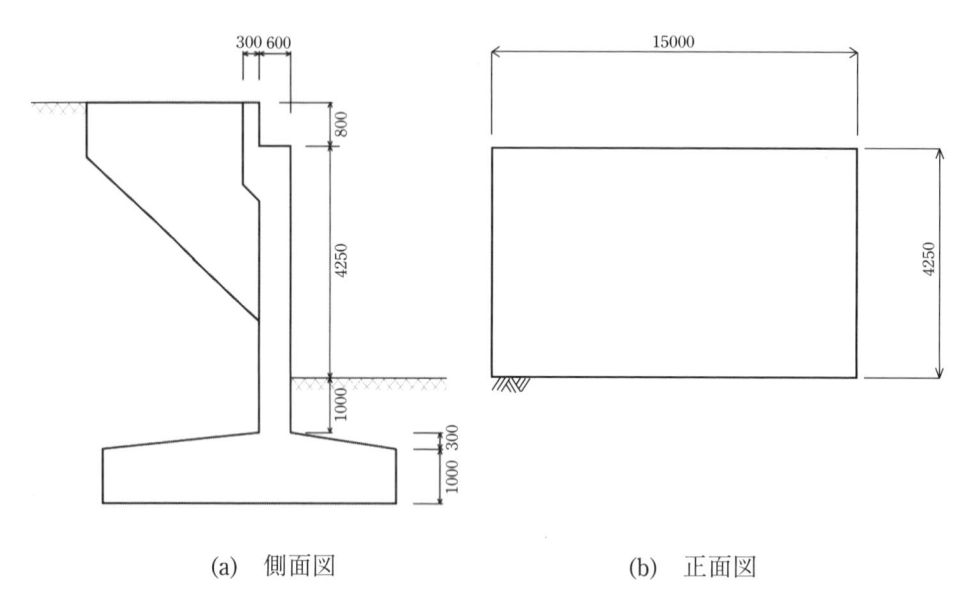

(a) 側面図　　　　　　　(b) 正面図

図 3.4.1　補修対象の A1 橋台形状図

3.4.2 劣化状況

A1 橋台の外観変状を写真 3.4.1 に示す。橋台躯体前面、側面に亀甲状ひび割れが多数発生しており、その一部からは白色ゲルの析出が見られている。圧縮強度試験の平均値は 33.8 N/mm^2 であり、強度低下は認められないが、静弾性係数の平均値は 8.96 kN/mm^2 とコンクリート標準示方書[1]における標準値 29.1 kN/mm^2 から著しく低下していることがわかる。JCI-DD2 法による残存膨張量試験の結果は、促進期間 3 カ月後の全膨張量が 0.062～0.068％であり、目安とされる 0.05％を上回っている。

写真 3.4.1　A1 橋台の外観変状

　以上より、ASR の進行によって橋台コンクリートに著しい変状が生じており、将来の膨張進行の可能性を示す残存膨張量も有害なレベルにある。劣化過程は加速期に相当すると判断され、一般的な補修工法であるひび割れ注入工法および表面被覆工法では再劣化が懸念されるため、ASR 膨張を根本的に抑制する補修工法が採用された。

3.4.3　補修方法
（1）　ASR 補修の考え方

　ASR の劣化過程（潜伏期・進展期・加速期・劣化期）に応じた補修工法は、次のように考えることができる[2]。

　潜伏期ではゲルが生成しているものの、まだコンクリートにひび割れが発生していない時期であるため、対策工への要求性能は外部からの水分浸入の抑制となる。その要求性能に適する工法は表面含浸工法または表面被覆工法となり、主に予防保全的な適用となる。

　進展期になるとゲルの膨張によりひび割れが発生し始める。この段階でのひび割れ状況はまだ比較的軽微であるため、ひび割れ注入工法と表面被覆工法や表面含浸工法などを組み合わせることによって水分の浸入を抑制しつつ、以後の ASR 膨張の進行を抑制するという方針を採ることができる。ただし、この段階の構造物は残存膨張性が高い状況であると考えられるため、水分供給や日射などの環境条件によっては早期に再劣化を生じる場合も想定しておく必要がある。

　加速期に入ると ASR 膨張の進行速度が最大となり、ひび割れの幅、延長が増大し、構造物の耐久性能が急速に低下する。また、圧縮強度や弾性係数などの力学的性能も低下し始めるため、外観上のグレードが加速期にある構造物はこれ以上劣化を進行させないことが重要となる。このとき、構造物の残存膨張性が既に低い場合ではひび割れ注入工法と表面被覆工法の組合せによって水分の浸入を抑制するという方針を採ることができる。ただし ASR の膨張性は非常に長期間にわたることが知られており、加速期では依然として残存膨張性が高い状況であることが多い。したがって水分供給や日射などの

環境条件によっては何度も再劣化を生じることも十分想定される。そのような構造物に対しては亜硝酸リチウム内部圧入工法により以後の膨張を根本から抑制するという方針を採ることが望ましい。

　ASRによる損傷を生じている構造物は劣化期になるまで放置すべきではないが、もし劣化期に至った場合ではコンクリートの劣化部・不良部の範囲も大きいため、補修規模も大規模となる。ただし、劣化期までくると構造物の残存膨張性は既に収束していることが多いため、この段階では亜硝酸リチウム内部圧入工法のようなゲルの膨張抑制を対策方針として掲げる必要はなくなる。

（2）　亜硝酸リチウムによるASR補修工法

　亜硝酸リチウムによるASR膨張抑制メカニズムとして、反応性骨材周囲に生成したアルカリシリカゲル（$Na_2O \cdot nSiO_2$）にリチウムイオン（Li^+）が作用し、ゲル中のNa^+とLi^+とがイオン交換することにより、水に対して膨張性を示さないリチウムシリケート（$Li_2O \cdot xSiO_2$）に変化するとされている[3]。

　亜硝酸リチウムを用いたASR補修工法には、表面保護工法、ひび割れ注入工法および内部圧入工法の3種類があるが、表面保護工法およびひび割れ注入工法ではリチウムイオンの供給範囲がコンクリート表層部およびひび割れ周辺部に限定される。それに対し、内部圧入工法ではコンクリート内部全体にリチウムイオンを供給できるため、ASR膨張を根本的に抑制できる。本計算例におけるASR補修工法の比較表を**表3.4.1**に示す。

表 3.4.1 ASR で劣化した橋台の補修工法

補修工法		工法の特徴	採用の可否
1	ひび割れ注入工法	・ひび割れに有機系または無機系の注入材を注入してひび割れを閉塞する。 ・得られる効果は劣化因子（水分）の遮断のみであり、躯体内部で生じるASR膨張自体を抑制することはできないため、早期の再劣化を想定する必要がある。	
2	表面含浸・被覆工法	・コンクリート表面に表面含浸材（シラン系など）や表面被覆材（有機系、無機系など）を塗布することにより、劣化因子（水分）の浸入を抑制する。 ・上記と同様に、躯体内部で生じるASR膨張自体を抑制することはできないため、早期の再劣化を想定する必要がある。	
3	亜硝酸リチウム工法 ひび割れ注入工法	・無機系注入材と亜硝酸リチウムを併用してひび割れを閉塞する。 ・先行注入した亜硝酸リチウムがひび割れ周辺のASR膨張を低減するとともに、本注入した無機系ひび割れ注入材がひび割れを閉塞し、水分浸入を遮断する。 ・ただしASR膨張抑制効果は限定的であり、再補修を前提とした維持管理シナリオの下で適用する必要がある。	
	表面含浸・被覆工法	・コンクリート表面に亜硝酸リチウムを塗布した後、ケイ酸塩系含浸材またはポリマーセメント系被覆材を塗布する。 ・塗布した亜硝酸リチウムがコンクリート内部へ浸透し、コンクリート表層部のASR膨張を低減する。また、表面含浸材または被覆材が外部からの水分浸入を遮断する。 ・ただしASR膨張抑制効果は限定的であり、再補修を前提とした維持管理シナリオの下で適用する必要がある。	
	内部圧入工法	・コンクリートに削孔し、亜硝酸リチウムを内部圧入することでコンクリート全体にリチウムを供給する。コンクリート全体のASRゲルが非膨張化されるため、以後のASR膨張は根本的に抑制することができる。 ・対策後はたとえ水分の供給があってもASR膨張が進行しないので、再劣化を許容しない構造物の補修工法として適用性が高い。	本事例で採用

（3） 亜硝酸リチウム内部圧入工法の概要

　亜硝酸リチウム内部圧入工法は、コンクリートに小径の圧入孔を削孔し、そこから浸透拡散型亜硝酸リチウム 40％水溶液を 0.5 〜 1.0 MPa の圧力で内部圧入する工法である。本工法によって、コンクリート全体の反応性骨材周囲に生成しているアルカリシリカゲルが非膨張化されるため、以後の ASR 膨張を収束させることができる[4]。

　亜硝酸リチウム内部圧入工法には、部材寸法が厚い構造物（概ね 500 mm 以上）に適用される油圧式圧入装置（図 3.4.2 参照）と、部材寸法が薄い構造物（概ね 500 mm 未満）に適用されるカプセル式圧入装置（図 3.4.3 参照）の 2 種類がある。本計算例の A1 橋台躯体には油圧式圧入装置を用いた内部圧入工を適用する。

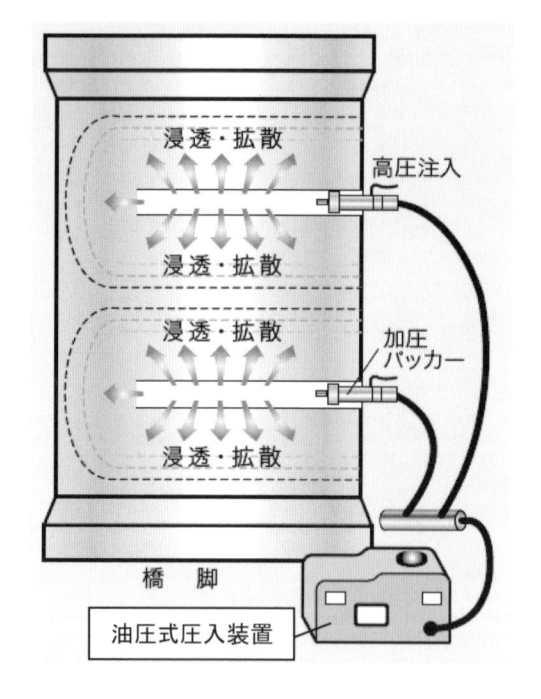

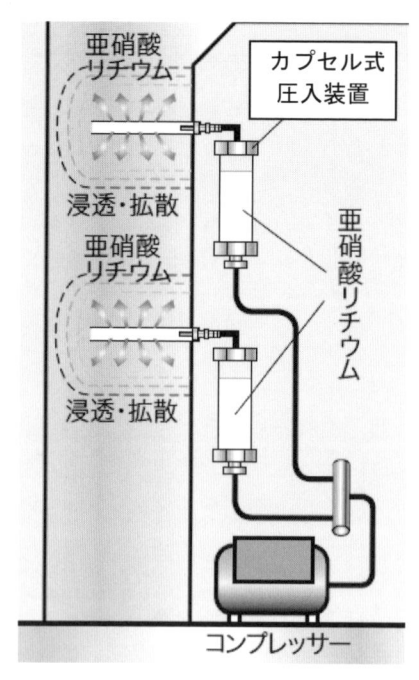

図 3.4.2　油圧式圧入装置による内部圧入工　　　図 3.4.3　カプセル式圧入装置による内部圧入工

（4）　亜硝酸リチウム内部圧入工法の適用範囲

　本橋台を構成する竪壁、フーチング、パラペットなどの各部位には同じコンクリート（骨材）が使用されているはずなので、すべての部位においてASRにより劣化するポテンシャルは同等であると考えられる。しかし、同一構造物であっても部位によってASR劣化環境が異なり、進行速度に違いが見られることもあるため、部位ごとに劣化状況を精査して補修範囲を定めることが重要である。

　まず、橋台躯体は全面にわたって著しいひび割れが生じていたため、内部圧入工法の適用範囲とする。次に地中部に埋設されているフーチングの劣化状況を見ると、多少のひび割れが生じているものの、躯体ほどの劣化度ではなかった。地中部に埋設された部位は地下水による湿潤環境に置かれており、一見ASRが促進されやすい環境下にあるように思えるが、地中部は気中部に比べて温度変化が小さい環境でもある。既往の研究[5]によると、直射日光を受ける擁壁表面側のASR進行は著しいものの、土砂に接していて温度変化の小さい擁壁背面側ではASRの進行が遅いことが論じられている。本橋台のフーチングに関しても上記と同様のことが言えると思われ、フーチングのASRの進行が遅いと判断し、補修を行わずに経過観察の対象とした。また、パラペットも躯体に比べると劣化状況が軽微であったため、今後も適切な経過観察を行うこととし、補修範囲から除外した。

3.4.4 補修設計手順

亜硝酸リチウム内部圧入工の標準的な補修設計フローを図3.4.5に示す。

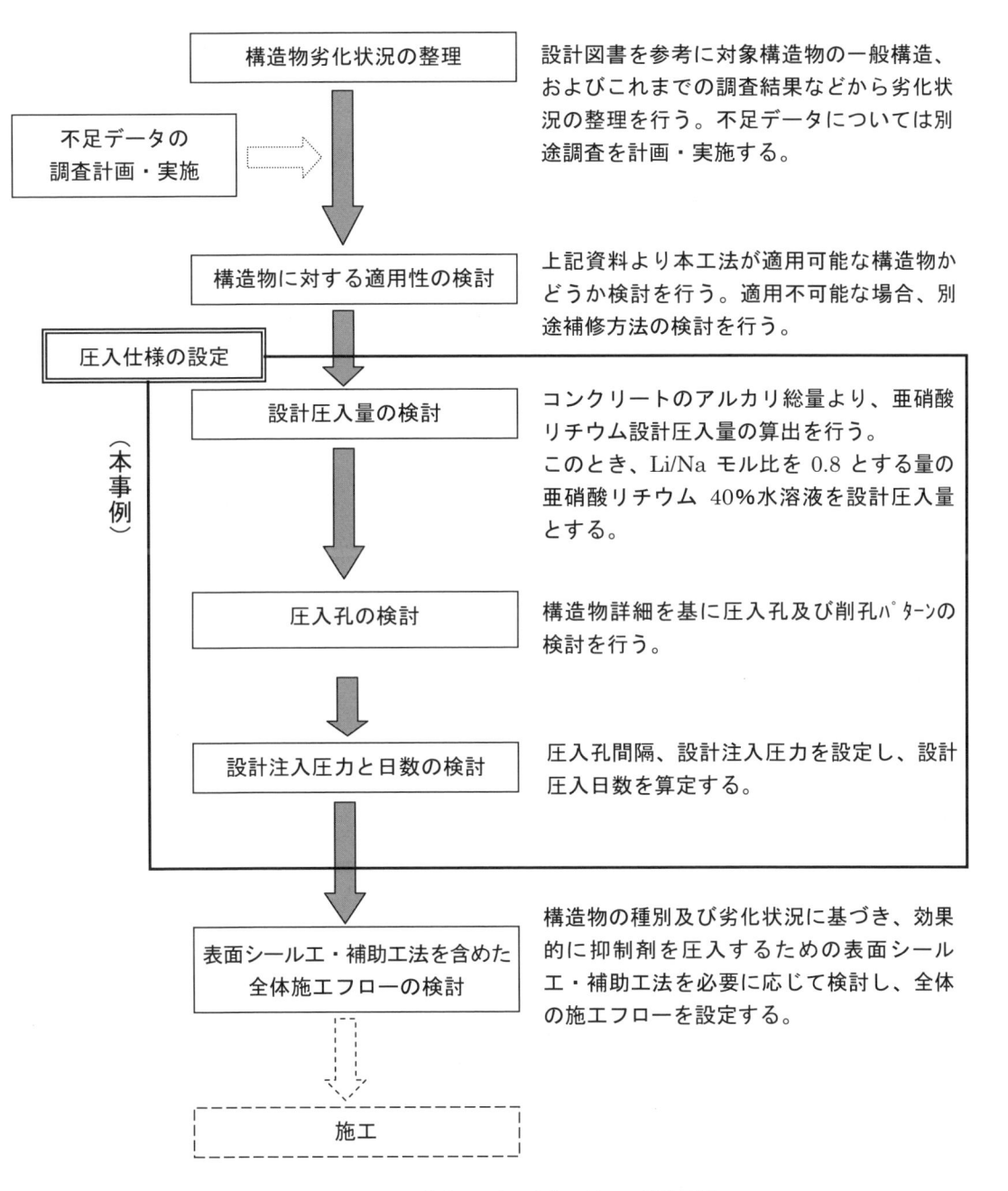

```
[構造物劣化状況の整理]  設計図書を参考に対象構造物の一般構造、
                        およびこれまでの調査結果などから劣化状
[不足データの           況の整理を行う。不足データについては別
 調査計画・実施]         途調査を計画・実施する。

[構造物に対する適用性の検討]  上記資料より本工法が適用可能な構造物か
                              どうか検討を行う。適用不可能な場合、別
                              途補修方法の検討を行う。

[圧入仕様の設定]
    [設計圧入量の検討]    コンクリートのアルカリ総量より、亜硝酸
                          リチウム設計圧入量の算出を行う。
(本                       このとき、Li/Naモル比を0.8とする量の
 事                       亜硝酸リチウム40%水溶液を設計圧入量
 例)                      とする。

    [圧入孔の検討]        構造物詳細を基に圧入孔及び削孔パターンの
                          検討を行う。

    [設計注入圧力と日数の検討]  圧入孔間隔、設計注入圧力を設定し、設計
                                圧入日数を算定する。

[表面シール工・補助工法を含めた  構造物の種別及び劣化状況に基づき、効果
 全体施工フローの検討]           的に抑制剤を圧入するための表面シール
                                 工・補助工法を必要に応じて検討し、全体
                                 の施工フローを設定する。

[施工]
```

図3.4.4 亜硝酸リチウム内部圧入工の補修設計フロー

図3.4.4に示した補修設計フローのうち、圧入仕様の設定に関する項目について、以下に事例を示す。

（１）亜硝酸リチウム設計圧入量の検討

　ASR膨張を抑制するために必要となる亜硝酸リチウム設計圧入量は、コンクリート中のアルカリ総量に応じて構造物毎に設定する。対象コンクリートのアルカリ総量（単位体積当りのNa$^+$およびK$^+$の量をNa$_2$Oに換算した質量）に対して抑制剤のLi$^+$がモル比で0.8となる量（Li/Naモル比 = 0.8）の亜硝酸リチウム40％水溶液を設計圧入量として構造物に圧入する（図3.4.5参照）。

　対象構造物に対してアルカリ総量試験を行い、アルカリ総量がNa$_2$O換算で4.0 kg/m^{3}の場合、単位体積当りの亜硝酸リチウム設計圧入量は13.7 kg/m^{3}となる。圧入対象コンクリート体積が38.25 m^{3}の場合、設計圧入量は524 kgとなる。

　　　補修対象：　　A1橋台（幅15.0 m、高さ4.25 m、壁厚0.6 m）
　　　圧入対象コンクリート体積：　　15.0 m × 4.25 m × 0.6 m = 38.25 m^3
　　　亜硝酸リチウム設計圧入量：　　38.25 m^3 × 13.7 kg/m^3 = 524.0 kg

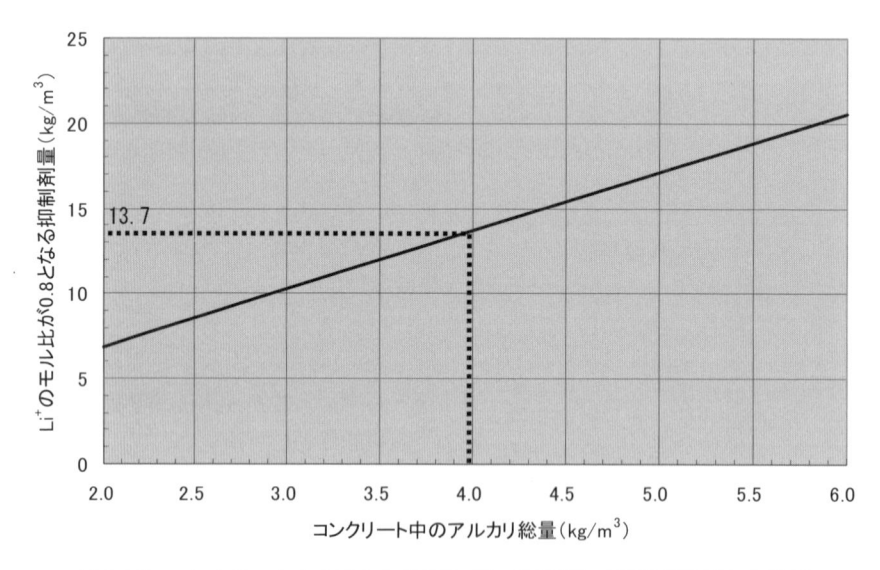

図3.4.5　コンクリート中のアルカリ総量（Na$_2$O換算）と設計圧入量との関係

（２）圧入孔の検討

　圧入孔の削孔径はϕ20 mm、削孔間隔は750 mmピッチとし、千鳥配置とする。

　背面側の削孔残りは、鉄筋かぶりの1.5倍以上を確保し、かつ削孔深さの誤差（10 mm程度）を吸収できるよう150 mm残しとする。したがって、部材厚が600 mmである本橋の場合、600 − 150 = 450 mmが削孔長となる（図3.4.6参照）。

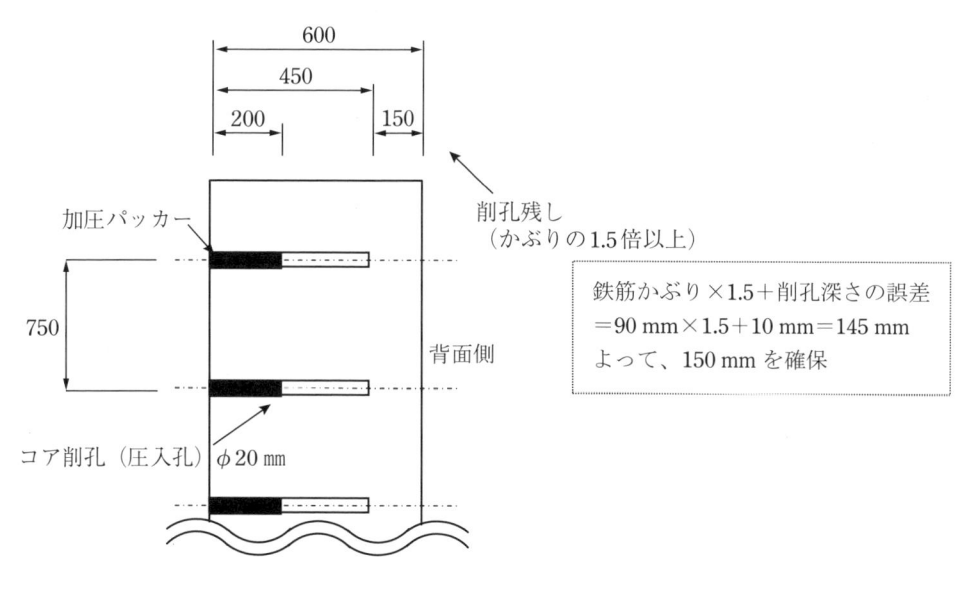

図3.4.6 削孔長の設定

(3) 設計注入圧力の検討

　設計注入圧力は、亜硝酸リチウムをコンクリート内部に効果的に浸透させることができ、かつASR構造物内部のひび割れを助長することのない範囲に設定する必要がある。供試体実験および試験施工の結果、設計注入圧力を0.5～1.5 MPaの範囲に設定すると、抑制剤の過度な漏出・漏洩もなく抑制剤を所定の範囲内に浸透させることができる。ただし、ASRにより強度が低下している構造物も多数存在することから、コンクリートコアの圧縮強度結果から推定される引張強度に対し、安全率を考慮して3で除したものを上限注入圧力（表3.4.2）として注入圧を制限している。

　以上より、設計注入圧力は"0.5 MPa～上限注入圧力"の範囲とし、その範囲は構造物ごとに定めることとする。

　　　・推定引張強度＝圧縮強度（コンクリート物性調査結果）／10
　　　・上限注入圧力＝推定引張強度／安全率　　（ただし、安全率：3）

表3.4.2 上限注入圧力の設定例

圧縮強度 (N/mm^2)	推定引張強度 (N/mm^2)	上限注入圧力 (MPa)	圧縮強度 (N/mm^2)	推定引張強度 (N/mm^2)	上限注入圧力 (MPa)
15	1.50	0.50	31	3.10	1.03
17	1.70	0.57	33	3.30	1.10
19	1.90	0.63	35	3.50	1.17
21	2.10	0.70	37	3.70	1.23
23	2.30	0.77	39	3.90	1.30
25	2.50	0.83	41	4.10	1.37
27	2.70	0.90	43	4.30	1.43
29	2.90	0.97	45	4.50	1.50

本稿では橋台のコア試料による圧縮強度試験の実測値が 33.8 N/mm² であったため、上限注入圧力は以下とする。

推定引張強度 = 33.8/10 = 3.38 N/mm²
上限注入圧力 = 3.38/3 = 1.13 MPa

（4） 設計注入日数の検討
 (a) 設計条件
・コンクリートの圧縮強度： 33.8 N/mm²
・設計注入圧力： 0.5 MPa
（躯体表面からの抑制剤の漏出・漏洩を考慮し、0.5 MPa とする。）
・設計圧入量： 524.0 kg
・圧入孔径は φ20 mm、間隔は 750 mm とし、図 3.4.7 のように基本配孔を設定する。
・圧入孔数： 140 孔
・橋台の躯体厚さ： 600 mm

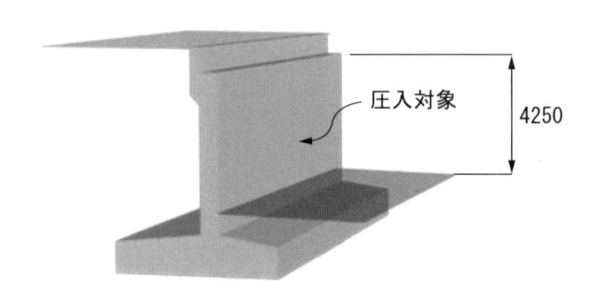

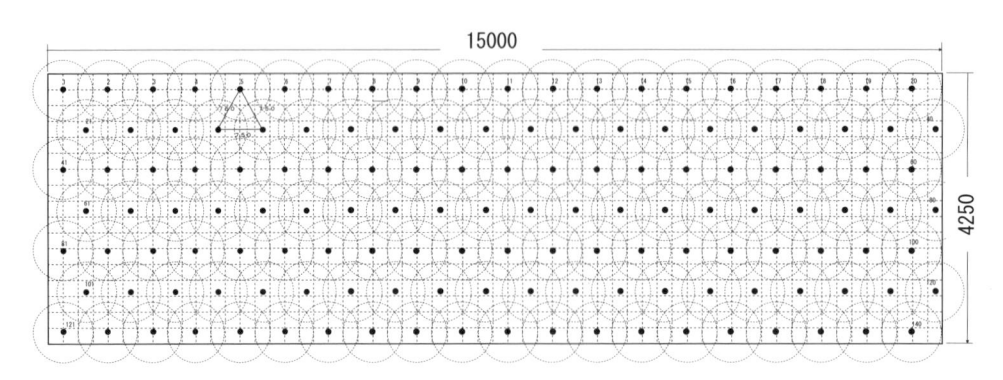

図 3.4.7　圧入孔の基本配孔図（橋台竪壁）

 (b) 設計圧入日数の算定
① 圧入孔1本当りに圧入する抑制剤量 $Q(\mathrm{m}^3)$

$$\text{設計圧入量}(\mathrm{m}^3) = \frac{\text{設計圧入量}(\mathrm{kg})}{\text{抑制剤の密度}(\mathrm{kg/m}^3)} = \frac{524.0}{1250} = 0.419 \,\mathrm{m}^3$$

$$Q = \frac{\text{設計圧入量}(\mathrm{m}^3)}{\text{圧入孔本数}} = \frac{0.419}{140} = 0.0030 \,\mathrm{m}^3$$

② 圧入に要する時間 t（h）、設計圧入日数 T（day）

$$q = 2\pi \cdot k_\alpha \cdot L \cdot \frac{10^6 \cdot P}{\rho g} \cdot \frac{1}{\ln(4L/D)} \text{ m}^3/\text{h}$$

$$= 2 \times 3.14 \times 3.4 \times 10^{-7} \times 0.6 \times (10^6 \times 0.5/1250/9.8) \times 1/\ln(4 \times 0.6/0.020)$$

$$= 1.1 \times 10^{-5} \text{ m}^3/\text{h}$$

ここに、 Q：圧入孔 1 孔当りに圧入する抑制剤量（m³）
　　　　q：時間当りの圧入量（m³/h）
　　　　k_α：抑制剤の圧入のしやすさに関するパラメータ（m/h）
　　　　　　コンクリートの圧縮強度に応じて次式で算出する。
　　　　　　$k_\alpha = 7 \times 10^{-6} \cdot e^{-0.0892 \times f_c} = 7 \times 10^{-6} \cdot e^{-0.0892 \times 33.8} = 3.4 \times 10^{-7}$
　　　　f_c：コンクリートの圧縮強度＝33.8 N/mm²
　　　　P：設計注入圧力（＝0.5）（MPa）
　　　　ρ：抑制剤（亜硝酸リチウム 40％水溶液）の密度（＝1250）（kg/m³）
　　　　g：重力加速度（＝9.8）（m/sec²）
　　　　L：部材厚（＝0.6）（m）
　　　　D：圧入孔径（＝0.020）（m）

圧入に要する時間 t（h）は、
　$t = Q/q$（h）＝ $0.0030/1.1 \times 10^{-5}$ ＝ 272（h）

1 日当りの圧入時間を 8 時間とすると、設計圧入日数 T（day）は、
　$T = t/8 = 272/8 = 34$（day）

（5）　亜硝酸リチウム内部圧入の仕様

以上より、本橋台の亜硝酸リチウム内部圧入工の仕様を以下のとおりとする。
・圧入孔
　　削孔径 ϕ20 mm、削孔間隔 750 mm の千鳥配置
　　削孔深さ：450 mm
・亜硝酸リチウム設計圧入量
　　単位体積当り：　13.7 kg/m³
　　構造物当り：　524.0 kg/m³
・設計注入圧力
　　0.5 MPa ～ 1.13 MPa の範囲内とする
・設計圧入日数
　　272 時間（1 日 8 時間圧入する場合、34 日）

3.4.5　補修効果の確認

　A1 橋台の内部圧入工完了後にコア試料を採取し、JCI-DD2 法による残存膨張量試験を実施した。JCI-DD2 法による膨張量測定は、採取したコアの基長測定後、まず温度 20℃、相対湿度 95％以上の条件下で約 2 週間の標準養生を行い、その間の膨張ひずみを測定して解放膨張量とした。その後、温度 40℃、相対湿度 95％以上の条件下で 13 週

間の促進養生を行い、その間の膨張ひずみを測定して残存膨張量とした。さらに、解放膨張量と残存膨張量を足した値を全膨張量とした。この施工後の残存膨張量試験結果と、補修設計段階で実施されていた施工前の残存膨張量試験結果とを比較することにより、亜硝酸リチウム内部圧入によるASR抑制効果を確認することができる。

施工前後の残存膨張量試験結果を図3.4.8に示す。全膨張量をみると、施工前は0.062％および0.068％（平均0.065％）を示したのに対し、施工後は0.008％および0.029％（平均0.019％）を示し、平均値で比べた場合、施工後は施工前の29.2％にまで低下していた。将来的な膨張の可能性を表す残存膨張量試験結果が、亜硝酸リチウムの供給を境に施工前の値の29.2％にまで低減されており、かつ促進期間13週間後における全膨張量の値もJCI-DD2法の判定基準の一つである0.05％を下回っているため、亜硝酸リチウム内部圧入工によるASR膨張抑制効果が得られていると判断できる。

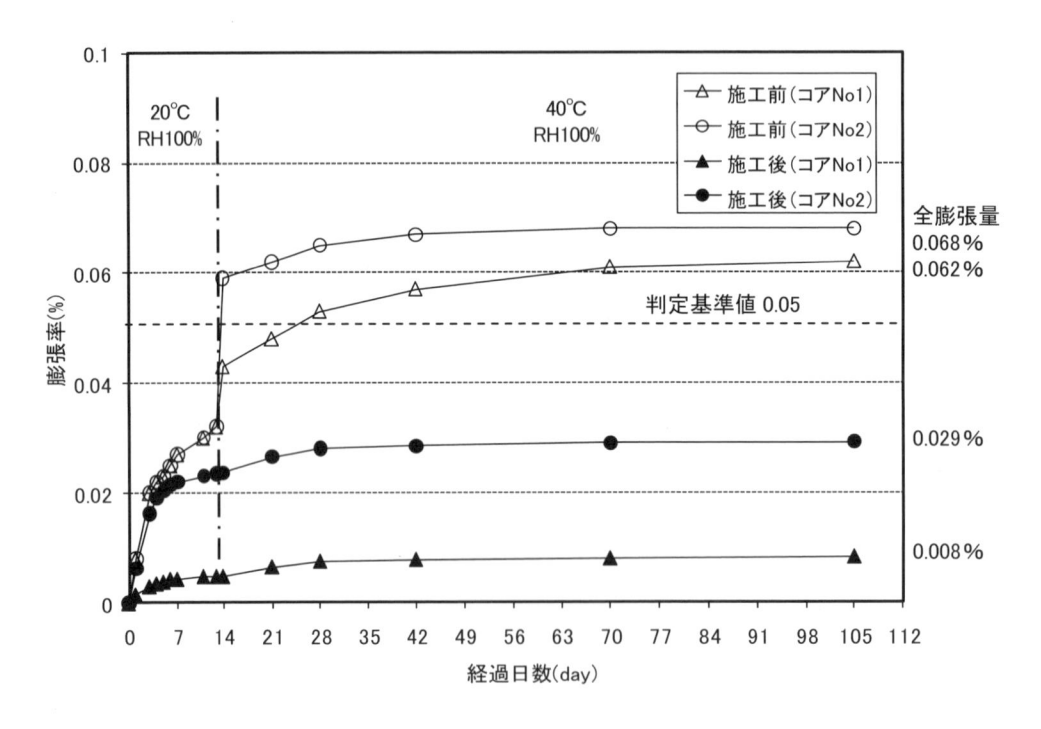

図3.4.8 施工前後の残存膨張量試験結果

近年、橋梁の耐震補強に先立って、橋台や橋脚に対し亜硝酸リチウム内部圧入工法を用いた補修事例が増えている。例えば、橋台の縁端拡幅の施工前に亜硝酸リチウム内部圧入工法を行い、ASRによる膨張を抑制した後、橋台のコンクリートにアンカーボルトを設置し縁端拡幅を行う。または、橋脚の巻立ての施工前に亜硝酸リチウム内部圧入工法を行い、ASRによる膨張を抑制した後、橋脚の巻立てを行うなどである。これらは、既設部材と新設部材の一体化およびASRによる新設部材のひび割れ発生を抑制するための補修である。

参考文献

1) 土木学会：コンクリート標準示方書［構造性能照査編］— 2002 年制定、土木学会、2002 年
2) 例えば、関西道路研究会：道路橋調査研究委員会新材料・新構造に関する研究小委員会コンクリート構造分科会報告書、ASR を起こしたコンクリート構造物への対応、2007 年
3) 江良、三原、山本、宮川：リチウムイオンによる ASR 膨張抑制効果に関する一考察、材料、Vol.58、No.8、pp.697-702、2009 年
4) 江良、三原、岡田、宮川：リチウムイオン内部圧入によるアルカリシリカ反応対策について、材料、Vol.57、No.10、pp.993-998、2008 年
5) 栗林、米倉、伊藤、牛尾：アルカリ骨材反応を生じたコンクリート擁壁の劣化性状、コンクリート工学年次論文集、Vol.24、No.1、pp.100-105、2002 年

第4章

支承・検査路

4.1 鋼桁の支承取替えに伴う下部工付きブラケットの設計
4.2 PC桁の支承取替えに伴う縁端拡幅部の設計
4.3 FRPを用いた検査路の設計

4.1　鋼桁の支承取替えに伴う下部工付きブラケットの設計

4.1.1　構造諸元
（1）　橋梁形式：2 径間連続鋼鈑橋
（2）　支間割：39.60 m ＋ 29.60 m
（3）　橋長：70.0 m
（4）　幅員：9.700 m
（5）　斜角：90°
（6）　設計活荷重：TL-20
（7）　建設年：昭和 40 年代

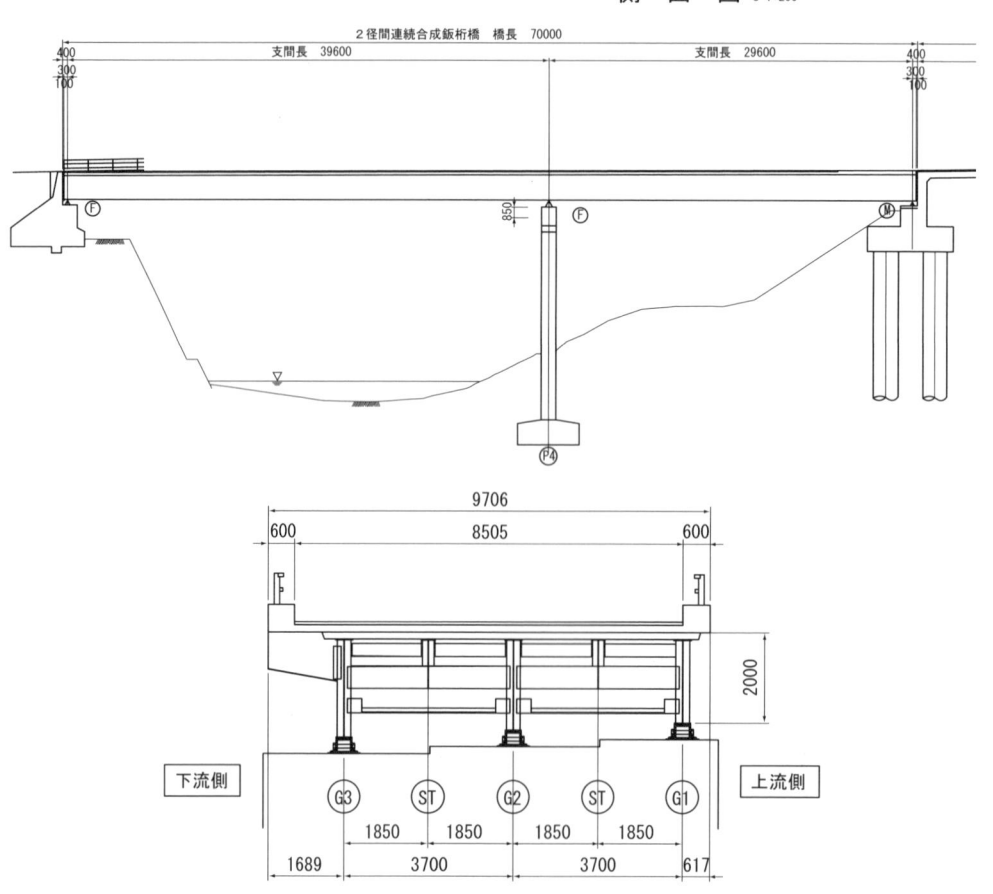

図 4.1.1　橋梁一般図（既設）

4.1.2 損傷状況

本橋梁は、A2側の伸縮装置から橋面の雨水などが漏水し、桁端部のウェブ、下フランジおよび支承に断面欠損を伴う腐食が発生していることが確認された。

4.1.3 補強方法

桁端部のウェブおよび下フランジの腐食については、一般的な補修方法としては、再塗装する方法、腐食部分を素地調整した後、当て板等の補強部材を取り付ける方法が考えられる。当該損傷部は腐食によって断面欠損が著しく、再塗装だけでは耐荷力に問題があると判断された。また、交通供用下で施工しなければいけないことを考慮すると、当て板補強の応力伝達が不明確である。そこで、補強にあたっての基本方針としては、腐食損傷部位を切断除去し、既設断面と同等の新設部材に取り替えることとした。なお、損傷部位を切除したときに、支承も腐食が進行して機能低下していることが確認されたため、支承取替えを行うこととした。ここでは、下部工付きブラケット仮受け工法におけるジャッキアップおよび仮受け部の補剛材の設計についての事例を示す。

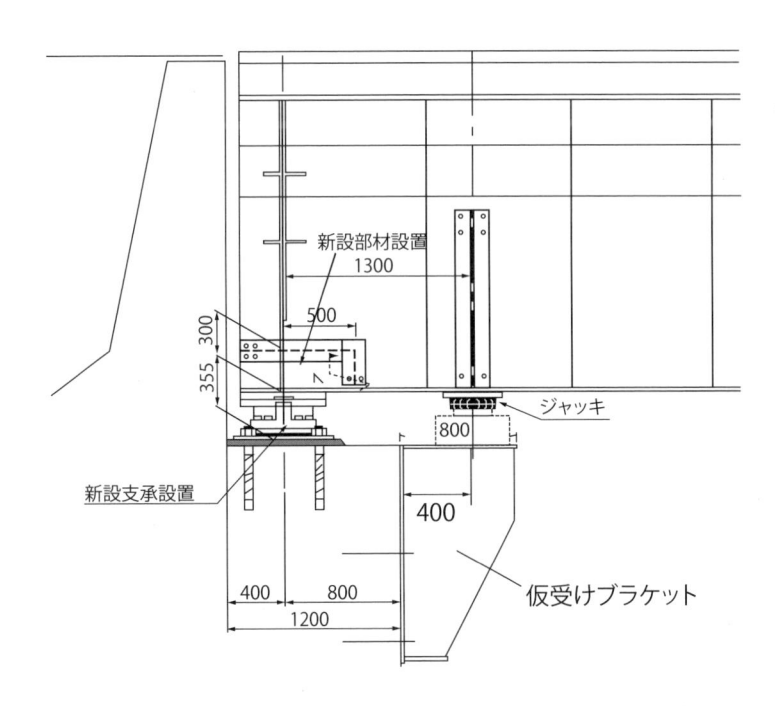

図 4.1.2 補強概要図（桁端部の部材取替えおよび支承取替え）

4.1.4 補強設計
（1） 設計方針

　鋼桁の支承取替えの一般的な方法としては、主桁付きブラケット工法、主桁支持工法、端横桁仮受け工法、下部工付きブラケット仮受け工法、ベントによる仮受け工法がある。支承取替え工法の詳細については、「鋼構造シリーズ17 道路橋支承部の改善と維持管理技術」（土木学会、2008年5月）を参照されたい。また、本計算事例は、下部工付きブラケット仮受け工法における図4.1.3に示す計算手順のうちから、ジャッキアップのために設置する補剛材および仮受けブラケットの計算事例を示す。

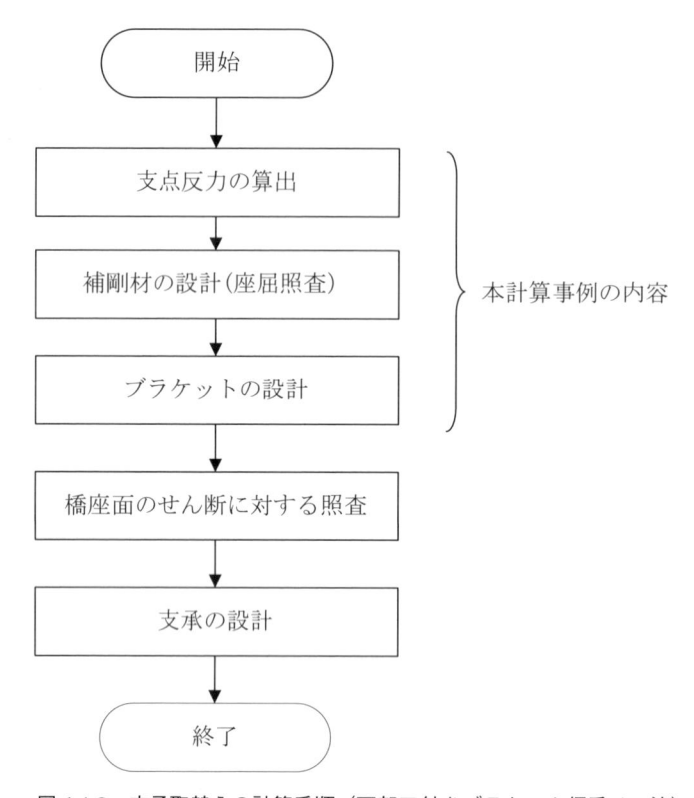

図4.1.3　支承取替えの計算手順（下部工付きブラケット仮受け工法）

（2） 設計荷重

　施工は橋面上の交通規制を行わないものとして、設計荷重には活荷重（B活荷重）および衝撃を考慮する。

　　　　設計反力　$R = 1300$ kN
　　　　　　（死荷重と活荷重の合計反力から求めた1支承当りの最大値）

　本計算事例においては、「鋼構造架設設計施工指針［2001年版］」（土木学会、2002年5月）を参考として、不均等荷重について1.5、施工時の許容応力度の割り増し1.25を考えて、設計荷重を以下のように算出した。

$$P = \frac{1.5R}{1.25} = 1.2R = 1.2 \times 1300 = 1560 \text{ kN}$$

なお、設計荷重は種々の設計要領などを参考にして算出することができる。

支承交換の際は、供用下における施工となることから、活荷重を考慮した設計反力とする必要がある。既に耐震対策として縁端拡幅が実施されている場合には、活荷重が考慮された設計反力で照査を実施し、縁端拡幅部の安全性の照査を行う必要がある。なお、ここでは、橋梁本体の照査・補強計算に使用される数値は、供用中に工事を行う場合、許容応力度はその橋梁の設計に適用された道路橋示方書に規定された値を用いた。ただし、通行止めを行う場合には、「鋼構造架設設計施工指針［2001年版］」（土木学会）等を参考に、許容応力度の割増しを行うのがよい。

（3） ジャッキアップ補剛材の設計

ジャッキアップ補剛材、主桁ウェブの座屈を防止するために、主桁高さの1/2以上でかつ、水平補剛材直下まで設置する。

（a） 構造寸法

ジャッキアップ補剛材の材質： SM490
ジャッキアップ補剛材の断面寸法： 150×22
　　　　　　　　　　　　　　　　 150×22
主桁ウェブ高： $H_w = 2000$ mm
主桁ウェブ厚： $t_w = 9$ mm
ウェブの有効幅： $24t_w = 24×9 = 216$ mm

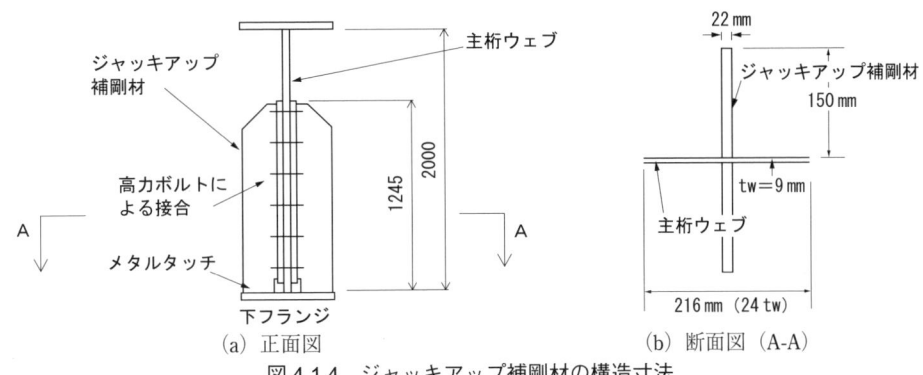

図 4.1.4 ジャッキアップ補剛材の構造寸法

（b） 断面計算

補強後の断面形状における死荷重および活荷重に対する応力度を求める。

		A(mm^2)	y(mm)	$A \cdot y$(mm^3)	$A \cdot y^2$(mm^4)	I_0
I-stiff PL	150×22	3300	−80	−262350	20856825	6186500
I-Web PL	216×9	1944	0	0	0	13122
I-stiff PL	150×22	3300	80	262350	20856825	6187500
		8544		0	41713650	12386122

（補剛材の断面積： $A_{st} = 6600$ mm^2）

$$e = \frac{\Sigma A \cdot y}{\Sigma A} = \frac{0}{8544} = 0 \text{ mm}$$

$$I = \Sigma A \cdot y^2 + I_0 - \Sigma A \cdot e = 41713650 + 12386122 = 54099772 \text{ mm}^4$$

道路橋示方書Ⅱ 11.5.2「荷重集中点の補剛材の規定」より、補剛材断面積のチェックを行う（全有効断面積は、補剛材の断面積の 1.7 倍を超えてはならない）。

$$1.7 \times A_{st} = 1.7 \times 6600 = 11220 \text{ mm}^2 > \Sigma A = 8544 \text{ mm}^2$$

したがって、$A = 8544 \text{ mm}^2$

補剛材の局部座屈を考慮しない許容軸方向圧縮応力度の上限値（道示）

$$\sigma_{cao} = 185 \text{ N/mm}^2$$

$$r = \sqrt{I/A} = \sqrt{54099772/8544} = 79.6 \text{ mm}$$

・有効座屈長

　補剛材の有効座屈長さは、荷重集中点の垂直補剛材として、桁高の 1/2 とする。

$$L = H_w/2 = 2000/2 = 1000 \text{ mm}$$

・軸圧縮応力の照査

$$\sigma_c = \frac{P}{A} = \frac{1560 \times 1000}{8544} = 182.6 \text{ N/mm}^2 \leq \sigma_{ca} = 185 \text{ N/mm}^2 \quad \text{OK}$$

ここに、σ_{ca}：許容軸方向圧縮応力度（道示Ⅱ 3.2.1）

$$\sigma_{ca} = \sigma_{cag} \times \frac{\sigma_{ca\ell}}{\sigma_{ca0}} = \frac{185 \times 185}{185} = 185 \text{ N/mm}^2$$

σ_{cag}：局部座屈を考慮しない許容軸方向圧縮応力度（N/mm^2）

（道示Ⅱ 3.2.1　表-3.2.2 より）

鋼種：SM490、板厚：40 mm 以下

$$\frac{L}{r} = \frac{1000}{79.6} = 12.6 < 16$$

　L ：部材の有効座屈長（1000 mm）

　r ：部材の総断面の断面二次半径（79.6 mm）

$$\sigma_{cag} = 185 \text{ N/mm}^2$$

σ_{cal}：局部座屈に対する許容応力度（N/mm^2）

（道示Ⅱ 4.2.3　表-4.2.3 より）

鋼種：SM490、板厚：40 mm 以下

$$\frac{b}{t} = \frac{150}{22} = 6.8 < 11.2$$

$$\sigma_{cal} = 185 \text{ N/mm}^2$$

（4）　仮受けブラケットの設計

（a）　構造寸法

　鋼製ブラケットは、十分な剛性を確保するために各部材の最小板厚は $t = 22$ mm とする。

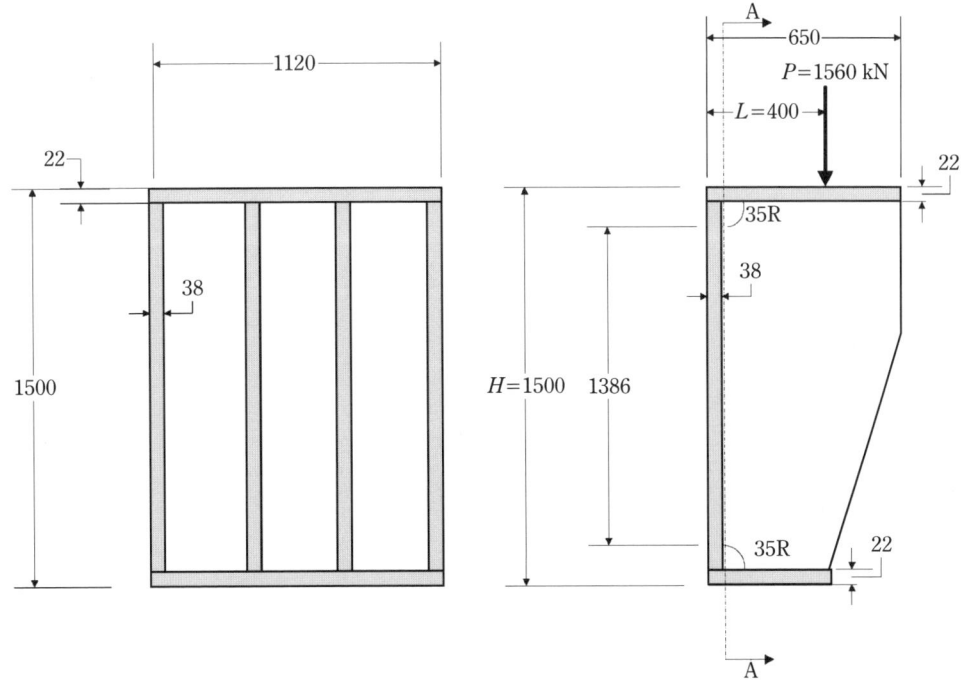

図 4.1.5 仮受けブラケットの構造寸法

(b) ブラケット本体の設計

① A-A 断面

・設計断面力

$M = P \times L = 1560 \times 0.40 = 624$ kN·m

$S = P = 1560$ kN

		A (mm²)	y (mm)	$A \cdot y$ (mm³)	$A \cdot y^2$ (mm⁴)	I_0
I-U-Flg PL	1120×22	24640	739	18208960	13456421440	993813
4-Web PL	1386×38	210672	0	0	0	33725005776
I-L-Flg PL	1120×22	24640	−739	−18208960	13456421440	993813
		259952		0	26912842880	33726993403

$$e = \frac{\Sigma A \cdot y}{\Sigma A} = \frac{0}{259952} = 0 \text{ mm}$$

$$y = \frac{H}{2} = \frac{1500}{2} = 750 \text{ mm}$$

$I = \Sigma A \cdot y^2 + I_0 - \Sigma A \cdot e$

$= 26912842880 + 33726993403 - 259952 \times 0 = 60639836283$ mm⁴

$\sigma = \dfrac{M}{I} y = \dfrac{624 \times 10^6 \times 750}{60639836283} = 7.7$ N/mm² $\leq \sigma_{ca} = 140$ N/mm²　　OK

$\tau = \dfrac{S}{A_w} = \dfrac{1560 \times 1000}{210672} = 7.4$ N/mm² $\leq \tau_a = 80$ N/mm²　　OK

② B-B 断面
・設計断面力

断面 A-A においてコンクリートに作用する圧縮応力を反力として考え、B-B 断面に作用する断面力を算出する。

$S = \{4枚 \times 38\,\text{mm} \times 1500/2 \times 7.7(\sigma:圧縮応力)\} \times 1/2 = 438900\,\text{N}$

$M = 438900 \times 750 \times 2/3 = 219450000\,\text{N·mm}$（応力分布の重心からのモーメント）

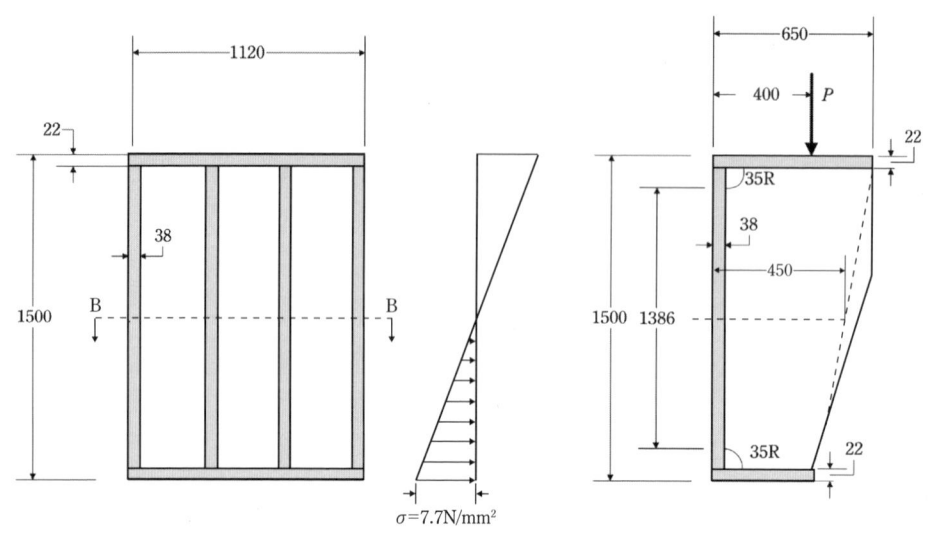

(a) 仮受けブラケット寸法図

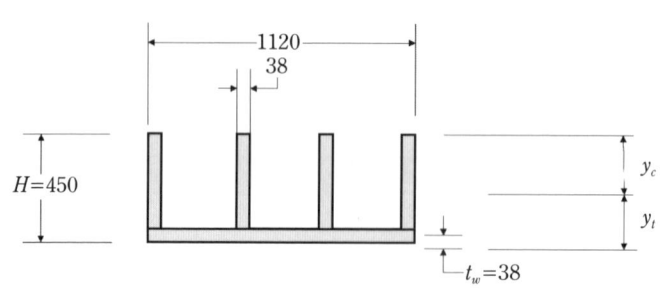

(b) B-B 断面

図 4.1.6　照査断面

		$A\,(\text{mm}^2)$	$y\,(\text{mm})$	$A\cdot y\,(\text{mm}^3)$	$A\cdot y^2\,(\text{mm}^4)$	I_0
I-U-Flg PL	1120×38	42560	244	10384640	2533852160	5121387
4-Web PL	450×38	68400	0	0	0	1154250000
		110960		10384640	2533852160	1159371387

$$e = \frac{\Sigma A \cdot y}{\Sigma A} = \frac{10384640}{110960} = 93.6\,\text{mm}$$

$$I = \Sigma A \cdot y^2 + I_0 - \Sigma A \cdot e^2$$
$$= 2533852160 + 1159371387 - 110960 \times 93.6^2 = 2721335047\,\text{mm}^4$$

$$y_t = \frac{H}{2} - e + t_w = \frac{450}{2} - 93.6 + 38 = 169.2 \text{ mm}$$

$$y_c = \frac{H}{2} + e = \frac{450}{2} + 93.6 = 318.4 \text{ mm}$$

$$\sigma_t = \frac{M}{I} y_t = \frac{219450000 \times 169.2}{2721335047} = 13.6 \text{ N/mm}^2 \leqq \sigma_{ta} = 140 \text{ N/mm}^2 \quad \text{OK}$$

$$\sigma_c = \frac{M}{I} y_c = \frac{219450000 \times 318.4}{2721335047} = 25.7 \text{ N/mm}^2 \leqq \sigma_{ca} = 140 \text{ N/mm}^2 \quad \text{OK}$$

(c) ウェブプレート溶接の検討

本計算事例では、荷重作用位置の不確定性を踏まえて、中央の2本のウェブのうち、1本のウェブに全荷重が作用する場合を想定した。なお、ウェブが受け持つ荷重の分担については、設計対象橋梁の状況を踏まえて決定する必要がある。

設計荷重： $P = R_d = 1560.0$ kN

必要のど厚： a_{req}（片面当り）

すみ肉溶接のせん断応力 τ とのど厚の関係は以下のとおりなので、必要となるのど厚は、以下のように計算される。

$$\tau = \frac{P}{\Sigma al}$$

ここに、P：作用荷重
　　　　a：のど厚
　　　　l：溶接の有効長さ

$$a_{req} = \frac{P}{\tau_a \times H_w} = \frac{1560.0 \times 1000}{80 \times 2 \times 1386} = 7.03 \rightarrow 7.1 \text{ mm}$$

ここに、τ_a：溶接部の許容せん断応力度
　　　　　（道示Ⅱ 3.2.3 表-3.2.6　SM400のすみ肉溶接の場合）
　　　　H_w：溶接の有効長さ（2 × 1386 = 2772 mm）

・作用荷重から求められる必要脚長

$$s_{req} = \sqrt{2} \times a_{req} = \sqrt{2} \times 7.1 = 10.04 \rightarrow 10.1 \text{ mm}$$

よって、11 mmとする。

・板厚から決定される必要脚長

$$s_{req} = \sqrt{(2 \times t)} = \sqrt{(2 \times 38)} = 8.72 \text{ mm}$$

以上より、溶接サイズは、S=11 mm以上とする。

なお、図4.1.7の上フランジとベースプレートの溶接部には、引張力が作用する継手であるため、全断面溶込み溶接とする。

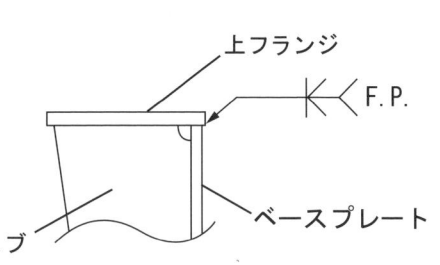

図4.1.7　溶接記号

(d) アンカーボルトの検討
① 作用せん断力によりアンカーボルト数を決定する。

作用するせん断力に対して、アンカーボルトのせん断力のみで負担されるものとし、アンカーボルトは以下のように配置する（図4.1.8）。

　　アンカーボルトのピッチ：　150 mm

　　1ブラケット内のアンカーボルト本数：　42本

また、せん断力は、上部工の死荷重反力とブラケットの自重の合計として、以下のとおりとなる。

　　作用せん断力　　$P = R_d + W_d = 1560.0 + 15.0 = 1575$ kN

　　ブラケット自重　W_d

1-U-FLG	$0.650 \times 0.022 \times 1.120 =$	1.24
4-WEB	$1.456 \times 0.038 \times 0.488 =$	8.31
1-L-FLG	$0.325 \times 0.022 \times 1.120 =$	0.62
1-BASE	$1.456 \times 0.038 \times 1.120 =$	4.78
	$W_d =$	14.95 kN

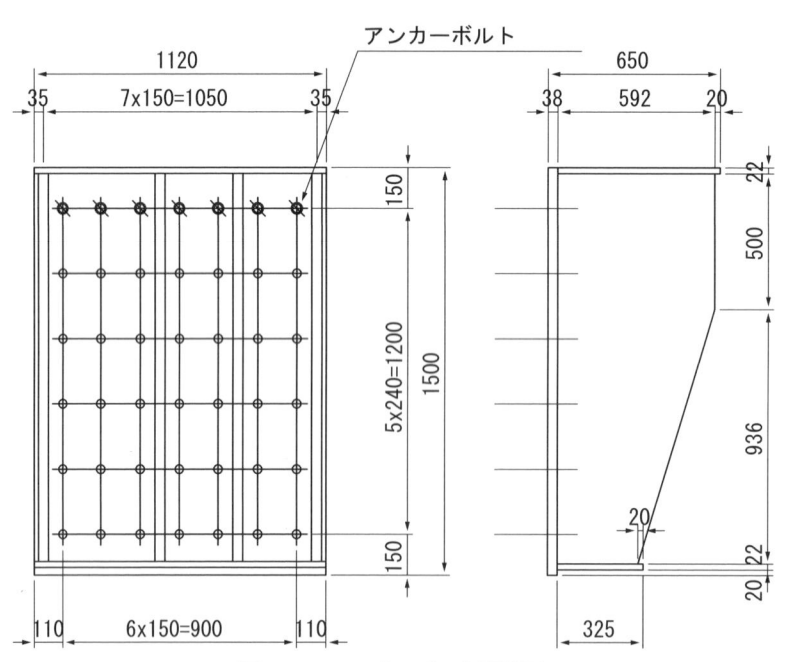

図4.1.8　アンカーボルト配置図

ここで、既設橋台と鋼製ブラケットの付着は考慮せず、アンカーボルトのみでせん断力を負担させるものとする。また、有効幅内に設置するアンカーボルト本数を42本とすると、アンカーボルト1本当りの必要断面積は、

$$A_{s1} = \frac{S}{n \times \tau_{sa}} = \frac{1575.0 \times 1000}{42 \times 115} = 326.1 \text{ mm}^2 \leq 506.7 \text{ mm}^2 / 本$$

　　　　　　　　　（D32：ネジ切り部 M25）

したがって、使用するアンカーボルトは、D32×42本（$A_s = 506.7 \text{ mm}^2$／本×42本 = 21281.4 mm²）とする。

・アンカーボルトのせん断応力度

$$\tau = \frac{S}{A_s} = \frac{1575 \times 1000}{21281.4} = 74.0 \text{ N/mm}^2 < \tau_{sa} = 115 \text{ N/mm}^2 \quad \text{OK}$$

② 引張力に対するアンカーボルトの照査

ブラケット下端側への圧縮力 C および上端側への引張力 T を算出し、アンカーボルトの引抜きに対して、図 4.1.9 に示す単鉄筋矩形断面として計算を行う。

・コンクリートの圧縮縁より中立軸までの距離 x

$$x = -\frac{n \cdot A_s}{b} + \sqrt{\left(\frac{n \cdot A_s}{b}\right)^2 + \frac{2n}{b} \cdot d \cdot A_s}$$

ここに、A_s：引張側鉄筋面積（mm²）
　　　　b：有効幅（mm）
　　　　n：鉄筋とコンクリートのヤング係数比
　　　　d：コンクリートの圧縮縁より引張鉄筋中心までの距離（mm）

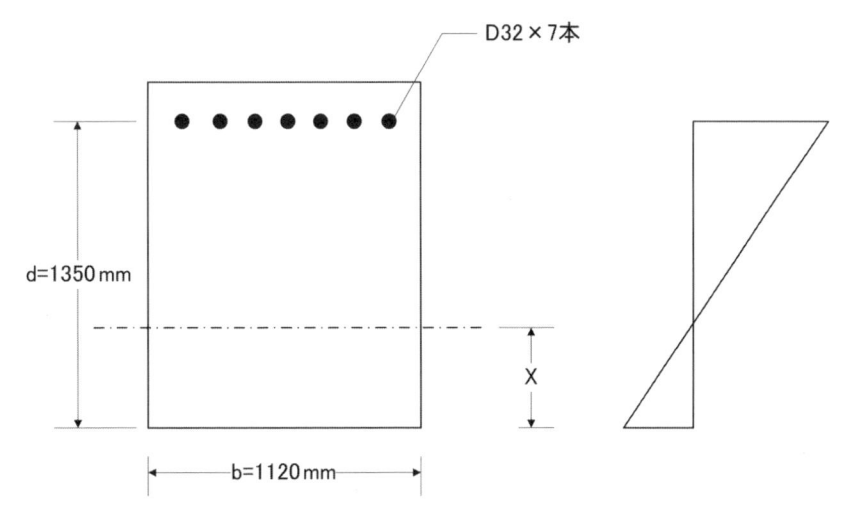

図 4.1.9　アンカーボルトの照査断面（単鉄筋矩形断面）

主鉄筋量（D32×7本）

　　D32 のネジ切り断面積 = 506.7 mm²（D32：ネジ切り部 M25）

　　$A_s = 506.7 \times 7 = 3546.9 \text{ mm}^2$

弾性係数比：　$n = 15$

有効幅：　$b = 1120 \text{ mm}$

コンクリートの圧縮縁より引張鉄筋中心までの距離（有効高さ）：　$d = 1350 \text{ mm}$

$$x = -\frac{15 \times 3546.9}{1120} + \sqrt{\left(\frac{15 \times 3546.9}{1120}\right)^2 + \frac{2 \times 15}{1120} \times 1350 \times 3546.9} = 313.8 \text{ mm}$$

・コンクリート断面係数 K_c

$$K_c = \frac{bx}{2}\left(d - \frac{x}{3}\right) = \frac{1120 \times 313.8}{2} \times \left(1350 - \frac{313.8}{3}\right) = 218851000 \text{ mm}^3$$

・鉄筋断面係数 K_s

$$K_s = \frac{1}{n} \cdot \frac{x}{d-x} \cdot K_c = \frac{1}{15} \times \frac{313.8}{1350 - 313.8} \times 218851000 = 4418000 \text{ mm}^3$$

・設計曲げモーメント（作用曲げモーメント）

$$M = R_d \times 0.4 + W \times 0.325 = 1560 \times 0.4 + 15 \times 0.325 = 628.9 \text{ kN·m}$$

・アンカーボルトの応力度（引張力：504.7 kN）

$$\sigma_s = \frac{M}{K_s} = \frac{628.9 \times 10^6}{4418000} = 142.3 \text{ N/mm}^2 < \sigma_{sa} = 180 \text{ N/mm}^2 \qquad \text{OK}$$

なお、アンカーボルトの既設コンクリートへの定着長は、アンカー径の 15 倍とする。

4.2 PC 桁の支承取替えに伴う縁端拡幅部の設計

4.2.1 構造諸元
(1) 橋梁形式：ポストテンション方式 PC 単純 T 桁橋
(2) 支間長：28.10 m
(3) 橋長：29.00 m
(4) 幅員：12.600 m
(5) 斜角：90°
(6) 設計活荷重：TL-20
(7) 建設年：昭和 40 年代

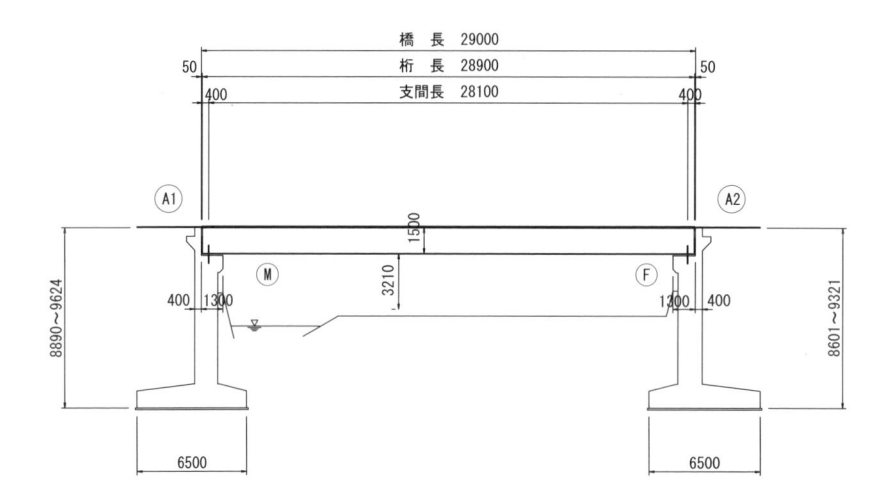

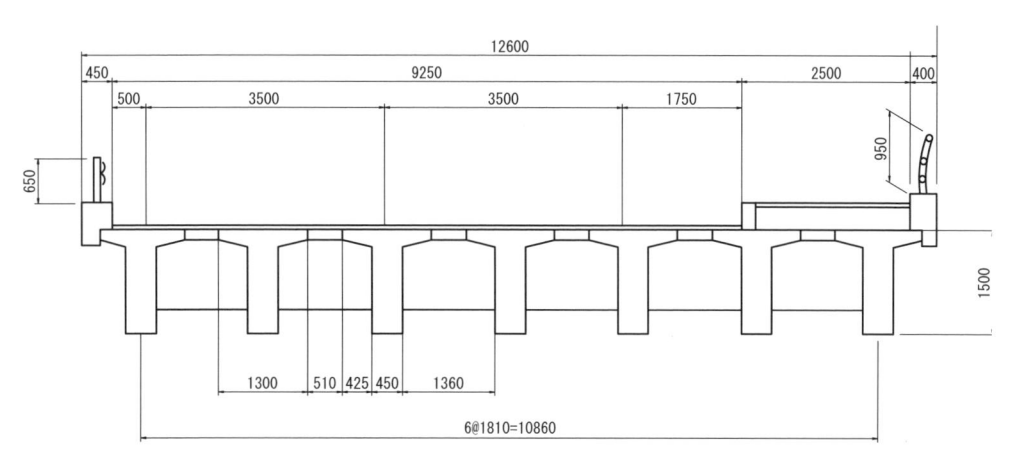

図 4.2.1 橋梁一般図（既設）

4.2.2 損傷状況

本橋梁は、伸縮装置の排水装置が壊れ橋面の雨水が伸縮装置部から桁下へ排水されるような状況が長く続いた結果、鋼製の支承に断面欠損を伴うような著しい腐食が生じており、支承の機能低下が確認されたため、支承取替えを行うこととした。

4.2.3 補強方法

支承取替えにあたっては、既設桁をジャッキアップして、既設支承の撤去および新設支承の設置を行う必要がある。本計算事例では、既設桁がPCT桁であり桁端部には、定着具などが複雑に配置されていることから、既設の支承を撤去することは困難であると判断し、図4.2.2に示すような既設支承の前面に埋め殺し用のフラットジャッキを設ける案について検討を行うこととした。

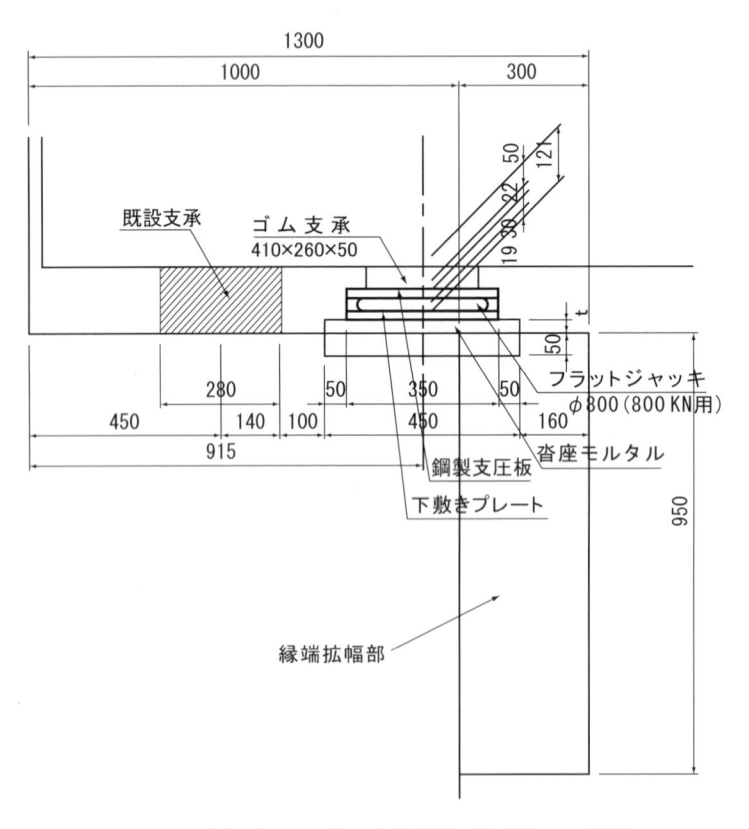

図 4.2.2 補強概要図（RC 縁端拡幅と新設支承の設置）

4.2.4 補強設計

（1） 設計方針

本橋の支承取替えに関する検討フローを図4.2.3に示す。本事例では支承取替えに伴う縁端拡幅構造の設計に関する計算事例を示す。なお、本計算事例では、照査の結果、桁の補強は必要なかった。

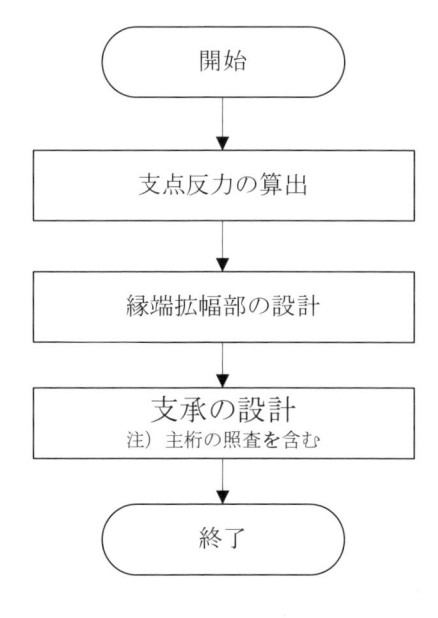

図4.2.3 設計手順

（2）設計荷重

新たに設置する支承は、図4.2.4 に示すように既設支承の前面に設置するため、拡幅部に新しい支承が設置される。施工は橋面上交通規制を行わないものと仮定するため、縁端拡幅部には主桁等の死荷重に加えて活荷重および衝撃の荷重を考慮する必要がある。ただし、既存のRC拡幅は地震時に支承が壊れ、拡幅先端まで桁が移動した状態を想定し、桁の自重を支持できるように設計されていた。よって、桁自重に対しての鉄筋量は満足していると判断できることから、今回の補強ではB活荷重に対して補強設計を行う。

活荷重反力： $R_1 = 330.0$ kN ／主桁1本当り

（G7桁の最大反力が321.81 kNであるので、10 kN単位で切上げた反力で検討を行う）

注） 活荷重は既設部と新設部に分担されるが、分担の程度が不明であるため、本計算事例においては、新設する縁端拡幅部にすべての活荷重が作用するものと仮定し設計を行う。

拡幅部の自重： $W = 0.30$ m $\times 1.40$ m $\times 0.95$ m $\times 24.5$ kN/m^3 $= 9.8$ kN

設計反力： $R_1 + W = 330.0 + 9.8 = 339.8$ kN

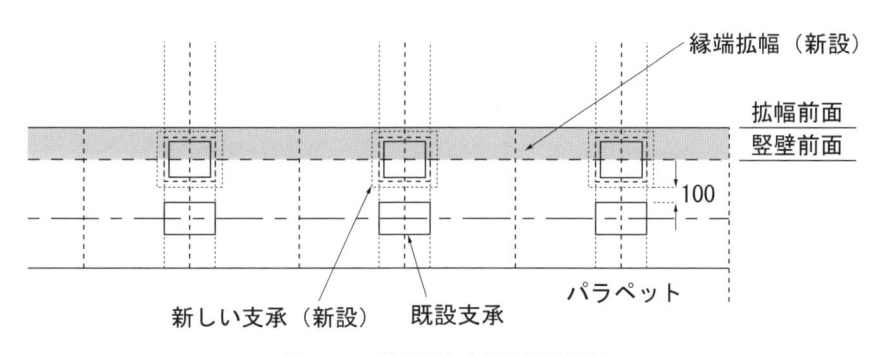

図4.2.4 拡幅部と支承位置の関係

(3) 縁端拡幅部の設計
(a) 構造寸法

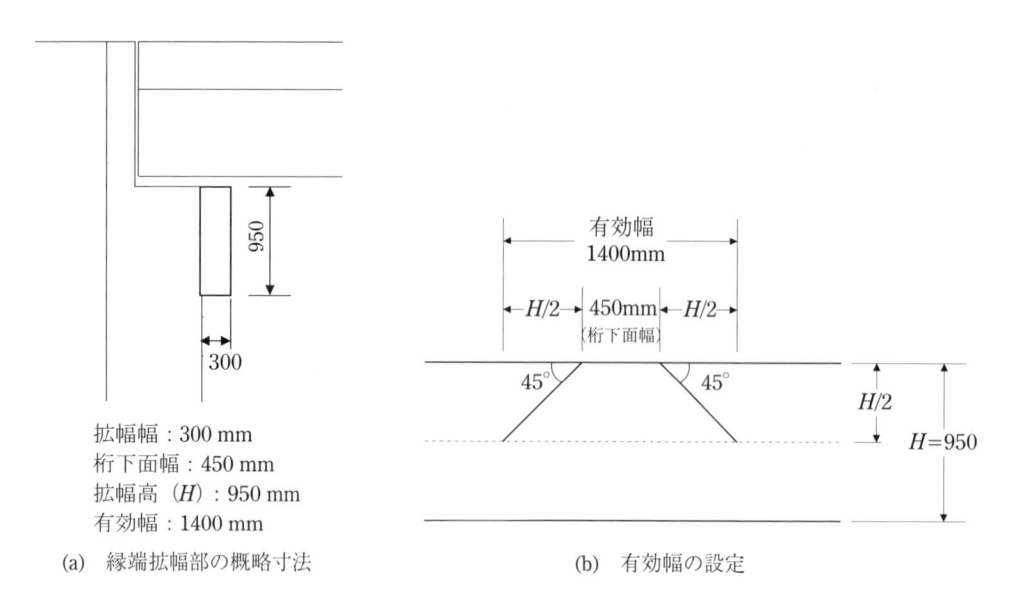

拡幅幅：300 mm
桁下面幅：450 mm
拡幅高（H）：950 mm
有効幅：1400 mm

(a) 縁端拡幅部の概略寸法

(b) 有効幅の設定

図 4.2.5　構造寸法

(b) 使用材料および許容応力度

コンクリート、鉄筋の材料強度の諸元を表 4.2.1 と表 4.2.2 に示す。

① コンクリート

表 4.2.1　コンクリートの材料強度

	縁端拡幅（新設）
設計基準強度 σ_{ck}	18 N/mm^2
許容曲げ圧縮応力度 σ_{ca}	6.0 N/mm^2
許容押抜きせん断応力度 τ_{ca2}	0.80 N/mm^2
単位体積重量 ρ	24.5 kN/mm^3

注）平成 24 年版 道示Ⅲ より

② 鉄筋

表 4.2.2　鉄筋の材料強度

	縁端拡幅部
鉄筋の種類	SD345
許容引張応力度（死＋活荷重）σ_{sa}	180 N/mm^2
許容せん断応力度 τ_{sa}	115 N/mm^2

注）平成 24 年版 道示Ⅲ より
　　「道路橋支承便覧／平成 16 年 4 月」（日本道路協会、2004 年 7 月）より

(c) 断面力の照査
① せん断力により決定される鉄筋量

　　　アンカーボルトのピッチ：　250 mm
　　　作用せん断力：　$S = R_1 + W = 330.0 + 9.8 = 339.8$ kN

せん断力に対しては、アンカーボルトのせん断抵抗のみで負担させるものとする。アンカーボルトは、最低2段以上の配置とすると、図4.2.6に示すように有効幅内に配置されるアンカーボルトの本数は12本となる。

・有効幅内の鉄筋本数

$$n = \frac{L}{a} \times N = \frac{1400}{250} \times 2 = 12 \text{ 本}$$

ここに、L：有効幅（1400 mm）
　　　　A：アンカーボルトの配置間隔（250 mm）
　　　　N：アンカーボルトの配置段数（2段）

この条件でのアンカーボルト1本当りの必要断面積は、

$$A_{S1} = \frac{S}{n \times \tau_{sa}} = \frac{339.8 \times 1000}{12 \times 80} = 354.0 \text{ mm}^2 \leq 506.7 \text{ mm}^2 \text{／本（D25）}$$

よって、使用するアンカーボルト　D25 × 12本（$A_s = 506.7$ mm²／本×12本 = 6080.4 mm²）とする。

・アンカーボルトのせん断応力度

$$\tau = \frac{S}{A_s} = \frac{339.8 \times 1000}{6080.4} = 55.9 \text{ N/mm}^2 < \tau_{sa} = 115 \text{ N/mm}^2 \quad \text{OK}$$

　　注）荷重は安全側と考えて最縁端部に R_1 を載荷した。

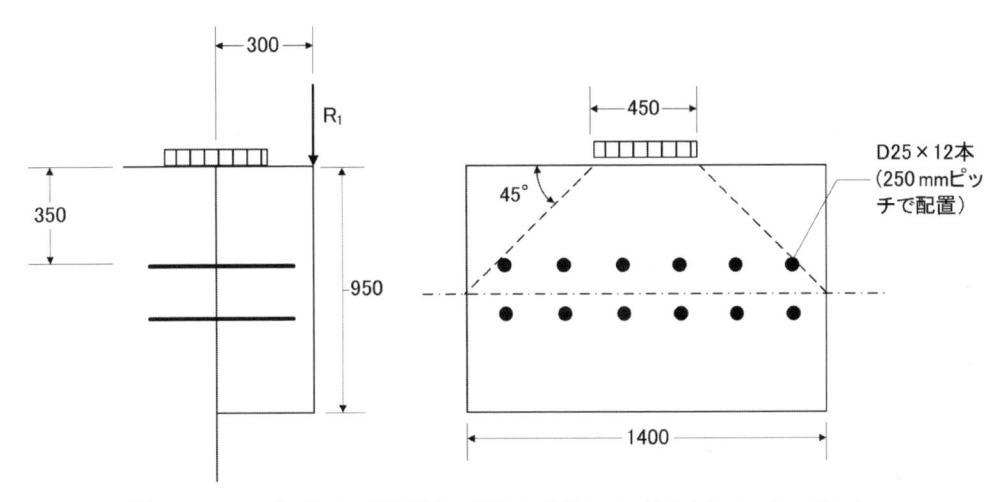

　　注）アンカーボルトは、既設鉄筋の配筋を考慮して、新設するアンカーボルトが既設鉄筋と干渉しない位置に配置した。

図4.2.6　せん断照査断面

② 曲げモーメントに対する照査

図 4.2.7 に示す RC 拡幅について、活荷重および拡幅部の自重が作用した場合、上段のアンカーボルトに引張鉄筋となった単鉄筋矩形断面として抵抗すると考えて、アンカーボルトおよびコンクリートに作用する応力度を照査する。

・コンクリートの圧縮縁より中立軸までの距離 x

$$x = -\frac{n \cdot A_s}{b} + \sqrt{\left(\frac{n \cdot A_s}{b}\right)^2 + \frac{2n}{b} \cdot d \cdot A_s}$$

ここに、A_s：引張側鉄筋面積（mm^2）
　　　　　b：有効幅（mm）
　　　　　n：鉄筋とコンクリートのヤング係数比
　　　　　d：コンクリートの圧縮縁より引張鉄筋中心までの距離（mm）

主鉄筋量（D25 × 6 本）　D25 の断面積 = 506.7 mm^2
$A_s = 506.7 × 6 = 3040.2$ mm^2
弾性係数比　$n = 15$
有効幅　$b = 1400$ mm
コンクリートの圧縮縁より引張鉄筋中心までの距離（有効高さ）　$d = 600$ mm

$$x = -\frac{15 \times 3040.2}{1400} + \sqrt{\left(\frac{15 \times 3040.2}{1400}\right)^2 + \frac{2 \times 15}{1400} \times 600 \times 3040.2} = 167.8 \text{ mm}$$

・コンクリート断面係数 K_c

$$K_c = \frac{bx}{2}\left(d - \frac{x}{3}\right) = \frac{1400 \times 167.8}{2} \times \left(600 - \frac{167.8}{3}\right) = 63906000 \text{ mm}^3$$

・鉄筋断面係数 K_s

$$K_s = \frac{1}{n} \cdot \frac{x}{d-x} \cdot K_c = \frac{1}{15} \times \frac{167.8}{600 - 167.8} \times 63906000 = 1654000 \text{ mm}^3$$

・設計曲げモーメント

$$M = R_1 \times L + \frac{L}{2} \times W = 330.0 \times 0.300 + \frac{0.300}{2} \times 9.8 = 100.47 \text{ kN} \cdot \text{m}$$

・コンクリート応力度

$$\sigma_c = \frac{M}{K_c} = \frac{100.47 \times 10^6}{63906000} = 1.6 \text{ N/mm}^2 < \sigma_{ca} = 6 \text{ N/mm}^2 \quad \text{OK}$$

・鉄筋応力度

$$\sigma_s = \frac{M}{K_s} = \frac{100.47 \times 10^6}{1654000} = 60.7 \text{ N/mm}^2 < \sigma_{sa} = 180 \text{ N/mm}^2 \quad \text{OK}$$

注）荷重は安全側と考えて最縁端部に R_1 を載荷した。

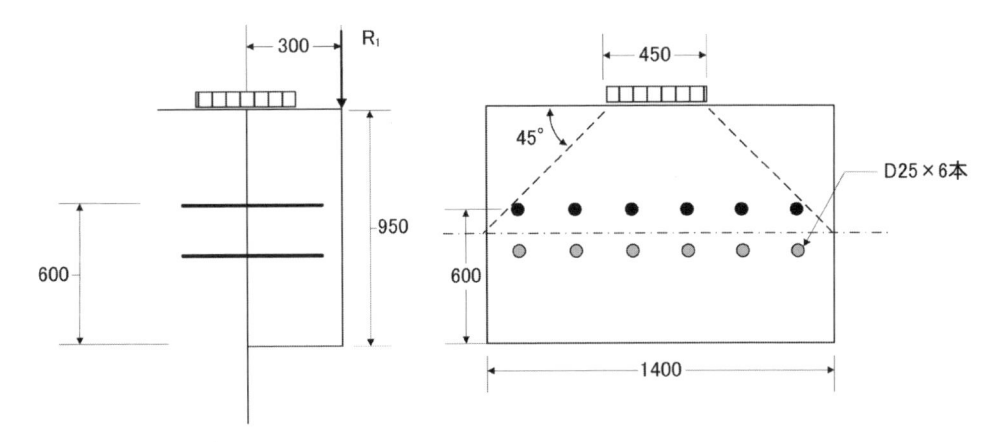

図4.2.7 曲げモーメントの照査断面

③ 押抜きせん断に対する照査

アンカー部の押抜きせん断応力度の照査として、図4.2.8 に示すようなコーン状のせん断破壊について行う。なお、拡幅部のアンカー筋は、図4.2.9(b) に示すように支圧板を用いてアンカー筋を定着しているので、付着の照査は省略した。

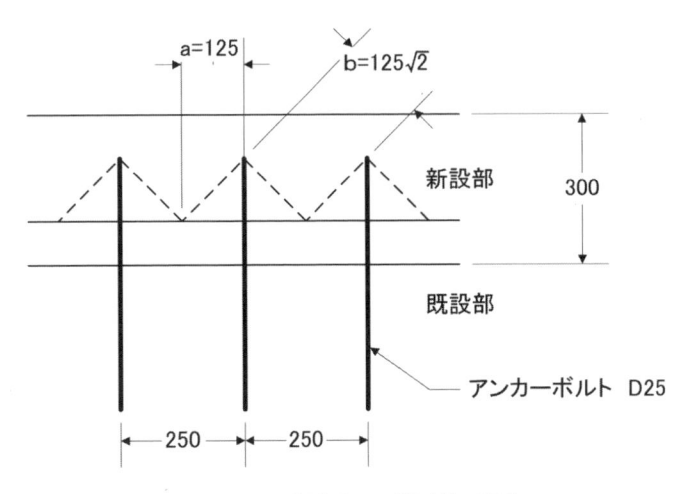

図4.2.8 押抜きせん断破壊の照査

・せん断抵抗面積

　コーン状の円錐の側面積をせん断抵抗面として算出する。
　$A = \pi \times a \times b = \pi \times 125.0 \times 125.0\sqrt{2} = 69420 \text{ mm}^2$
　ここに、a：円錐の半径（図4.2.8 参照）
　　　　　b：扇形の半径（図4.2.8 参照）

・許容せん断力

　$T_a = A \times \tau_{ca2} = 69420 \times 0.80 = 55536 \text{ N}$
　ここに、A：せん断抵抗面積（mm^2）
　　　　　τ_{ca2}：許容押抜きせん断応力度（N/mm^2）

・アンカーボルトに作用する最大引抜き力

$T = A_s \times \sigma_s = 506.7 \times 60.7 = 30757 \text{ N} < T_a = 55536 \text{ N}$　　OK

ここに、A_s：アンカーボルト断面積（mm²）

　　　　σ_s：アンカーボルトに作用する応力度（N/mm²）

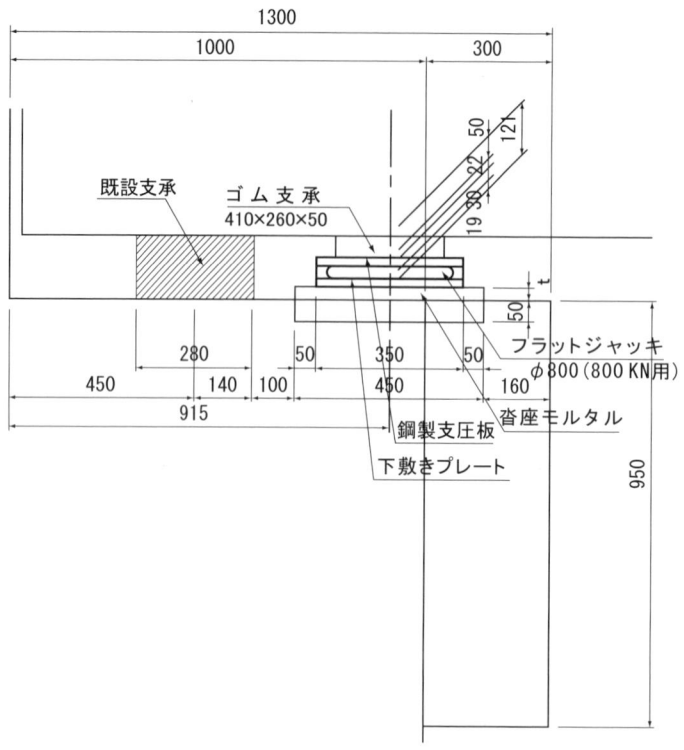

(a) フラットジャッキを利用した支承設置の例

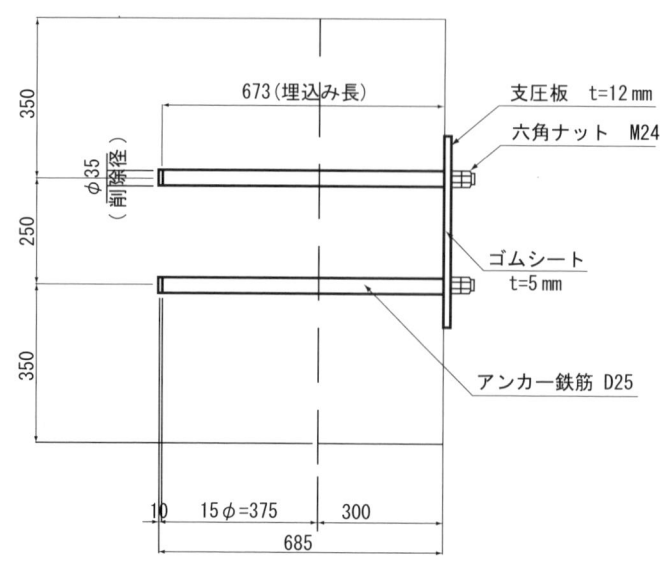

(b) 鉄筋コンクリートによる縁端拡幅

図4.2.9　PCT桁の支承取替えの例

4.3 FRPを用いた検査路の設計

4.3.1 構造諸元
（1）橋梁形式：鋼鈑桁橋
（2）支間長：36.0 m
（3）幅員：9.0 m（2車線）
（4）建設年：昭和40年代

4.3.2 補修理由
　潮風の影響を受ける腐食環境下に架設された鈑桁橋の上部構造検査路の腐食が著しいことから、損傷した検査路を撤去し、新規に検査路を製作、設置することとなった。

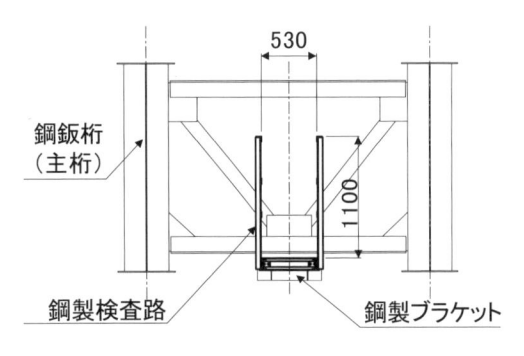

図 4.3.1　検査路断面図（既設鋼製検査路）

4.3.3 補修方法
　新規に製作する検査路は、塩害に対して耐久性のある材料を使用すること、部材は人力で運搬および架設が可能であることが条件となった。これらの条件を満たす検査路として、引抜き成形法GFRP（ガラス繊維強化プラスチック）材料を用いたFRP検査路を新規に設置することとした。部材の接合には、ステンレス製ボルトを使用した。
　FRP検査路の対傾構への取付け方法は、既設の鋼製検査路と同様に対傾構に鋼製ブラケットを介して取り付けることとした。このとき、対傾構に設けられている鋼製ブラケット取付け穴を再利用した。

4.3.4 FRP検査路の設計
（1）設計方針
　FRP検査路の設計は、歩廊桁の断面設計、手すり支柱の断面設計、手すりの断面設計、および手すり支柱定着部の設計よりなる。設計手順を図 4.3.2 に示す。
　FRP材料は、鋼材と異なり、製造会社ごとに供給される材料の形状・寸法や材料強度が一般的に異なっている。したがって、検査路の基本構造形式や設計荷重などの設計条件を決定したあとに、適用可能なFRP材料の選定を行い、使用するFRP材料の形状・寸法や材料強度を決定する。

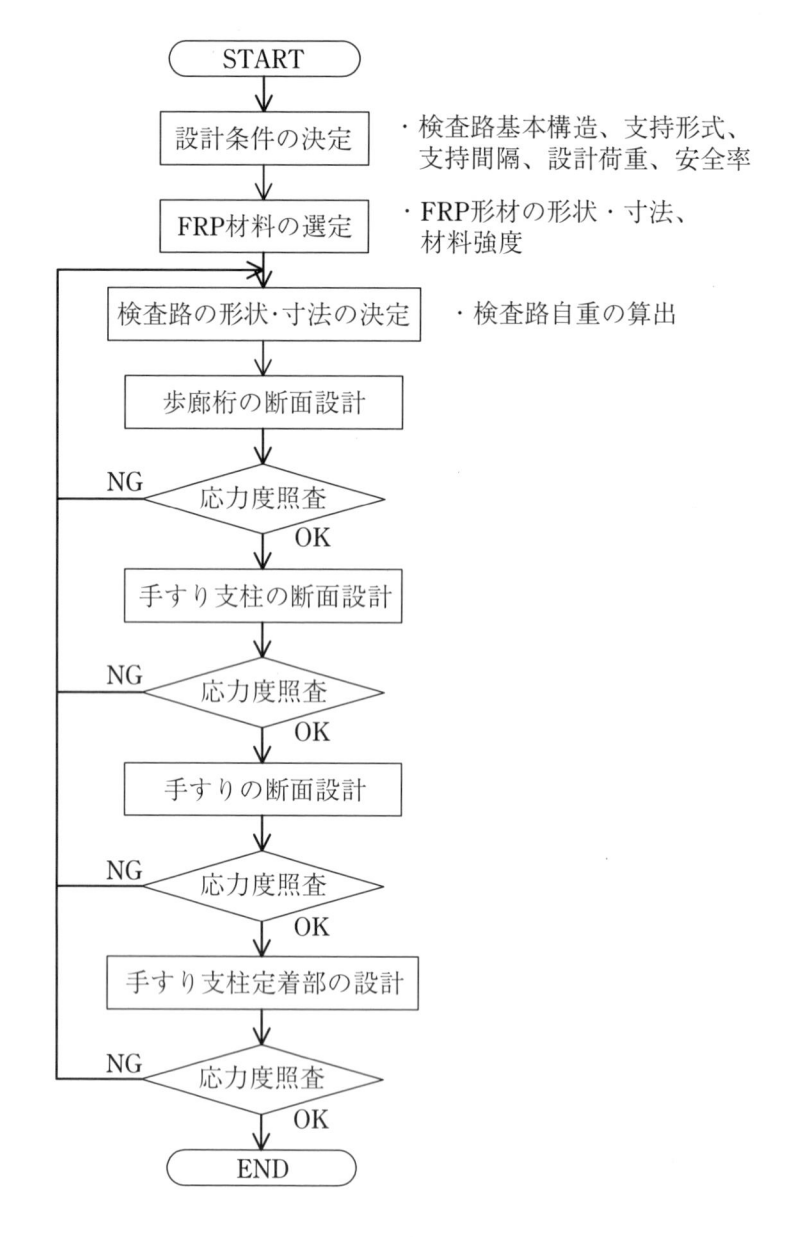

図4.3.2 設計手順

　歩廊桁の断面設計は、ブラケット取付け金具位置を支点とする単純梁と考えて、自重と活荷重を作用させて検討する。
　手すり支柱の断面設計は、手すり位置に作用する水平荷重を支柱頂部に作用させて、歩廊桁取付け位置を支点とする片持ち梁として検討する。
　手すりの断面設計は、手すり支柱を支点とする単純梁と考えて、手すりに鉛直荷重を作用させて検討する。
　支柱定着部の設計は、手すり支柱の断面検討に用いた手すり支柱取付け部に生じるモーメントに抵抗するために生じる支柱取付けボルトの引張力に対して検討を行う。

（2） 設計条件
(a) 設計荷重[1]
　　歩廊桁の設計に用いる設計活荷重：　$w_L = 3.5 \text{ kN/m}^2$
　　手すりの設計に用いる荷重（作用位置は上段手すり位置）
　　　鉛直方向：　$P_V = 0.59$ kN/m
　　　水平方向：　$P_H = 0.39$ kN/m
(b) 使用材料
① FRP 材料

　FRP 材料は、軽量で比強度（材料の強度を表す指標で、引張強度を密度で除した値）が高く、耐食性が高い、材料特性を自由に変えられる、自由な形状が成形できるなど多くの利点を有することから、船舶から建設資材に至るまでさまざまな分野で利用されている。しかし、その成形方法により、強度や入手性、コストが大きく異なる材料である。種々の成形方法のうち引抜き成形法による FRP 形材は、強度が比較的高く、入手が容易であることから、FRP 歩道橋や FRP 検査路用材料として使用されてきた。

　FRP 検査路に使用する引抜き成形 FRP 材料を構成する材料は、ガラス繊維材料には通常 E- ガラスが使用され、樹脂には不飽和ポリエステル樹脂が使用されている。

　FRP 材料の強度特性や形状・寸法は、一般に引抜き成形製造会社により異なる。ここでは、本橋で使用した FRP 材料の力学的特性と形状・寸法は、引抜き成形 FRP 製造会社カタログ値[2]を採用した。

・力学的特性　　軸方向引張強さ：　　227 N/mm²
　　　　　　　　軸方向引張弾性率：　17.2×10^3 N/mm²
　　　　　　　　面内せん断強さ：　　31 N/mm²
・形状・寸法　　チャンネル材：形状　C-152.4×42.9×9.53 mm
　　　　　　　　　　　　　　　単位質量　3.735 kg/m
　　　　　　　　角パイプ材：形状　□-50.8×50.8×t6.35 mm
　　　　　　　　　　　　　　　単位質量　2.083 kg/m
・安全率[3]　$F_s = 3.0$　（【参考資料】参照）
　　　　　　許容引張応力度 σ_a　　227 N/mm²/3.0 = 75.5 N/mm²
　　　　　　許容せん断応力度 τ_a　31 N/mm²/3.0 = 10.3 N/mm²

【参考資料】FRP 材料の安全率

　許容応力度設計法に用いる FRP 材料の安全率は、「複合構造シリーズ 04　FRP 歩道橋設計・施工指針(案)：土木学会、平成 23 年 1 月（以下、FRP 歩道橋指針(案)）」や米国 AASHTO（2001）：American Association of State Highway and Transportation Officials に示される許容応力度法に用いる安全率を一覧にまとめた「Composites for

Construction Structural Design with FRP Materials: L. C. Bank, 2006.」が参考になる。許容応力度の算出に用いる安全率は、FRP材料は明確な降伏点を有しないため、破断に対する安全率として示される。米国の許容応力度は、部材の形式ごとに**表-参-1**の値が示されている。

表-参-1 米国の許容応力度の安全率

強　度	部材の形式	破断に対する安全率
曲げ強度	桁	2.5
せん断強度	桁	3.0
圧縮強度	柱、トラス部材	3.0
引張強さ	線材、トラス部材	2.0

　FRP歩道橋指針（案）の設計照査方法は、性能設計を基本とし作用係数法的アプローチによる安全性の照査を行うこととしており、安全性（強度）に対する部分安全係数の標準的な値として**表-参-2**の値が示されている。しかし、許容応力度法による安全率として定められたものがないが、実施例の安全率は、2.5～4.0とすることが示されており、この安全率と限界状態設計法による全体安全率（全体安全率＝$\gamma_m \cdot \gamma_b \cdot \gamma_f \cdot \gamma_a \cdot \gamma_i$）との整合をとるために、作用係数$\gamma_f$を活荷重比率を考慮した算出式において、活荷重に対する作用修正係数ρ_{fL}を1.65として曲げ耐力に対する全体安全率を算出できることが示されている。なお、キャリブレーションに用いた部分安全係数は、**表-参-2**の「本事例で用いた係数値」を用いた。作用係数は、作用係数のうち死荷重に関しては歩道橋として特有のものでないことから、一般に用いられている1.0～1.2程度が妥当として、活荷重の作用係数を算出した。

表-参-2 FRP歩道橋の設計における標準的な部分安全係数

部分安全係数	材料係数 γ_m	部材係数 γ_b	作用係数 γ_f	構造解析係数 γ_a	構造物係数 γ_i
標準値	1.15～1.3	1.1～1.3	1.0～1.2	1.0～1.2	1.0～1.2
本事例で用いた係数値	1.15	1.3	—	1.0	1.1

　作用係数γ_fは次式のとおり、固定荷重（D_1）、負荷死荷重（D_2）、活荷重の比率（L）を考慮して求める。

$$\gamma_f = \gamma_{f \cdot D_1} \cdot \frac{D_1}{S} + \gamma_{f \cdot D_2} \cdot \frac{D_2}{S} + \gamma_{f \cdot L_1} \cdot \rho_{fL} \cdot \frac{L}{S}$$

ここに、　$\gamma_{f \cdot D_1}$：固定死荷重に対する作用係数　1.0
　　　　　$\gamma_{f \cdot D_2}$：負荷死荷重に対する作用係数　1.2
　　　　　$\gamma_{f \cdot L_1}$：活荷重に対する作用係数　1.2
　　　　　ρ_{fL}：活荷重に対する作用修正係数　1.65
　　　　$S：D_1 + D_2 + L$

> 本検査路に適用すると、固定荷重 $D_1 = 1.887$ kN、活荷重 $L = 8.127$ kN であるので、作用係数 $\gamma_f = 1.795$ となる。したがって、曲げ耐力に対する全体安全率は 2.95 になる。
> 　本検査路の許容応力度法による安全率は、米国 AASHTO、実施例、および部分安全係数より求めた全体安全率を参考として 3.0 とした。

② ボルト・ナット

本検査路の主部材に FRP 材料を使用しているので、接合材料のボルト・ナットには耐食性の高いステンレス製を採用した。

　　　基準強度 F [4]　　210 N/mm^2

　　　形状・寸法　　M12（ステンレスボルト A2-50）

　　　ネジ部の有効断面積　　$A_e = 84.3$ mm^2

　　　許容応力度 [3]　許容引張応力度 σ_a　140 N/mm^2（ただし、$F/1.5$）

　　　　　　　　　　許容せん断応力度 τ_a　80 N/mm^2（ただし、$F/(1.5 \times \sqrt{3})$）

（3）歩廊桁の断面設計

(a) 歩廊桁の形状寸法

FRP 検査路の一般図を図 4.3.3 に示す。桁長 4.07 m、支間長 3.87 m、有効幅員 0.6 m で、歩廊桁にチャンネル材 C-152.4×42.9×9.53 を使用する構造としている。

184　第4章　支承・検査路

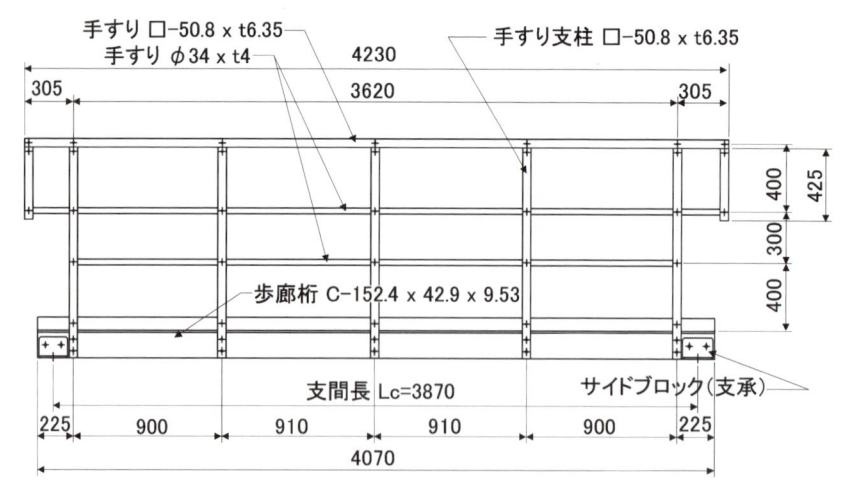

(a) 側面図

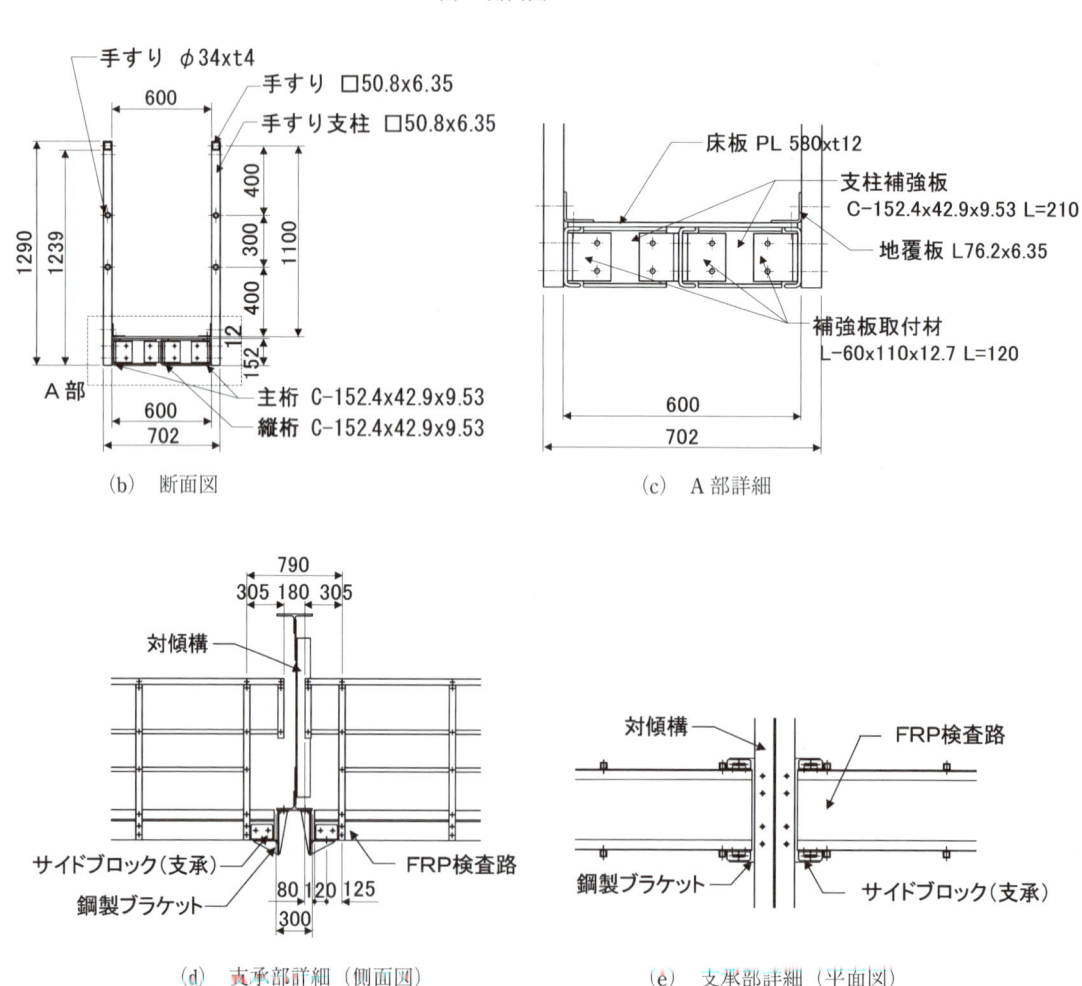

(b) 断面図

(c) A部詳細

(d) 支承部詳細（側面図）

(e) 支承部詳細（平面図）

図 4.3.3　FRP検査路一般図

(b) 検査路自重

検査路自重は、表 4.3.1 に示す FRP 検査路質量合計に、重力加速度を乗じて算出した。

検査路自重　$W = 1887$ N（質量：192.4 kg）　　　重力加速度：$1G = 9.81$ m/s^2

表 4.3.1　FRP 検査路質量

名　称	形　状	寸　法 (mm)	長さ (m)	単位質量 (kg/m)	数量	質量 (kg)
歩廊桁	チャンネル	152.4×42.9×9.53	4.07	3.735	3	45.6
上段手すり	角パイプ	50.8×t6.35	4.23	2.083	2	17.6
中段手すり	丸パイプ	φ34×t4.0	4.211	0.6	2	5.1
下段手すり	〃	〃	3.652	0.6	2	4.4
手すり支柱	角パイプ	50.8×t6.35	1.239	2.083	10	25.8
	角棒	37.1×37.1	0.24+0.09	2.738	10	9.0
手すり端部材	角パイプ	50.8×t6.35	0.425	2.083	4	3.5
	角棒	37.1×37.1	0.9	2.738	4	9.9
補強板取付材	アングル	60×110×t12.7	0.12	3.736	15	6.7
	〃	60×100×t12.7	0.12	3.498	5	2.1
補強板	チャンネル	152.4×42.9×9.53	0.21	3.735	10	7.8
床板	プレート	580×t12	1.2	10.382	2	24.9
	〃	〃	0.828	10.382	2	17.2
地覆板	アングル	76.2×76.2×t6.35	4.07	1.577	2	12.8
					合計	192.4

192.4 kg × 9.81 m/s^2 = 1887 N

(c) 活荷重

検査路支間長：　$L_c = 3.870$ m

検査路有効幅員：　$B = 0.6$ m

設計活荷重：　$w_L = 3.5$ kN/m^2

活荷重影響線

縦桁　$A_{ls} = \dfrac{1}{2} \times (0.3 + 0.3) \times 1.0 = 0.3$

主桁　$A_{lg} = \dfrac{1}{2} \times 0.3 \times 1.0 = 0.15$

荷重強度　$w_L = 3.5$ kN/m^2

縦桁へ作用する活荷重

$P_s = w_L \times A_{ls}$
$= 3.5$ kN/m$^2 \times 0.3 = 1.05$ kN/m

主桁へ作用する活荷重

$P_g = w_L \times A_{lg}$
$= 3.5$ kN/m$^2 \times 0.15 = 0.525$ kN/m

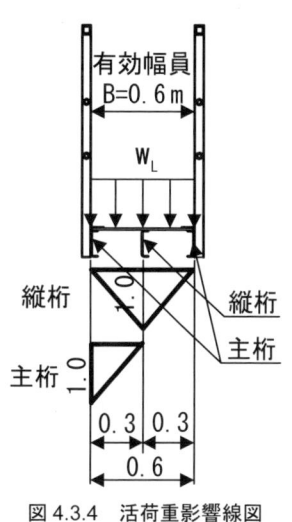

図 4.3.4　活荷重影響線図

(d) 死荷重

検査路自重　　$W = 1.887$ kN

荷重強度　　$w_d = W/(B \times L_c)$
　　　　　　　　　$= 1.887$ kN$/(0.6$m$\times 3.87$m$)$
　　　　　　　　　$= 0.813$ kN/m^2

縦桁へ作用する死荷重
$$d_s = w_d \times B/2$$
　　　$= 0.813$ kN/m$^2 \times 0.6/2$
　　　$= 0.244$ kN/m

主桁へ作用する死荷重
$$d_g = w_d \times B/4 = 0.813 \text{ kN/m}^2 \times 0.6/4 = 0.122 \text{ kN/m}$$

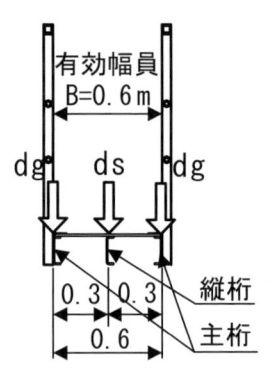

図 4.3.5　各桁に作用する死荷重

(e) 縦桁の設計

① 設計断面力

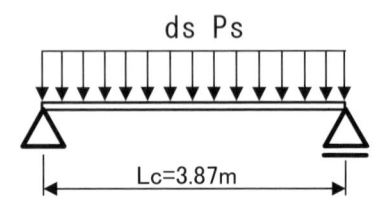

図 4.3.6　縦桁設計断面力算出モデル図

・曲げモーメント

活荷重　　$M_L = \dfrac{P_s \times L_c^2}{8} = \dfrac{1.05 \times 3.87^2}{8} = 1.966$ kNm

死荷重　　$M_D = \dfrac{d_s \times L_c^2}{8} = \dfrac{0.244 \times 3.87^2}{8} = 0.457$ kNm

合　計　　$\sum M = M_L + M_D = 1.966 + 0.457 = 2.423$ kNm

・せん断力

活荷重　　$S_L = \dfrac{P_s \times L_c}{2} = \dfrac{1.05 \times 3.87}{2} = 2.032$ kN

死荷重　　$S_D = \dfrac{d_s \times L_c}{2} = \dfrac{0.244 \times 3.87}{2} = 0.472$ kN

合　計　　$\sum S = S_L + S_D = 2.032 + 0.472 = 2.504$ kN

② 使用材料の断面性能

チャンネル材の断面性能のうち、断面積と断面二次モーメントは、引抜き成形FRP製造会社カタログ値[2]を用いる。

・チャンネル材　C-152.4×42.9×9.53

断面積： $A = 2000 \text{ mm}^2$

断面二次モーメント： $I = 5.589 \times 10^6 \text{ mm}^4$

断面係数： $Z = I/(h/2)$
$= 5.589 \times 10^6 /(152.4/2)$
$= 7.334 \times 10^4 \text{ mm}^3$

フランジ厚さ： $t_f = 9.53$ mm

ウェブ厚さ： $t_w = 9.53$ mm

腹板断面積： $A_w = (h - 2 \times t_f) \times t_w$
$= (152.4 - 2 \times 9.53) \times 9.53 = 1271 \text{ mm}^2$

軸方向引張弾性率： $17.2 \times 10^3 \text{ N/mm}^2$

図 4.3.7　チャンネル材断面

③ 応力度照査

・曲げ応力度

$$\sigma = \frac{\sum M}{Z} = \frac{2.423 \times 10^6}{73,340} = 33.0 \text{ N/mm}^2 < \sigma_a = 75.5 \text{ N/mm}^2 \quad \text{OK}$$

・せん断応力度

$$\tau = \frac{\sum S}{A_w} = \frac{2.504 \times 10^3}{1271} = 2.0 \text{ N/mm}^2 < \tau_a = 10.3 \text{ N/mm}^2 \quad \text{OK}$$

(f) 主桁の設計

① 設計断面力

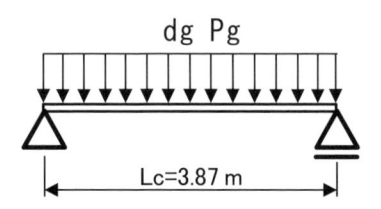

図 4.3.8　主桁設計断面力算出モデル図

・曲げモーメント

活荷重　　$M_L = \dfrac{P_g \times L_c^2}{8} = \dfrac{0.525 \times 3.87^2}{8} = 0.983$ kNm

死荷重　　$M_D = \dfrac{d_g \times L_c^2}{8} = \dfrac{0.122 \times 3.87^2}{8} = 0.228$ kNm

合　計　　$\sum M = M_L + M_D = 0.983 + 0.228 = 1.211$ kNm

・せん断力

活荷重　　$S_L = \dfrac{P_g \times L_c}{2} = \dfrac{0.525 \times 3.87}{2} = 1.016$ kN

死荷重　　$S_D = \dfrac{d_g \times L_c}{2} = \dfrac{0.122 \times 3.87}{2} = 0.236$ kN

合　計　　$\sum S = S_L + S_D = 1.016 + 0.236 = 1.252$ kN

② 使用材料の断面性能

チャンネル材の断面性能のうち、断面積と断面二次モーメントは、引抜き成形FRP製造会社カタログ値[2]を用いる。

・チャンネル材　C-152.4×42.9×9.53

断面積：　$A = 2000 \text{ mm}^2$

断面二次モーメント：　$I = 5.589 \times 10^6 \text{ mm}^4$

断面係数：　$Z = I/(h/2)$
$= 5.589 \times 10^6 / (152.4/2)$
$= 7.334 \times 10^4 \text{ mm}^3$

フランジ厚さ：　$t_f = 9.53 \text{ mm}$

ウェブ厚さ：　$t_w = 9.53 \text{ mm}$

腹板断面積：　$A_w = (h - 2 \times t_f) \times t_w$
$= (152.4 - 2 \times 9.53) \times 9.53 = 1271 \text{ mm}^2$

軸方向引張弾性率：　$17.2 \times 10^3 \text{ N/mm}^2$

図 4.3.9　チャンネル材断面

③ 応力度照査

曲げ応力度

$$\sigma = \frac{\sum M}{Z} = \frac{1.211 \times 10^6}{73340} = 16.5 \text{ N/mm}^2 < \sigma_a = 75.5 \text{ N/mm}^2 \quad \text{OK}$$

せん断応力度

$$\tau = \frac{\sum S}{A_w} = \frac{1.252 \times 10^3}{1271} = 1.0 \text{ N/mm}^2 < \tau_a = 10.3 \text{ N/mm}^2 \quad \text{OK}$$

(g)　活荷重たわみ（参考値）

FRP検査路の活荷重たわみに関する基準はなく、本例では、実用上問題を生じることはないと考えられることから参考値として示す。

$$\delta_L = \frac{5 \times P_g \times L_c^4}{384 \times E \times I} = \frac{5 \times 0.525 \times 10^3 \times 3.87^4}{384 \times 1.72 \times 10^{10} \times 5.589 \times 10^{-6}} = 0.0159 \text{ m} = 15.9 \text{ mm}$$

(4)　手すり支柱の断面設計

(a)　手すりの形状寸法

FRP検査路手すりの一般図を図4.3.10に示す。断面照査用手すり高さ1.1 m（手すり高さは参考文献[1]より110 cmを標準とする）、手すり支柱間隔0.91 m（支柱間隔は参考文献[1]より1.9 m以内とする）で、支柱には角パイプ材 □-50.8×50.8×t6.35 を使用する構造としている。

(a) 断面図 (b) 側面図

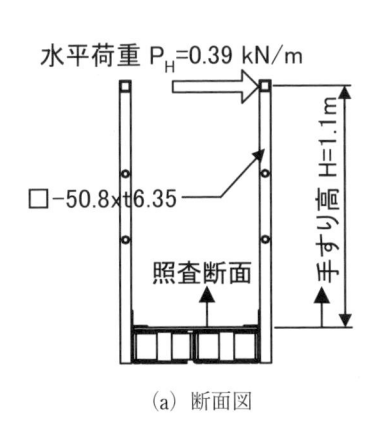

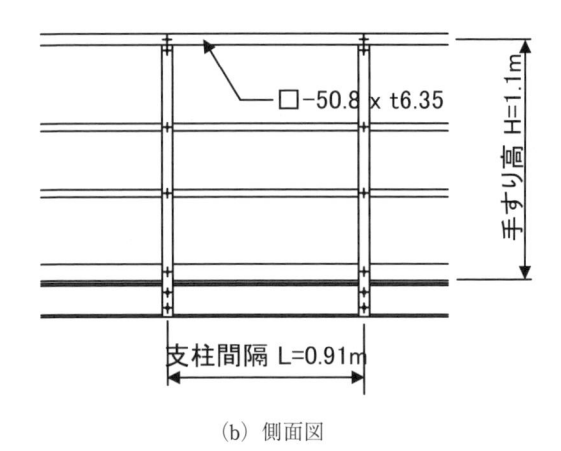

図 4.3.10 FRP検査路手すりの一般図

(b) 設計条件
  手すり水平力： $P_H = 390$ N/m
  手すり高： $H = 1.10$ m
  支柱間隔： $L = 0.91$ m
  （この事例では、支柱間隔は0.91mとしている）

(c) 設計断面力
  曲げモーメント： $M = P_H \times L \times H$
  $= 390 \times 0.91 \times 1.10$
  $= 390$ Nm

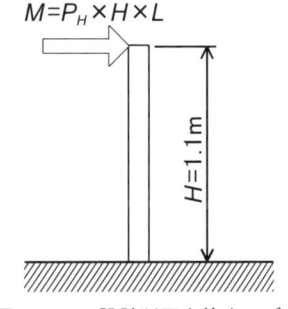

図 4.3.11 設計断面力算出モデル

(d) 使用材料の断面性能

角パイプ材の断面性能のうち、断面積と断面二次モーメントは、引抜き成形FRP製造会社カタログ値[2]を用いる。

・角パイプ材　□-50.8×50.8×t6.35

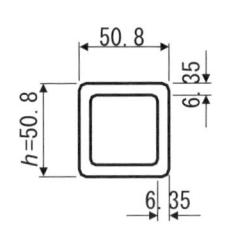

図 4.3.12 角パイプ材断面

  断面積： $A = 1116$ mm^2
  断面二次モーメント： $I = 3.704 \times 10^5$ mm^4
  断面係数： $Z = I \times \dfrac{2}{h} = 3.704 \times 10^5 \times \dfrac{2}{50.8} = 1.458 \times 10^4$ mm^3

(e) 応力度照査
  曲げ応力度
  $$\sigma = \frac{M}{Z} = \frac{390 \times 10^3}{1.458 \times 10^4} = 26.7 \text{ N/mm}^2 < \sigma_a = 75.5 \text{ N/mm}^2 \quad \text{OK}$$

（5） 手すりの断面設計
（a） 手すりの形状寸法

　FRP検査路手すりの断面検討図を図4.3.13に示す。手すり支柱間隔0.91 mで、手すりには角パイプ材 □-50.8 × 50.8 × t6.35 を使用する構造としている。

(a) 側面図　　　　(b) 断面力算出モデル

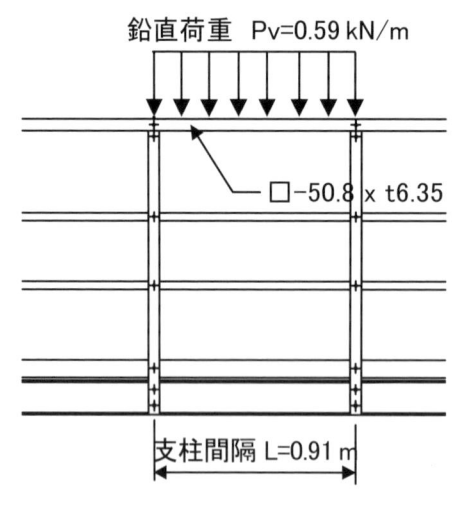

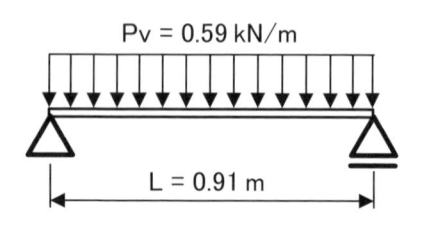

図 4.3.13　手すりの断面検討図

（b） 設計条件
　　高欄鉛直力：　$P_V = 590$ N/m
　　支柱間隔：　$L = 0.91$ m

（c） 設計断面力
　　曲げモーメント

$$M = \frac{P_V \times L^2}{8} = \frac{590 \times 0.91^2}{8} = 61.1 \text{ Nm}$$

（d） 使用材料の断面性能
　角パイプ材の断面性能のうち、断面積と断面二次モーメントは、引抜き成形FRP製造会社カタログ値[2]を用いる。

・角パイプ材　□-50.8 × 50.8 × t6.35
　　断面積：　$A = 1116$ mm^2
　　断面二次モーメント：　$I = 3.704 \times 10^5$ mm^4
　　断面係数：　$Z = I \times \dfrac{2}{h} = 3.704 \times 10^5 \times \dfrac{2}{50.8} = 1.458 \times 10^4$ mm^3

（e） 応力度照査
　　曲げ応力度

$$\sigma = \frac{M}{Z} = \frac{61.1 \times 10^3}{14580} = 4.2 \text{ N/mm}^2 < \sigma_a = 75.5 \text{ N/mm}^2 \quad \text{OK}$$

（6） 手すり支柱定着部の設計
（a） 手すり支柱定着部の形状寸法

支柱取付け部のボルトの設計は、手すり支柱の断面検討に用いたモーメントに抵抗するように取付けボルトに偶力が発生（図 4.3.14）すると考え、ボルトに生じる引張力に対して検討を行う。

(a) 断面図　　(b) ボルト張力算出モデル

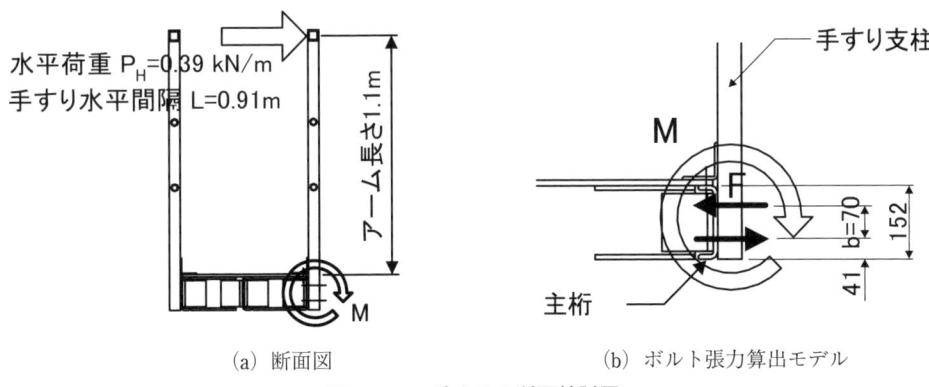

図 4.3.14　手すりの断面検討図

（b） 設計条件
　　手すり水平力：　$P_H = 390 \text{ N/m}$
　　手すり高：　$H = 1.10 \text{ m}$（床板上面からの高さ）
　　支柱間隔：　$L = 0.91 \text{ m}$
　　鉛直方向ボルト間隔：　$b = 70 \text{ mm}$

（c） 設計断面力
　　曲げモーメント：　$M = P_H \times L \times H = 390 \times 0.91 \times 1.10 = 390 \text{ Nm}$
　　引張力：　$F = M/b = 390/0.07 = 5571 \text{ N}$

（d） 使用材料の断面性能
　　使用ボルト　M12（ステンレスボルト A2-50）
　　ネジ部の有効断面積　$A_e = 84.3 \text{ mm}^2$
　　取付けボルト本数（抵抗本数）：　$n = 1$ 本
　　許容応力度　許容引張応力度　140 N/mm^2

（e） 応力照査
　　引張応力度
$$\sigma_t = \frac{F}{A_e \times n} = \frac{5571}{84.3} = 66.1 \text{ N/mm}^2 < \sigma_a = 140 \text{ N/mm}^2 \quad \text{OK}$$

図 4.3.15

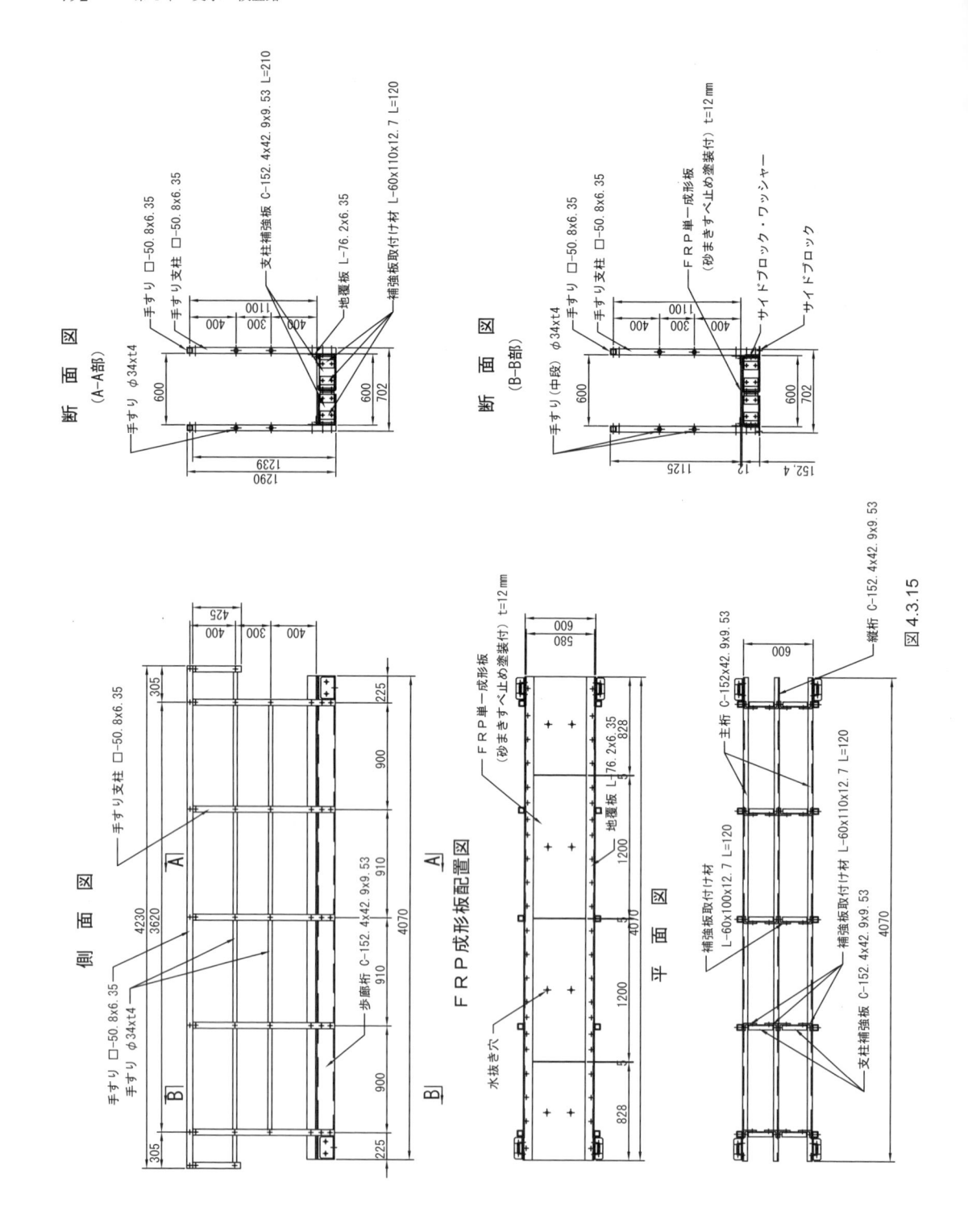

参考文献
1) 国土交通省:道路橋検査路設置要領(案)、平成 18 年 3 月
2) 引抜き成形 FRP 製造会社カタログ
3) 建築基準法施行令第九十条(鋼材等)
4) 建設省告示第 2464 号(鋼材等及び溶接部の許容応力度並びに鋼材等及び溶接部の材料強度の基準強度)

索　引

あ
亜硝酸リチウム　　148, 149, 152, 153, 155, 156
亜硝酸リチウム内部圧入工法　　148〜150, 156
圧縮鉄筋　　37, 38, 40, 41, 56
アルカリシリカゲル　　148, 149
アルカリシリカ反応　　146
アルカリ総量　　152
アンカー鉄筋　　73〜76
アンカーボルト　　52, 64, 75, 156, 168〜170, 175, 176, 178
ASR膨張抑制メカニズム　　148

え
FRP　　179〜183
FRP検査路　　179, 181, 183〜185, 188〜190
FRP歩道橋　　181, 182
塩害　　62, 67, 179
塩化物イオン濃度　　67

お
応答塑性率　　97, 109, 127, 128
応力低減係数　　7, 8
応力-ひずみ曲線　　89, 90, 101, 102, 115, 119, 120, 121
押抜きせん断　　33, 177
帯鉄筋　　85, 90, 93, 94, 102, 104, 105, 115, 117, 120, 124,

か
外部電源方式　　144, 145
活荷重合成　　17
仮受けブラケット　　161, 162, 164〜166
換算載荷幅　　132, 133

き
機械式定着　　59, 65
基部初降伏モーメント　　88, 89, 100, 101
基部先行　　82
橋面防水工　　43
許容残留変位　　97, 98, 109, 110, 118, 127, 128

許容塑性率　　85, 89, 91, 95, 96, 103, 107, 108, 111, 114, 126

こ
鋼換算面積　　7, 13
鋼管矢板基礎　　78, 79
高強度タイプ炭素繊維シート　　29
高伸度弾性パテ材　　3
鋼繊維補強超速硬コンクリート　　45
構造物特性補正係数　　95, 107, 126
高弾性型　　35, 43
高弾性型炭素繊維シート　　7, 12, 15
高弾性CFRPプレート　　17, 29
高弾性炭素繊維プレート　　29
鋼板接着工法　　45
鋼板溶接工法　　129, 130, 145
降伏曲率　　92, 103, 123
降伏剛性　　97, 109
降伏変位　　91, 92, 95, 97, 103, 107, 109, 122, 123, 126
コンクリート巻立て工法　　81, 110, 113, 118, 128

さ
最大応答塑性率　　97, 109
削孔パターン　　151
残存膨張量　　147, 156
残存膨張量試験　　146, 155
残留変位　　97, 98, 109, 110, 114, 118, 127, 128
残留変位補正係数　　97, 109

し
JCI-DD2法　　146, 155, 156
CFRPプレート　　17, 18, 24〜29
支承取替え　　160〜162, 171, 172, 178
地震時保有水平耐力　　85, 89, 96〜98, 108〜111, 117, 118, 125〜128
終局時の曲げモーメント　　91, 103
終局水平耐力　　89, 91, 95, 96, 101, 103, 106, 108, 118, 125
終局ひずみ　　90, 91, 102, 103, 114, 117, 120, 121

終局変位　　91, 92, 95, 103, 104, 107, 122, 123, 126
床版橋　　67
床版支間　　33, 34, 36〜39, 41, 43, 48
初降伏時の曲率　　92, 103
初降伏水平耐力　　92
初降伏変位　　92, 103, 122
初降伏曲げモーメント　　85〜87, 98, 99

す
スタッド溶接　　130
すみ肉溶接　　130, 135, 143, 167
スリット溶接　　130, 143

せ
設計水平震度　　95〜97, 107〜109, 114, 126, 133
繊維目付量　　7, 12, 15, 39, 41, 43
せん断耐力　　93, 95, 104〜106, 114, 115, 118, 123〜125
せん断抵抗　　63, 175
せん断抵抗面積　　177
せん断破壊　　59, 177
せん断破壊型　　94, 95, 106, 107, 111, 114, 117, 118, 125
せん断パネル　　3
せん断ひび割れ　　59, 63

そ
塑性ヒンジ　　89
塑性ヒンジ長　　92, 104, 114, 122, 123

た
耐震性能　　81, 97, 98, 111, 118, 126
耐震補強　　78, 98, 110, 111, 113, 118, 128, 156
段落し　　85, 89, 98
段落し先行　　82
段落し断面　　85, 88, 98, 100, 101
段落し断面降伏モーメント　　88, 89, 100, 101
段落し部　　80, 84, 85, 88, 89, 91, 98, 100, 101
弾性応答　　127, 128
弾性係数比　　35, 37, 38, 40, 71, 169, 176
炭素繊維シート　　3, 6〜8, 12〜17, 33〜35, 40〜43, 59〜61, 63, 64, 67
炭素繊維シート接着工法　　2, 3, 33, 43, 45, 61, 63〜65
炭素繊維シート量　　64
炭素繊維プレート　　17, 24, 45
断面欠損　　3, 5, 9, 130, 161, 172

断面補正係数　　90, 102, 120

ち
地域別補正係数　　95, 97, 107, 109, 126
中間帯鉄筋　　90, 102, 117
中間組立鉄筋　　94
中性化深さ　　67
超高強度繊維補強コンクリート　　67

て
抵抗せん断力　　62, 64
定着鉄筋　　103
鉄筋コンクリート被覆工法　　130
鉄筋露出　　67
電気防食　　143〜145

と
等価重量　　96, 97, 108, 109, 114, 118
等価重量算出係数　　96, 108, 126
等価水平震度　　111, 118
凍結防止剤　　45
塗覆装　　143, 145

な
内部圧入工法　　148〜150
斜め引張鉄筋　　62〜64, 72

は
パイルベント式橋脚　　130, 131, 134
破壊形態　　85, 89, 94, 95, 98, 101, 106, 107, 111, 114, 118, 123〜126

ひ
引抜き成形法　　179, 181
PC巻立て工法　　111, 113, 118〜121
引張弾性率　　43
引張鉄筋　　33, 37, 38, 40, 41, 56, 71, 93, 105, 169, 176
必要最低断面積　　12
必要すみ肉溶接　　167
必要積層数　　7, 8, 12, 13, 15, 63
非定着鉄筋　　103
ひび割れ注入工法　　147〜149
標準貫入試験　　132
表面含浸　　147, 149

ふ

複鉄筋断面　37, 38, 40, 42
部分安全係数　182, 183
フラットジャッキ　172, 178
プレキャストパネル　113

へ

平均せん断応力度　62, 72, 93, 94, 105
平板載荷試験　132
ペトロラタム系防食材料　143, 144
ペトロラタム系防食テープ　144
偏心モーメント　91, 103

ほ

防水層　45
補剛材　2, 3, 9, 10, 12, 16, 161〜164
ポリマーセメント　45〜47, 51, 52, 149
ポリマーセメントモルタル工法　45, 51

ま

埋設型枠　67
曲げせん断破壊型　114
曲げ破壊型　94〜96, 106〜108, 114, 123, 125, 126
増厚工法　45, 59, 67
増厚量　51

め

メタルタッチ　163

や

ヤング係数比　18, 49, 56, 71, 169, 176

ゆ

有効座屈長　10, 164

よ

溶接網鉄筋　52
横拘束筋　90, 102, 115, 119, 120

り

リチウムイオン　148
リチウムシリケート　148
流電陽極方式　145

執筆者 (略歴は2022年8月1日現在)

編集委員長

吉田 好孝（よしだ よしたか）　全体統括

一般財団法人橋梁調査会 企画部 調査役

- 1972年　室蘭工業大学 工学部 土木工学科 卒業
- 同　年　本州四国連絡橋公団 設計第一部
- 1990年　本州四国連絡橋公団 第一建設局 設計課長
- 1993年　東京湾横断道路株式会社 技術部 技術第二課長
- 1998年　本州四国連絡橋公団 第三建設局 向島管理事務所長
- 2006年　財団法人海洋架橋・橋梁調査会 研究部長
- 2019年　（株）クリテック工業 技術顧問
- 保有資格　博士（工学）、技術士（総合監理、建設部門）、土木学会フェロー、コンクリート診断士、道路橋点検士

編集委員

山口 恒太（やまぐち こうた）　第1章、第2章、第3章、第4章

パシフィックコンサルタンツ株式会社 交通基盤事業本部 構造技術部 部長

- 1991年　日本大学 生産工学部 土木工学科 卒業
- 1993年　日本大学大学院 生産工学研究科 博士前期課程 土木工学専攻 修了
- 1996年　横浜国立大学大学院 工学研究科 博士後期課程 計画建設学専攻 修了
- 保有資格　博士（工学）、技術士（建設部門：鋼構造及びコンクリート）

長谷川 泰聰（はせがわ ひろあき）　第1章

三菱ケミカルインフラテック株式会社 土木・防水補強部 補強グループ 技術グループリーダー

- 2002年　広島大学大学院 工学研究科 構造工学専攻 修了
- 2002年　オリエンタル建設株式会社（現 オリエンタル白石株式会社）入社
- 2010年　三菱樹脂株式会社（現 三菱ケミカル株式会社）入社
- 2013年　三菱樹脂インフラテック株式会社（現 三菱ケミカルインフラテック株式会社）出向
- 2021年　山口大学大学院 創成科学研究科 博士後期課程 修了
- 保有資格　博士（工学）、コンクリート主任技師

浅野 雄司（あさの ゆうじ）　第1章、第3章
大日本コンサルタント株式会社 関東支社 技術監理部 技術審査室 主幹

1990年　日本大学 理工学部 土木工学科 卒業
同　年　大日本コンサルタント株式会社 入社
保有資格　技術士（建設部門：鋼構造及びコンクリート）

冨田 克彦（とみた かつひこ）　第3章
株式会社長大 構造事業本部長

1988年　長岡技術科学大学大学院 工学研究科 建設工学専攻 修了
同　年　株式会社長大 入社
保有資格　技術士（建設部門：土質及び基礎）、コンクリート診断士

直野 和人（なおの かずと）　第3章
一般財団法人 橋梁調査会 中国支部 調査役

1983年　福岡大学 工学部 土木工学科 卒業
同　年　極東工業株式会社 入社
2006年　財団法人海洋架橋・橋梁調査会（出向）
2021年　一般財団法人 橋梁調査会 入社
保有資格　RCCM（鋼構造及びコンクリート）

熊田 哲規（くまだ てつのり）　第4章
ヒロセ株式会社 技術統括室長

1982年　日本大学 理工学部 土木工学科 卒業
同　年　廣瀬鋼材産業株式会社 入社（現ヒロセ株式会社）
保有資格　技術士（建設部門：土質及び基礎）

道路橋の補修・補強計算例 II

2014年11月20日　第1刷発行
2022年10月20日　第2刷発行

編著者　一般財団法人 橋梁調査会

発行者　新妻 充

発行所　鹿島出版会
　　　　104-0028　東京都中央区八重洲2丁目5番14号
　　　　Tel. 03(6202)5200　振替 00160-2-180883
落丁・乱丁本はお取替えいたします。
本書の無断複製(コピー)は著作権法上での例外を除き禁じられています。
また、代行業者等に依頼してスキャンやデジタル化することは、たとえ
個人や家庭内の利用を目的とする場合でも著作権法違反です。

装幀：石原 亮　　DTP：エムツークリエイト
印刷：壮光舎印刷　　製本：牧製本
Ⓒ Japan Bridge Engineering Center. 2014
ISBN 978-4-306-02463-2　C3052　Printed in Japan

本書の内容に関するご意見・ご感想は下記までお寄せください。
URL：https://www.kajima-publishing.co.jp
E-mail：info@kajima-publishing.co.jp